JIAGONG ZHONGXIN BIANCHENG
YU LINGJIAN JIAGONG JISHU

加工中心编程与零件加工技术

张亚力　康　彪　主　编
董雪峰　徐崇珅　副主编

化学工业出版社
·北京·

图书在版编目（CIP）数据

加工中心编程与零件加工技术 / 张亚力，康彪主编.
北京：化学工业出版社，2016.1（2020.7重印）
ISBN 978-7-122-25126-8

Ⅰ.①加… Ⅱ.①张… ②康… Ⅲ.①数控机床加工中心-程序设计②数控机床加工中心-零部件-加工
Ⅳ.①TG659

中国版本图书馆 CIP 数据核字（2015）第 212575 号

责任编辑：王 烨　　文字编辑：陈 喆
责任校对：吴 静　　装帧设计：刘丽华

出版发行：化学工业出版社（北京市东城区青年湖南街 13 号　邮政编码 100011）
印　　装：北京七彩京通数码快印有限公司
787mm×1092mm　1/16　印张 15　字数 410 千字　2020 年 7 月北京第 1 版第 7 次印刷

购书咨询：010-64518888　　售后服务：010-64518899
网　　址：http://www.cip.com.cn
凡购买本书，如有缺损质量问题，本社销售中心负责调换。

定　　价：59.00 元

前言

本书第一版《数控铣床/加工中心编程与零件加工》经过修订，第二版更为全面地采用行动导向的教学思想，以零件加工为主体，以典型工作任务为载体，系统地介绍了加工中心、数控铣削编程基础和基本理论，并在最后一个情境重点介绍了 CAD/CAM 编程的思路与方法，并引出多轴加工的生产理念。书中每个情境都通过 2~3 个具体的工作任务去实施，每个典型任务的实施过程就是一个完整行动的学习过程。通过一个完整行动的学习过程，可以帮助学员掌握加工中心编程的基本知识、方法技巧及操作技能，并且可以培养学员的专业技术分析能力及解决问题能力、生产意识及产品质量意识。

本书共分 11 个情境，内容包括：加工中心操作入门、加工中心加工工艺分析、加工中心编程入门、平面铣削编程与加工、圆弧程序编制与加工、零件轮廓铣削编程与加工、模具型腔零件编程与加工、槽类零件编程与加工、孔类零件编程与加工、变量编程与零件加工、计算机辅助编程。

本书可以作为职业技术院校数控技术应用专业和机械制造专业的教学用书，也可供相近专业的师生和从事相关工作的工程技术人员作参考用书。

本书由北方机电工业学校张亚力、康彪主编，北方机电工业学校董雪峰和张家口市农机安全监理所徐岽珅副主编。北方机电工业学校孙宏巍、任士明和张家口机械工业学校李玉安、华北机电工业学校赵静参与编写部分内容。其中，张亚力编写情境 1~3、情境 11；康彪、董雪峰编写情境 4、情境 5、情境 10；徐岽珅、孙宏巍编写情境 6、情境 7；任士明、李玉安、赵静编写情境 8、情境 9。

本书由张亚力和崔培雪负责统稿。

限于编者的水平和经验，书中不足之处在所难免，恳请读者批评指正。

编　者

目录

情境 9 孔类零件编程与加工

情境 10 变量编程与零件加工

情境 11 计算机辅助编程

参考文献

情境 1 加工中心操作入门

【引言】

加工中心是数控机床中典型的机电一体化高技术产品，同时又是先进制造技术不可缺少的工艺设备。多轴、复合、高速、高精是当代数控机床的发展方向。作为工程技术人员，掌握加工中心的基本操作及数控技术的有关知识，为今后胜任不同职业和不同岗位上的专业技术及具备突出的工程实践能力奠定坚实的基础。本情境介绍了四个具体的任务：任务 1 为加工中心操作的基本步骤，通过机床的基本过程，我们引出加工中心的基本知识；任务 2 为加工中心机床操作面板，以 FANUC 0i-MB 系统为例，通过该任务的实施，熟悉机床面板操作及各功能键使用；任务 3 为加工中心工件的定位与安装，通过该任务介绍在加工中心上加工工件时工件定位与安装的特点和应注意的问题；任务 4 是具体介绍加工中心上工件的对刀操作，通过该任务的完成，理解加工中心上工件坐标系的确定及对刀方法。

【目标】

学习加工中心机床的基本知识；掌握加工中心的组成与原理；熟悉加工中心配置的常用数控系统；掌握加工中心机床基本操作步骤；掌握工件的定位与安装；掌握在加工中心上如何快速设定工件坐标系。

知识准备

1. 加工中心

（1）加工中心的概述

加工中心（见图 1-1）除了能控制 X、Y、Z 三轴外，一般还有数控分度头、回转工作台（如图 1-2 所示）或可自动转角度的主轴箱（如图 1-3 所示），实现绕 X、Y、Z 转动的 A、B、C 轴，从而使工件一次装夹后，自动完成多个平面或多个角度位置的多工序加工。

图 1-1　加工中心

（2）加工中心的分类

加工中心发展至今已有 40 多年的历史，通过生产厂家不断改进、完善和创新，其品种规格已非常齐全，但目前尚无统一的分类方法。习惯分类方法大致有两种：一种是按工艺用途进行分类，大致可分镗铣加工中心、钻削加工中心、车削加工中心、激光加工中心、复合加工中心和钣金加工中心等；另一种是结合工艺用途，按机床结构和总体布局进行分类，这里仅从结构上对其做一介绍。

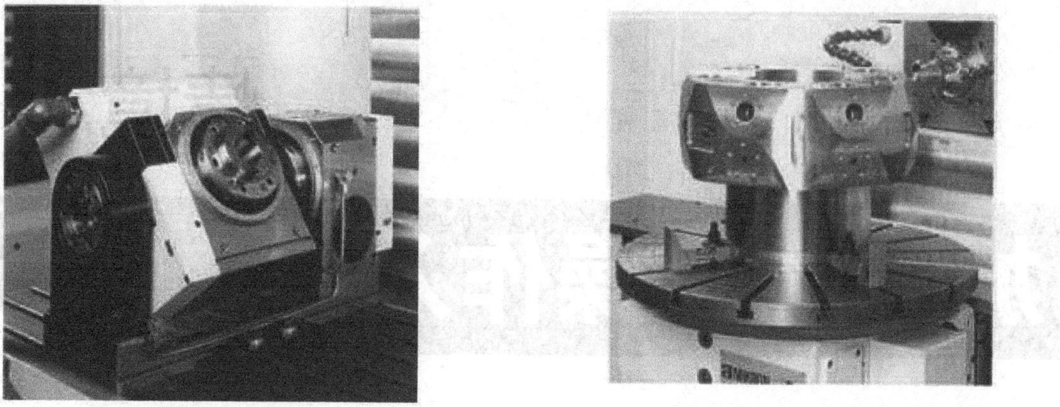

（a）数控分度头　　（b）数控回转工作台

图 1-2　数控转轴

① 立式加工中心　立式加工中心是指机床主轴轴线垂直于水平面设置的加工中心。这类加工中心多从立式铣床或立式坐标镗床演变过来的，它的加工范围基本与立式铣床相同，它可以用来加工零件的顶部和四周侧面。对顶部加工时，可以完成各种复杂工序的复合加工。对工件四周只能完成轮廓铣削加工，如图 1-4 所示。

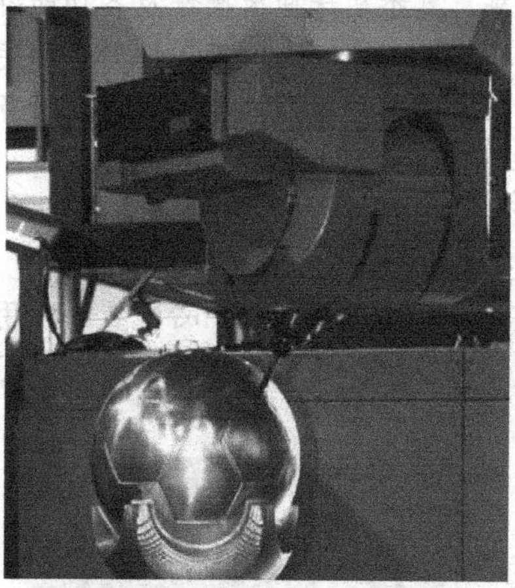

图 1-3　可转角度的主轴箱

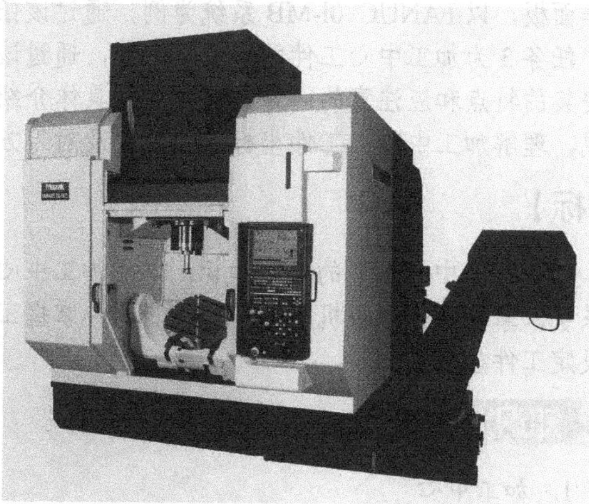

图 1-4　立式加工中心

② 卧式加工中心　卧式加工中心是指机床主轴成水平布置的加工中心。这类加工中心是从卧式铣床或卧式铣镗床演变和发展而来的，它的加工范围基本与立式卧铣（或卧镗）相同。卧式加工中心通常都配有回转工作台或分度转台，所以它可以用来完成箱体零件的四周或圆周面上的各种复杂的加工工序，对于箱体顶部只能用圆柱铣刀进行侧铣。回转工作台称为第 4 轴或 C 轴，通常配有第 4 轴的卧式加工中心都可以实现 4 轴联动，加工复杂曲面，如图 1-5 所示。

③ 大型加工中心　大型加工中心是指从卧式落地镗铣床或大型龙门铣床演变和发展而来的加工中心。由卧式落地镗铣床为基型的大型卧式加工中心，其回转工作台或固定工作台都是独立的大型部件，安装在加工中心正面，机床完成 3 个方向的运动，回转工作台完成回转运动。这类加工中心的特点是工件大而笨重，机床运动行程长，配置固定工作台或分度工作台的居多，配置回转工作台的较少，如图 1-6 所示。

图 1-5　卧式加工中心

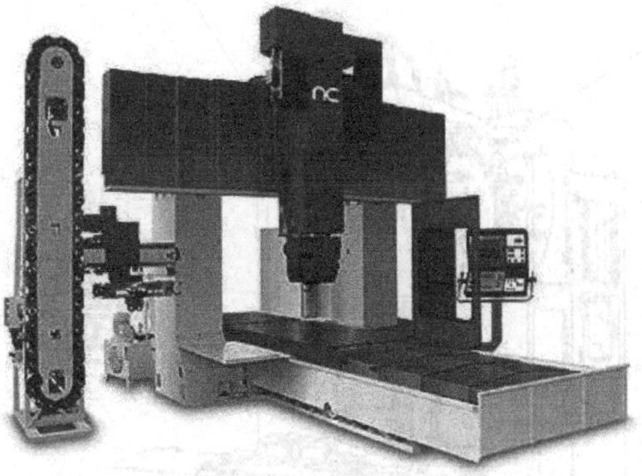

图 1-6　大型龙门 5 面加工中心

④ 车削加工中心　车削加工中心是以轴类零件和回转体零件为加工对象，在数控车床的基础上发展起来的。机床配有刀库，一般还配有 C 轴，除能完成轴类零件和回转体零件的车、镗、钻、车螺纹和攻螺纹之外，还能完成铣削加工和对零件的周边孔进行钻孔和攻螺纹等多工序的复合加工。这类车削加工中心多数是采用转塔式动力刀库作为刀库，如图 1-7 所示。还有的是采用链式刀库，通过机械手进行刀具交换。

⑤ 柔性加工单元　柔性加工单元（FMC）是加工中心配上工件托盘库及托盘自动交换装置的加工设备，是可以进行多品种混合加工的加工中心。它是从加工中心或车削中心发展而来的，是具有更高性能的加工中心。它可以一周之内连续 120h 不停地运转，按既定的加工程序加工不同零件、不同工序。柔性加工单元有箱体类、回转体类、多轴组合式柔性加工单元之分，如图 1-8 所示。

图 1-7　车削加工中心转塔式动力刀库

图 1-8　柔性加工单元

2. 加工中心常用数控系统

（1）加工中心组成

一台加工中心是由机床（机械部分）和控制系统（电气部分）两部分所组成。机床是加工中心的主体，控制系统是加工中心的核心。

加工中心的机械部分通常由三大基础部件（床身、立柱和工作台）和主轴部件、刀具存储自动交换系统（ATC）及其他辅助功能部件组成。有的加工中心还具有托盘（工作台）自动交换系统（APC）。如图 1-9 所示为立式加工中心组成部件示意图。

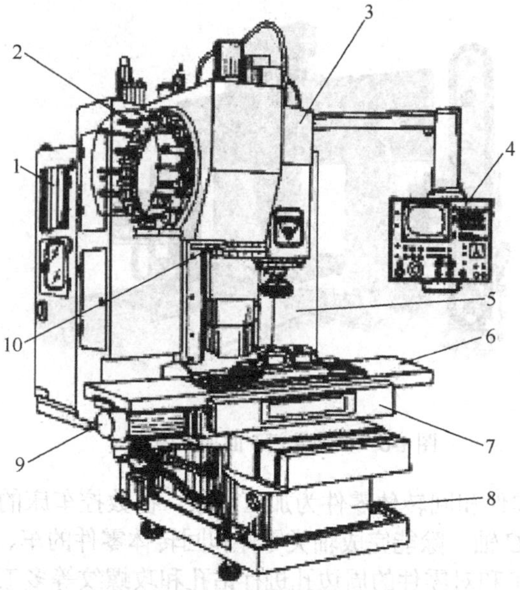

图 1-9 立式加工中心组成部件

1—数控装置；2—刀库；3—主轴箱；4—控制面板；5—立柱；6—工作台；7—滑枕；8—床身；9—X 向伺服电机；10—换刀机器手

（2）加工中心常用数控系统

数控（CNC）系统是加工中心的控制指挥中心。CNC 数控系统根据输入装置送来的信息（程序或指令），经过数控装置中的控制软件和逻辑电路进行译码、运算（插补运算）和逻辑处理后，将插补运算出的位置数据输出到伺服单元，控制电动机带动执行机构，使机床按程序运行，加工出需要的零件。

加工中心配置的数控系统不同，其功能和性能差异很大。目前，国外数控产品中，常见的有：发那科（日本）FANUC 0iD、FANUC 18i、FANUC 31i；西门子(德国)系统 SIEMENS 820DSL、SIEMENS 840D；三菱（日本）MITSUBISHI，如 EZMotion-NC E68M；海德汉（德国）HEIDENHAIN Itnc530 等数控系统和相关产品在数控机床行业占有率较高。国产数控产品中，华中数控系统如 HNC-210BM、广州数控系统如 GSK983M 的市场占有率也在逐年提高。

3. 数控机床坐标系统

为了编程时描述机床的运动、简化程序的编制以及保证记录数据的互换性，数控机床的坐标和运动方向均已标准化。

（1）数控机床的标准坐标系的规定

在数控机床上，机床的动作是由数控装置来控制的，为了确定机床上的成形运动和辅助运动，必须先确定机床上运动的方向和运动的距离，这就需要一个坐标系才能实现，这个坐标系就称为机床坐标系。

① 刀具相对于静止工件而运动的原则　这一原则使编程人员能在不知道是刀具移近工件还是工件移近刀具的情况下，就可依据零件图样，确定机床的加工过程。

② 标准坐标（机床坐标）系的规定　标准的机床坐标系采用右手笛卡儿直角坐标系，如图 1-10 所示。图中规定了 *X*、*Y*、*Z* 三个直角坐标轴的方向，这个坐标系的各个坐标轴与机床的主要导轨相平行。根据右手螺旋方法，我们还可以方便确定出 *A*、*B*、*C* 三个旋转坐标轴及方向。

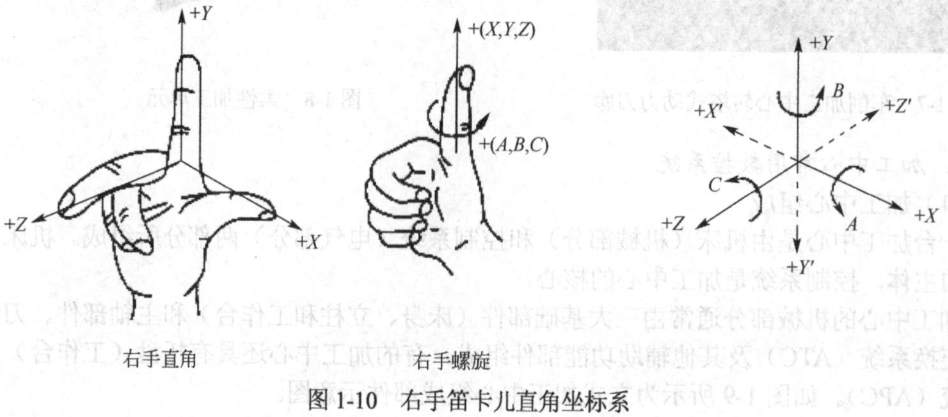

图 1-10 右手笛卡儿直角坐标系

（2）机床坐标系与坐标轴运动方向的确定

① 数控机床坐标系的作用　数控机床坐标系是机床固有的坐标系，它是为了确定工件在机床中的位置，机床运动部件特殊位置及运动范围，即描述机床运动，产生数据信息而建立的几何坐标系。通过机床坐标系的建立，可确定机床位置关系，获得所需的相关数据。

② 坐标轴运动方向的确定　机床的某一运动部件的运动正方向规定为增大工件与刀具之间距离的方向。

a. *Z*轴确定　*Z*坐标轴的运动由传递切削力的主轴决定，与主轴平行的标准坐标轴为*Z*坐标轴，其正方向为增加刀具和工件之间距离的方向。对于车床是主轴带动工件旋转，如图1-11所示，主轴轴线方向为*Z*轴方向；对于数控铣床，铣刀的旋转轴线为*Z*轴，刀具远离工件的方向为*Z*轴的正方向。立式铣床向上的方向为*Z*轴正方向，如图1-12所示；卧式铣床，背对着主轴轴线的方向（指向机床的方向）为*Z*轴正方向，如图1-13所示。对于没有主轴的机床（刨床），则以装卡工件的工作台面相垂直的直线作为*Z*轴方向。若机床有几个主轴，可选择一个垂直于工件装夹面的主要轴为主轴，并以它确定*Z*坐标轴。

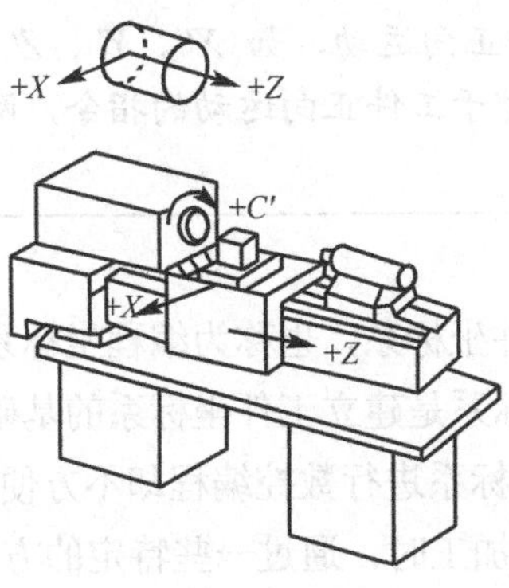

图1-11　卧式车床

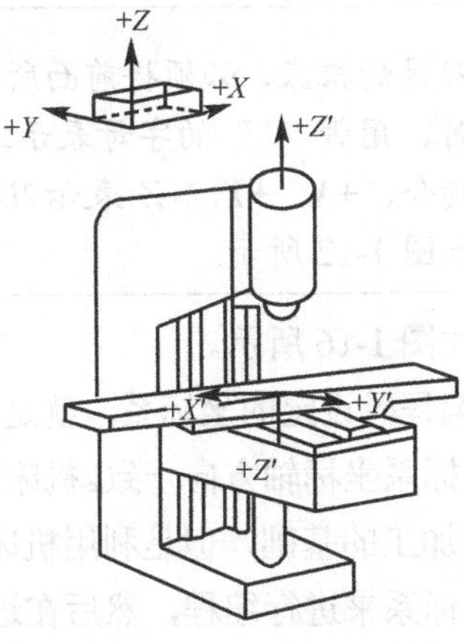

图1-12　立式铣床

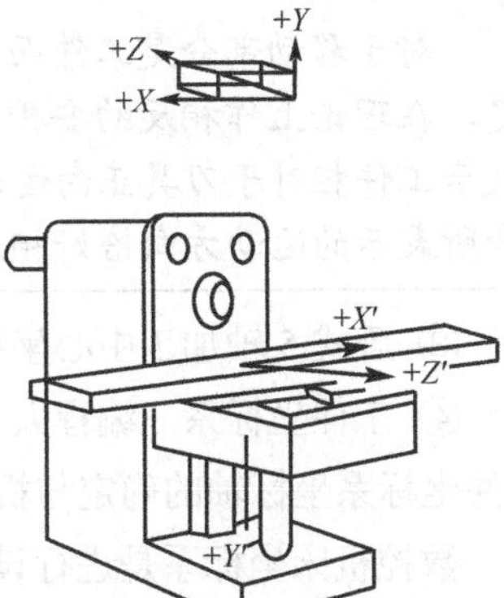

图1-13　卧式铣床

b. *X*坐标轴　*X*坐标轴的运动是水平的，它平行于工件装夹面，是刀具或工件定位平面内的运动的主要坐标。主轴（*Z*轴）带刀具旋转的数控机床，对于立式数控铣床，单立柱时，当由主轴（刀具）向立柱看时，*X*坐标轴的正方向指向右方，如图1-12所示；对于双立柱的龙门铣床，当由主轴（刀具）向左侧立柱看时，*X*坐标轴的正方向指向右方，如图1-14所示；对于卧式数控铣床，当由主轴（刀具）向工件看时，*X*坐标轴的正方向指向右方，如图1-13所示。

c. *Y*坐标轴　根据*X*、*Z*坐标轴，按照右手直角笛卡儿坐标系确定。

d. 旋转坐标轴　旋转运动*A*、*B*、*C*相应地表示其轴线平行于*X*、*Y*、*Z*的旋转运动，其正方向按照右旋螺纹旋转的方向，如图1-15所示。

e. 附加运动　如果在*X*、*Y*、*Z*主要坐标轴外，还有平行于它们的直线运动坐标轴，可分别指定*U*、*V*、*W*。如还有第三组运动，则分别指定为*P*、*Q*、*R*。

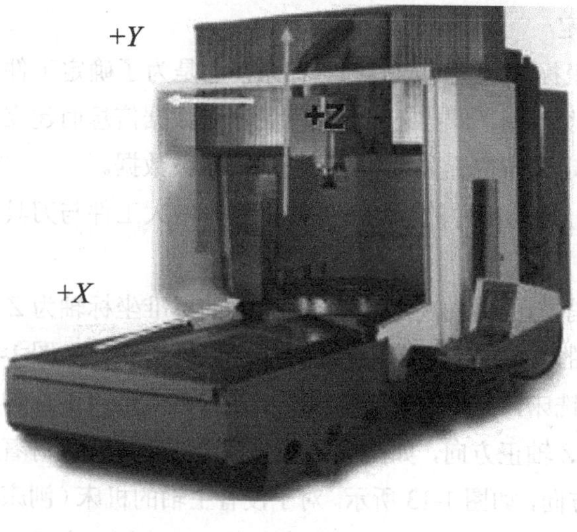

图 1-14　龙门数控铣床

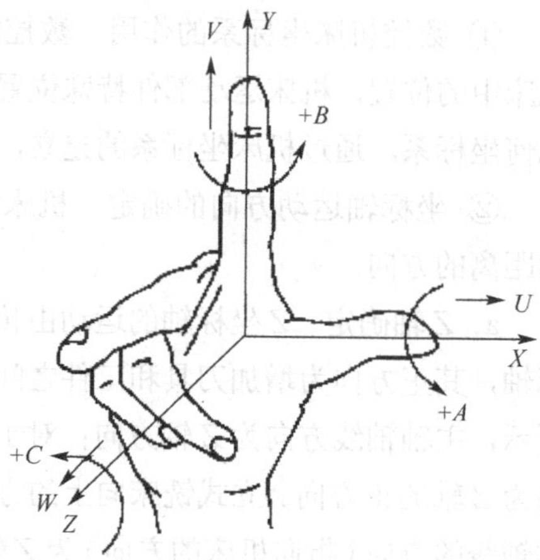

图 1-15　右手笛卡儿直角坐标系

重要提示

对于移动部分是工件而不是刀具的机床，必须将前面所介绍的移动部分是刀具的各项规定，在理论上作相反的安排。此时，用带“′”的字母表示工件正向运动，如 X'、Y'、Z' 表示工件相对于刀具正向运动的指令，$+X$、$+Y$、$+Z$ 表示刀具对于工件正向运动的指令，两者所表示的运动方向恰好相反，如图 1-12 所示。

③ 卧式 5 轴加工中心坐标系如图 1-16 所示。

④ 工件坐标系　编程人员在编程时设定的坐标系，就是工件坐标系，也称为编程坐标系。工件坐标系坐标轴的确定与机床坐标系坐标轴方向一致。机床坐标系是建立工件坐标系的基础。

数控机床坐标系是进行设计和加工的基础，但是利用机床坐标系进行数控编程却不方便，因此应该在工件上设置一个工件坐标系来进行编程，然后在进行加工时，通过一些特定的方法测量出工件坐标系零点（一般用 W 来表示）在机床坐标系里的坐标值，并把这个值输入到数控系统中，这样就可以建立起工件坐标系与机床坐标系之间的关系，如图 1-17 所示。

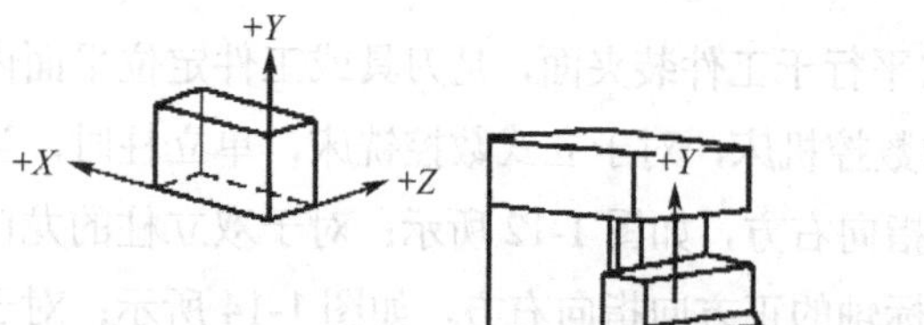

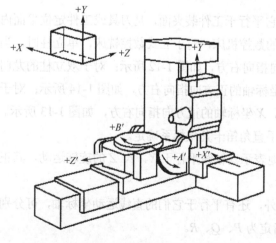

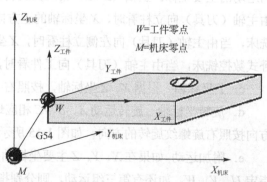

图 1-16　5 轴联动的卧式加工中心的坐标系

图 1-17　机床坐标系与工件坐标系之间的关系

⑤ 数控机床上有关的点

a. 机床原点　机床原点是指在机床上设置的一个固定点，即机床坐标系原点。它在机床装配、调试时就已确定下来，是数控机床进行加工运动的基准参考点。一般取在机床运动方向的最远点。在数控铣床上，机床原点一般取在 *X*、*Y*、*Z* 三个直线坐标轴正方向的极限位置上，如图 1-18 所示。

b. 机床参考点　机床参考点不同于机床原点。机床参考点是机床制造商在机床上借助行程开关设置的一个物理位置，该点至机床原点在其进给坐标轴方向上的距离在机床出厂时已准确确定，使用时可通过“寻找操作”方式确认。它与机床原点的相对位置是固定的。有的机床参考点与机床原点重合。数控铣床机床参考点如图 1-19 所示。有的数控机床可以设置多个参考点，其中第一参考点与机床参考点一致，第二、第三和第四参考点与第一参考点的距离利用参数事先设置。

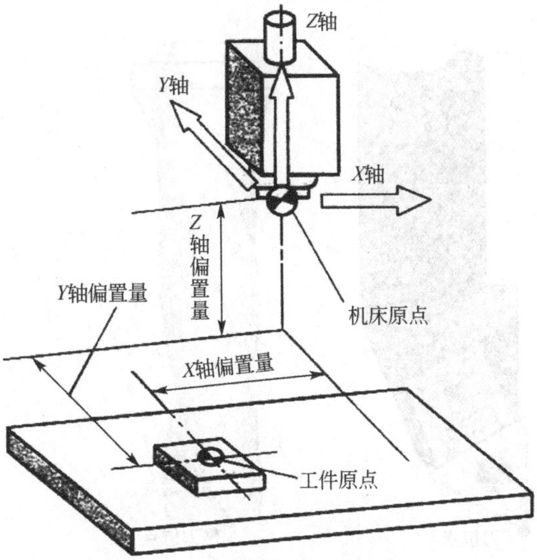

图 1-18　机床原点与工件原点

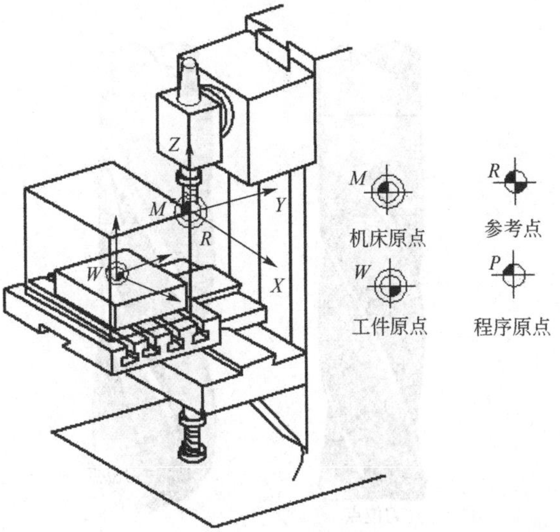

图 1-19　立式铣床机床参考点

机床原点与机床参考点关系：

机床参考点相对于机床原点的值是一个可设定的参数值。它由机床厂家测量并输入至数控系统中，用户不得改变。当执行返回参考点的工作完成后，机床显示器面板即显示出机床参考点在机床坐标系中的坐标值，此表明机床坐标系已经建立。参考点一般被设在机床运动正方向的最远点附近。

机床原点实际上是通过返回（或称寻找）机床参考点来确定的。机床参考点对机床原点的坐标是已知值，即可根据机床参考点在机床坐标系中的坐标值间接确定机床原点的位置，如图 1-20 所示。

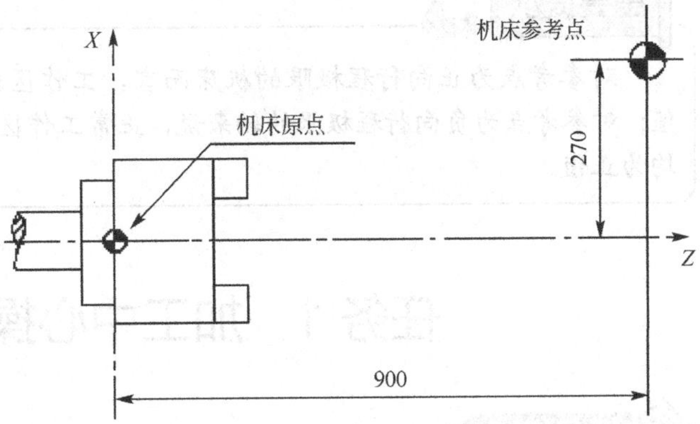

图 1-20　车床的机床参考点

重要提示

回零操作（回参考点）就是建立机床坐标系。机床返回了第一参考点位置也就知道了该坐标轴的零点位置。机床接通电源后必须先进行机动或手动返回第一参考点，否则不能进行其他操作。

c. 工件坐标系原点　在工件坐标系上，确定工件轮廓的编程和计算原点，称为工件坐标系原点，简称工件原点，亦称编程原点，如图 1-18 所示。

d. 刀位点　刀位点是指编制数控加工程序时用以确定刀具位置的基准点。如图 1-21 所示，圆柱铣刀的刀位点是刀具中心线与刀具底面的交点；球头铣刀的刀位点是球头的球心点或球头顶点；车刀的刀位点是刀尖或刀尖圆弧中心；钻头的刀位点是钻头顶点。

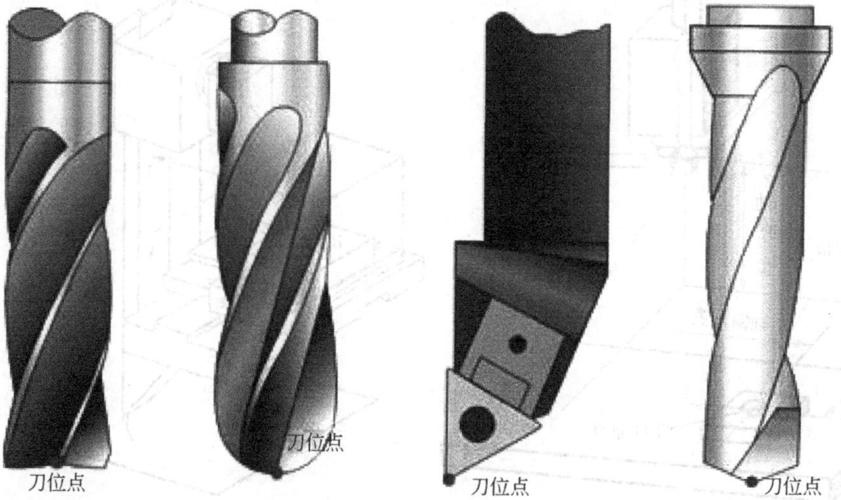

图 1-21　刀具刀位点

重要提示

对参考点为正向行程极限的机床而言，工作区内的刀位点在机床坐标系的坐标均为负值；对参考点为负向行程极限的轴来说，正常工作区内的点在机床坐标系中该轴对应的坐标均为正值。

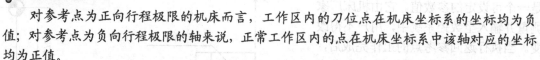

任务 1　加工中心操作基本步骤

任务描述

以沈阳机床厂型号为 VMC850E 立式加工中心（如图 1-22 所示）为例，数控系统是：FANUC 0i MC，完成数控机床的基本操作。

任务分析

由于不同型号的立式加工中心的机床结构、数控系统以及操作面板的差异，操作方法有所差别，但是机床的基本操作原理、操作步骤是相同的。现以配有FANUC 0i MC 数控系统的 VMC850E 型立式加工中心为例，介绍加工中心的基本操作方法和步骤。

图 1-22 VMC850E 立式加工中心

任务实施

1. 操作准备

（1）观察机床

VMC850E 立式加工中心，是一台无机器手换刀方式的加工中心。该机床的操作面板竖直挂在床身右前方。

（2）认识操作面板

加工中心的操作面板由数控系统的控制面板和机床操作面板两部分组成。如图 1-23 所示，数控系统的控制面板包括手动数据输入键盘（MDI）和显示屏（CRT）；如图 1-24 所示，机床操作面板包括各种操作开关及按钮。

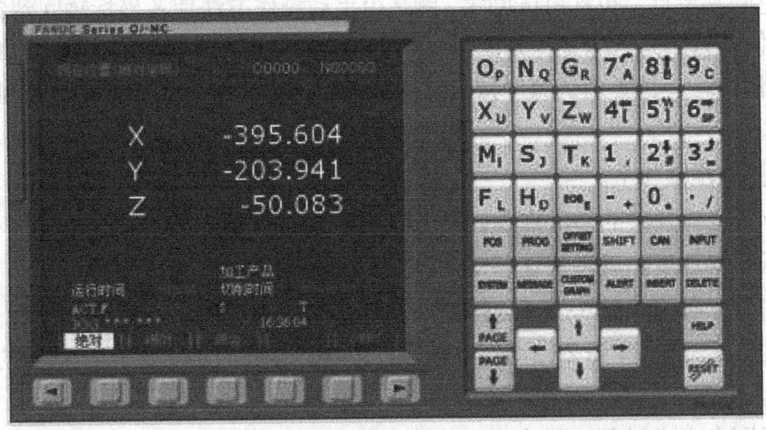

图 1-23 FANUC 0i MC 数控系统加工中心控制面板

图 1-24 沈阳机床操作面板

(3) 检查 CNC 机床

油量是否足够、系统内气压是否正常（气压夹紧）、机床外观及周围检查等。

2. 操作步骤

步骤 1：开机。

① 打开压缩空气阀门（气压夹紧）。

② 接通机床电源（电源柜门上的电源）。

③ 给数控系统及伺服系统通电。

在机床操作面板上按下“POWER ON”按钮。通电后在 CRT 上将显示出固定显示页面，如出现 *X*、*Y*、*Z* 坐标现在值、乘除移动值、主轴转速、刀具进给速度等一些信息。如果通电后出现报警，就会显示报警信息。操作者首先要处理报警信息。

重要提示

通电后，在显示位置屏幕或者报警屏幕之前，请不要操作系统，有些键是用来维护保养或者特殊用途的。如果它们被按下后，会发生意想不到的结果。

④ 松开急停按钮（EMERGENCY）。

⑤ 待系统正常启动后，可启动控制按钮。

步骤 2：回零。

① 手动返回参考点　也称机床回零，就是用手动操作方法使各坐标轴回到参考点（回零）。实际上回零是使刀具回到机床坐标系的原点，以消除因停机带入的误差，建立新的机械坐标系。

在回零操作前，一是要确认急停按钮已复位；二是检查机床锁定开关、*Z* 轴锁定开关均在已断开的位置。

手动回零操作步骤如下。

a. 按下方式选择开关的参考点返回开关，直至回零指示灯 ZRN 亮。

b. 为降低移动速度，旋转快速移动倍率选择开关在低倍率区。

c. 按下轴和方向的选择开关，选择要回参考点的轴和方向。持续按下带有“+”号的坐标键，如先按下“+*Z*”键，直到 *Z* 轴返回参考点，参考点指示灯亮。如果在相应的参数中进行设置，刀具也可以沿着三个轴同时返回参考点。

② 刀具返回参考点过程　机床上操作面板的返回参考点开关接通时，刀具按照各轴的参数 ZMI 中指定的方向移动。首先刀具以快速移动速度移动到减速点，然后以 FL 速度移动到参考点。如图 1-25 所示，快速移动的速度和 FL 速度在参数中指定。

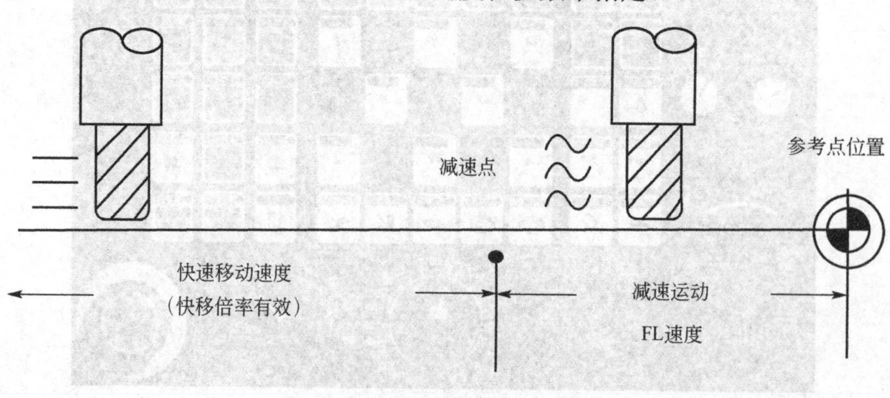

图 1-25　刀具返回参考点示意图

重要提示

原则上，每一轴无论在任何位置，都可以回零。但当回零撞块离回零开关太近（<50mm）时，应采取手动方式移动坐标轴，将各轴移至距离机床原点100mm以上，然后再进行回零。

步骤3：工件的定位与夹紧。

工件的定位与夹紧是机床进行加工前的重要工作之一。合理地选择工件的定位基准和夹紧方式是工件安装的关键，工件安装的好坏直接影响工件的加工精度。

零件在不同的生产条件下加工时，可能有不同的定位装夹方法，那么，在加工中心上加工工件，一般可以归纳为直接定位装夹和利用夹具定位装夹两大类。直接定位装夹指利用机床附件（压板、螺栓等）结合划针和百分表即可完成，如图1-26所示。利用夹具定位装夹一般是指利用专门为某些（某个）零件设计和制造的夹具对零件实施定位夹紧。如图1-27所示，利用组合夹具夹紧工件4，完成工件上孔的加工。

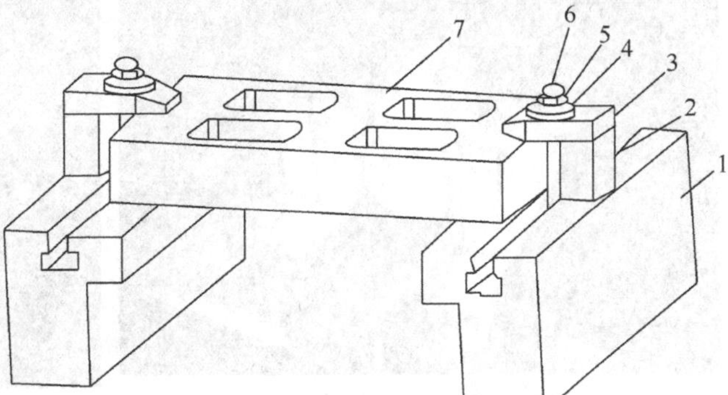

图1-26 工作台直接定位夹紧

1—工作台；2—垫块；3—压板；4—垫片；5—螺母；6—螺栓；7—工件

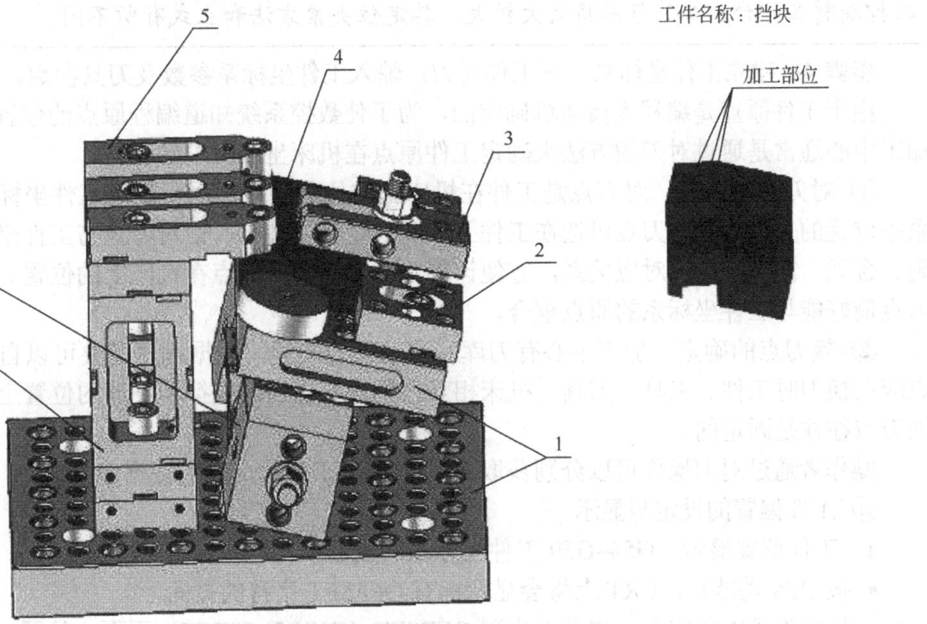

图1-27 通用夹具装夹工件

1—基础件；2—支承定位件；3—压板；4—工件；5—钻模板；6—转角垫板；7—空心支承

本次任务立式加工中心采用通用虎钳夹紧工件。

① 将平口虎钳清理干净装在干净的工作台上，通过百分表找正、找平虎钳，再将工件装正在虎钳上。

② 用机用平口虎钳夹紧工件时，一般应将工件置于虎钳中部；工件加工部位要高出钳口，避免刀具与钳口发生干涉；在工件的下部一般要用平行块垫铁，避免工件悬空夹持。如图 1-28 所示为用虎钳装夹一圆柱。根据工件的尺寸与形状，也可采用三爪卡盘夹紧圆形工件，如图 1-29 所示。

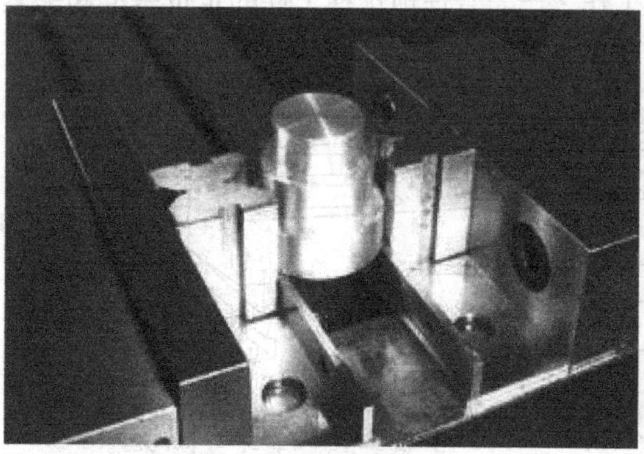

图 1-28 虎钳装夹圆柱体

图 1-29 三爪卡盘夹紧工件

重要提示

卧式加工中心相对于立式加工中心而言，更适合于镗铣合成的加工方式，常结合分度或数控旋转工作台，工艺范围将大大扩大，其定位夹紧方法和立式有所不同。

步骤 4：建立工件坐标系——工件对刀：输入工件坐标系参数及刀具参数。

由于工件原点是编程人员随机确定的，为了使数控系统知道编程原点的位置，数控铣床及加工中心通常是通过对刀的方法来确定工件原点在机床坐标系中的位置。

① 对刀点的确定　对刀点是工件在机床上定位装夹后，用于确定工件坐标系在机床坐标系中位置的基准点。对刀点可选在工件上或装夹定位元件上，但对刀点与工件坐标点必须有准确、合理、简单的位置对应关系，方便计算工件坐标系的原点在机床上的位置。一般来说，对刀点最好能与工件坐标系的原点重合。

② 换刀点的确定　加工中心有刀库和自动换刀装置，根据程序需要可以自动换刀，换刀点应在换刀时工件、夹具、刀具、机床相互之间没有任何的碰撞和干涉的位置上，加工中心的换刀点往往是固定的。

操作者通过对刀操作可以分别获取 *X*、*Y*、*Z* 轴工件原点处的数据偏置值。

③ 工件偏置的设定与显示

a. 工件偏置显示（G54~G59 工件坐标系的显示）

- 按 OFS 功能键，CRT 上将会显示标有 OFFSET 字符的页面。
- 按软键【WORK】，屏幕上出现 OFFSET（WORK-SHIFT）页面，如图 1-30 所示。

b. 设定工件偏置（G54~G59 工件坐标系的设置）

- 按 OFS 功能键，CRT 上将会显示标有 OFFSET 字符的页面。
- 按下软键【WORK】，直至屏幕上出现 OFFSET（WORK-SHIFT）页面，如图 1-30 所示。
- 光标移至 G54 *X* 坐标值处，输入 *X* 轴工作偏置数据（*X* 轴机械坐标值），然后按【INPUT】键，输入的数据就被指定为 *X* 轴工件原点偏置值。重复以上操作，改变 *Y*、*Z* 处得偏置值。

重要提示

本次任务 Z 坐标轴只需手动换刀，那么每把刀具的 Z 向方向都需重新对刀。加工中心利用刀库换刀操作时在任务 2 讲解。

④ 刀具（参数）偏置的设定　刀具偏置包含刀具几何形状偏置和磨损偏置。刀具几何形状偏置的值通常从机床原点开始测量。磨损偏置的值就是程序中的值和工件实际测量尺寸之间的差别值。同一把刀具号可以使用多个刀具偏置号，如图 1-31 所示。如在 FANUC 系统铣削加工中：T01，T 功能是旋转刀库，01 表示编号为 1 的刀具，T01 可以理解为刀库装置将选择 1 号刀具并将其放置在等待换刀的位置上。而 D01、H01 中的 01 分别表示为刀具半径偏置 01 号和刀具长度偏置 01 号（刀具偏置存储器号）。

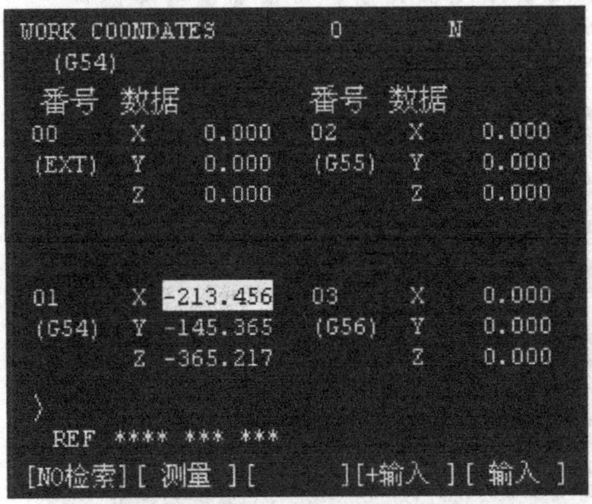

图 1-30　工件偏置页面显示

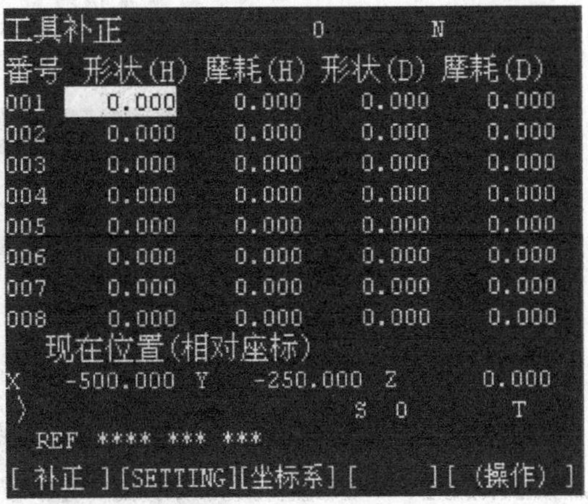

图 1-31　刀具偏置页面

具体操作步骤如下。

a．按 OFS 功能键。

b．按软键【OFFSET】显示刀具参数补偿页面。

c．通过页面键和光标键将光标移动到需要设定和改变补偿值的位置。

d．输入刀具偏置值，然后按【INPUT】键，要修改补偿值，直接输入需要补偿的数值（包括正负号），然后按下【+ INPUT】键。

步骤 5：程序的输入及编辑。

程序的输入需要在编辑 EDIT 方式下进行，按下 PROG 编辑键，CRT 显示出 PROGRAM(EDIT)页面，然后输入程序号如“O0001”，再按下【INSERT】键，再按下【EOB】，最后再按【INSERT】键，使程序号单独占一行。然后再输入其他程序语句。工件程序的编辑包括工件程序的调出、删除、修改和插入（增加）。

重要提示

如删除全部存入的程序：键入 0~9999；再按【DELETE】删除键，全部程序被删除。

步骤 6：程序校验与图形模拟。

在机床运行程序之前，必须要仔细检查程序中的所有错误。即使一个很小的拼写错误都可能导致严重的问题。程序员有两类措施可以消除 CNC 中的错误：预防措施（自己养成良好的编程习惯）和纠正措施（与其他程序员一起工作，请同事检查）。常用程序检查方法如下。

① 将手写稿或打印稿上的内容与输入到系统中的程序进行逐条检查。主要查看是否有输入错误及语法错误等。检查过程中，编程人员要对每条语句进行反读，在纸上要画出刀具路径图。

② 利用机床的图形模拟功能进行检查。在图形模拟时，可以锁住机床也可以把 Z 向坐标轴沿正方向抬起，让刀具和工件不发生干涉。一般机床显示的是加工工件的轮廓和刀具运动（Z 轴省略）。

③ 一般四轴以上的加工，最好采用数控仿真校验软件，如图 1-32 所示，数控仿真软件不仅能对程序进行检查，同时还可以对机床运动的整个过程提供准确、完善的碰撞（包括刀具库的换刀，主轴箱与夹具的碰撞）、干涉检查，保证机床和刀具的安全。

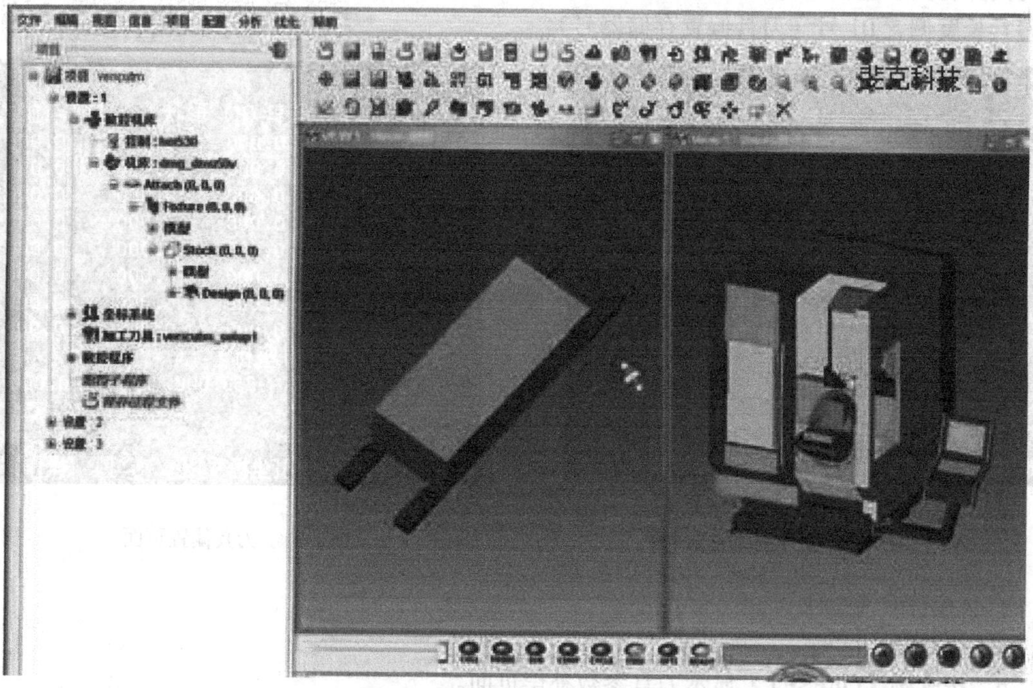

图 1-32 VERICUT 7.0 数控仿真软件

重要提示

① 程序错误是导致 CNC 机床发生碰撞的最主要原因之一。

② 在程序检查这个阶段，要全面注意刀具运动，如果对编程刀具路径的任何方面有不能确定的情况时，不能进行 CNC 加工。

步骤 7：工件试切。

确认程序无误后，记住把系统面板信息恢复原值（Z 值是否上移、锁定开关、空运行等），将快速移动倍率按钮、进给速率按钮打到低挡。在加工过程中操作者要注意观察刀具轨迹和 CRT 显示屏幕上剩余的坐标值移动距离。具体操作步骤如下。

① 按下存储器（MEN）运行方式选择键。

② 从存储的程序中选择一个程序，其步骤如下：

a. 按下【PROG】键显示程序屏幕；

b. 输入程序号如 O0002；

c. 按下【NO.SRH】检索软键，光标自动回到程序号处；

d. 按下机床操作面板上的循环启动键【CYCLE START】。自循环启动开始，并且循环启动指示灯亮。然后根据现场情况，逐步放大进给速率按钮倍率。

重要提示

① 程序执行前，须将光标移到程序头。

② 要在中途停止程序，可按下机床操作面板上“进给暂停按钮”，或按下 MDI 面板上的【RESET】键，自动运行终止，并进入复位状态。但要注意两者的区别。

③ FANUC-0iC 系统程序中断后，重新启动程序时，将要从中断后的程序段处重新启动机床，有两种重新启动方法：P 型和 Q 型。

步骤 8：关闭 CNC 机床。

① 将工作台移至安全位置（即各轴放到中间位置）。

② 按下急停开关。

③ 关闭 NC 电源。

④ 关闭机床（主机）电源。

⑤ 关闭压缩空气阀门。

重要提示

虽然急停按钮断开机床所有轴的电源，但是 CNC 机床仍然有电。

所有机床都有一个基本规则：关闭电源的步骤和打开机床电源的步骤相反。

任务评价

本次任务主要是让学员掌握加工中心机床操作的基本步骤，本次任务在具体教学或实施过程中也可以分成几个课题来完成，比如对刀练习、程序输入与编辑、工件加工完成后的测量等课题。建议教师在具体实施过程中要体现以行动为导向的教学思想。

任务2 加工中心机床面板

任务描述

以 VMC850E 立式加工中心（如图 1-33 所示）为例，数控系统是：FANUC 0i MC，通过该任务的实施，熟悉机床 CRT/MDI 面板及各功能键使用。

图 1-33 VMC850E 立式加工中心

任务分析

（1）数控编程思想

零件加工程序的编制过程，称为数控编程。具体地说，数控编程是指根据被加工零件的图纸和技术要求、工艺要求，将零件加工的工艺顺序、工序内的工步安排、刀具相对于工件运动的轨迹与方向（零件轮廓轨迹尺寸）、工艺参数（主轴转速、进给量、切削深度）及辅助动作（变速，换刀，冷却液开、停，工件夹紧、松开等）等，用数控系统所规定的规则、代码和格式编制成文件（零件程序单），并将程序单的信息制作成控制介质的整个过程。从广义上讲，数控加工程序的编制包含了数控加工工艺的设计过程。

（2）数控加工操作面板

数控程序是完成零件加工的核心，但是能否按照图纸要求完成零件的加工，关键在于机床正确的操作。

加工中心的操作面板由数控系统的控制面板和机床操作面板两部分组成。数控系统操作面板包括手动数据输入键盘（MDI）和显示屏（CRT），如图 1-34 所示。

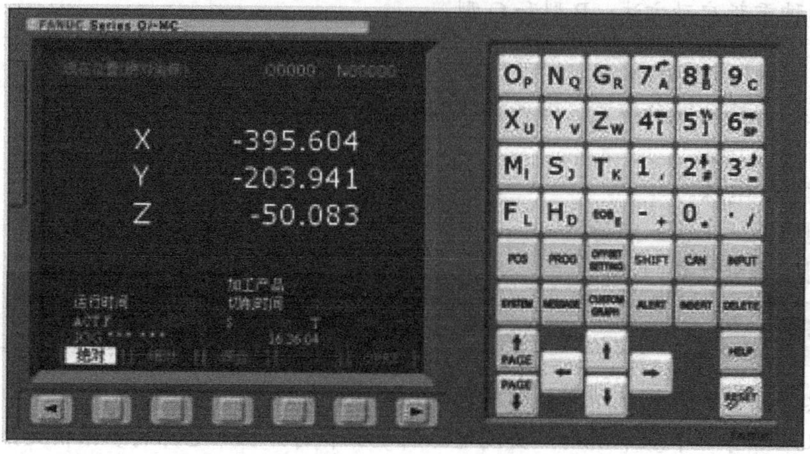

图 1-34 FANUC 0i MC 数控系统加工中心控制面板

重要提示

由于不同型号的立式的机床结构、数控系统以及操作面板的差异，操作方法都有差异，但基本操作方法是相同的，机床操作面板上的常用按键功能是相同的。

任务实施

数控机床面板功能如下。

1. CRT / MDI 数控操作面板

如图 1-34 所示为 FANUC 0i MC 数控操作面板。

操作面板上各键的符号及用途如下。

（1）数字 / 字母键

数字 / 字母键用于输入数据到输入区域，系统自动判别取字母还是取数字。字母和数字键通过上挡键切换输入，例如，O/P、7/A。

（2）编辑键

替换键 用输入的数据替换光标所在的数据。

删除键 删除光标所在的数据，或者删除一个程序或者删除全部程序。

插入键 把输入区之中的数据插入到当前光标之后的位置。

取消键 消除输入区内的数据。

回车换行键 将输入区中的光标移至下一行首。

（3）页面切换键

程序显示与编辑页面。

位置显示页面。位置显示有三种方式，用 PAGE 键选择。

参数输入页面。按第一次进入坐标系设置页面，按第二次进入刀具补偿参数页面。进入不同的页面以后，用【PAGE】键切换。

系统参数页面。

信息页面，如“报警”信息。

图形参数设置页面。

系统帮助页面。

（4）翻页键

向上翻页。

向下翻页。

（5）光标移动键

向上移动光标。

向左移动光标。

向下移动光标。

向右移动光标。

（6）输入键

输入键。把输入区内的数据输入参数页面。

复位键。

2. 机床操作面板

以 FANUC 0i-M 标准操作面板为例进行介绍，机床操作面板如图 1-35 所示，主要用于控制机床的运动和选择机床运行状态，由模式选择按钮、数控程序运行控制开关等多个部分组成，每一部分的详细说明如下。

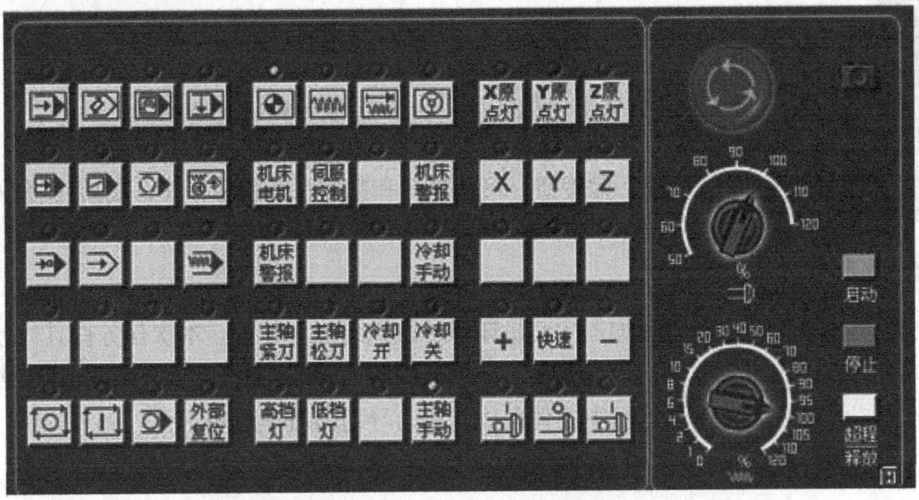

图 1-35　FANUC 0i-M 标准操作面板

AUTO(MEM) 键（自动模式键）：进入自动加工模式。

EDIT 键（编辑键）：用于直接通过操作面板输入数控程序和编辑程序。

MDI 键（手动数据输入键）：用于直接通过操作面板输入数控程序和编辑程序。

文件传输键：通过 RS-232 接口把数控系统与电脑相连并传输文件。

REF 键（回参考点键）：通过手动回机床参考点。

JOG 键（手动模式键）：通过手动连续移动各轴。

INC 键（增量进给键）：手动脉冲方式进给。

HNDL 键（手轮进给键）：按此键切换成手摇轮移动各坐标轴。

SINGL 键（单段执行键）：自动加工模式和 MDI 模式中，单段运行。

程序段跳键：在自动模式下按下此键，跳过程序段开头带有“/ ”程序。

程序停键：自动模式下，遇有 M00 指令程序停止。

程序重启键：由于刀具破损等原因自动停止后，程序可以从指定的程序段重新启动。

程序锁开关键：按下此键，机床各轴被锁住。

空运行键：按下此键，各轴以固定的速度运动。

机床主轴手动控制开关：手动模式下按此键，主轴正转。

机床主轴手动控制开关：手动模式下按此键，主轴停。

机床主轴手动控制开关：手动模式下按此键，主轴反转。

循环启动键：模式选择旋钮在“AUTO”和“MDI”位置时按下此键自动加工程序，其余时间按下无效。

循环停止键：数控程序运行中，按下此键停止程序运行。

坐标轴正方向手动进给。

快速进给键。

坐标轴负方向手动进给。

X 轴。

Y 轴。

Z 轴。

进给速度（F）调节旋钮，调节进给速度，调节范围为 0～120%。

主轴速度调节旋钮，调节主轴速度，调节范围为 50%～120%。

紧急停止按钮，按下此旋钮，可使机床和数控系统紧急停止，旋转可释放。

任务评价

本次任务主要是让学员掌握加工中心机床操作面板组成与使用，本次任务在具体教学或实施过程中也可以以小组为单位，轮流识读 CRT/MDI 数控操作面板和机床操作面板中各个按键的功能作用。教师在具体实施过程中要体现以行动为导向的教学思想。

任务 3 加工中心工件的定位与安装

任务描述

如图 1-36 所示，在加工中心工作台上如何定位装夹工件？

本任务的重点是讲述数控加工的工件定位与夹紧问题。

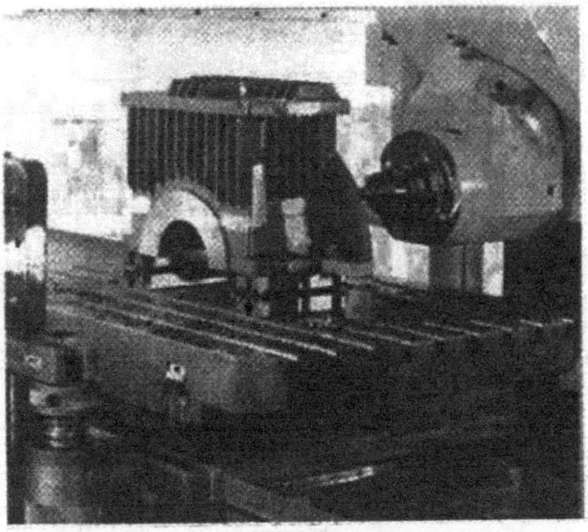

图 1-36　工作台上装夹工件

任务分析

定位基准的选择

定位基准：是加工过程中，使工件相对机床或刀具占据正确位置所使用的基准；是指工作台（或托板）的定位基准、夹具的定位基准和工件的定位基准。

（1）工作台（托板）基准

加工中心的工作台（托板）是工件或夹具的定位和安装基准，因工作台（托板）的结构形式不同，安装基准有所区别。通常是以工作台（托板）固有的台面作为主要的定位基准，以中心孔、T形槽、基准销孔、侧定位板等作为辅助定位基准。一般的工作台（托板）都具有两种或三种基准，两种的较为普遍。

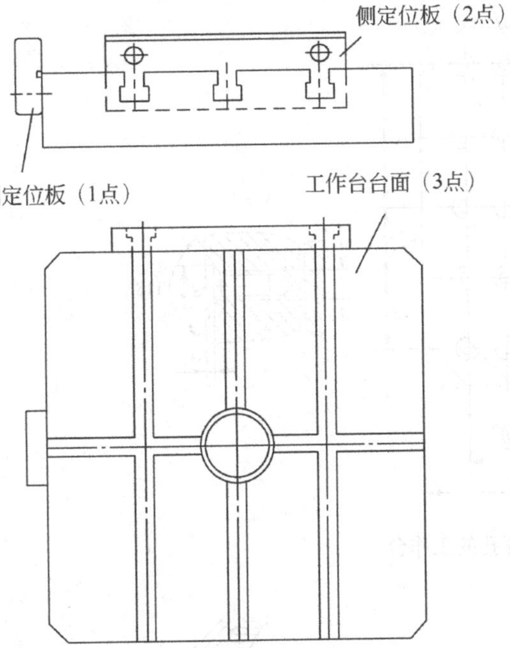

图 1-37　带侧定位板的工作台

卧式加工中心工作台（托板）的形状有正方形和矩形之分，矩形的长宽比为 1.25，立式加工中心的工作台台面为矩形，矩形的长宽比为 2。我国机床标准规定加工中心是以工作台（托板）宽度作为机床的主参数，工作台宽度公称尺寸系列为 250mm、320mm、400mm、630mm、800mm、1250mm 和 1600mm。

① 以工作台（托板）台面和侧定位作为定位基准在卧式加工中心上加工工件，通常是以工作台台面和侧定位板作为定位基准，安装工件式夹具，因为多数卧式加工中心的工作台的两个相邻侧面上都安装有互成 90° 的定位板，其中一侧定位板较长，为工作台边长的 60%~70%，另一侧定位板较短，为 50~80mm。图 1-37 是配有侧定位板的工作台。工作台面既是工件式夹具定位面又是支承面。基于六点定位原理，台面是主定位面，长侧定位面是导面，而短侧定位面是定程面。这种定位方法，台中的 T 形槽仅作为夹压工件用。

② 以工作台（托板）台面和中央 T 形槽作为定位基准的加工中心工作台，其台面结构如图 1-38 带中央基准 T 形槽的工作台（托板）所示。作为定位基准的中央 T 形槽，其尺寸精度、几何精度和位置精度都有较高的要求。

③ 以工作台台面和中心基准孔作为定位基准。以工作台台面和中心基准孔作为定位基准的加工中心工作台，其台面结构有带 T 形槽和带标准螺孔之分。图 1-39 是带标准螺孔的工作台。带 T 形槽的工作台又有平行 T 形槽的（图 1-38）和带径向 T 形槽（图 1-40）及双径向 T 形槽（图 1-41）之分。

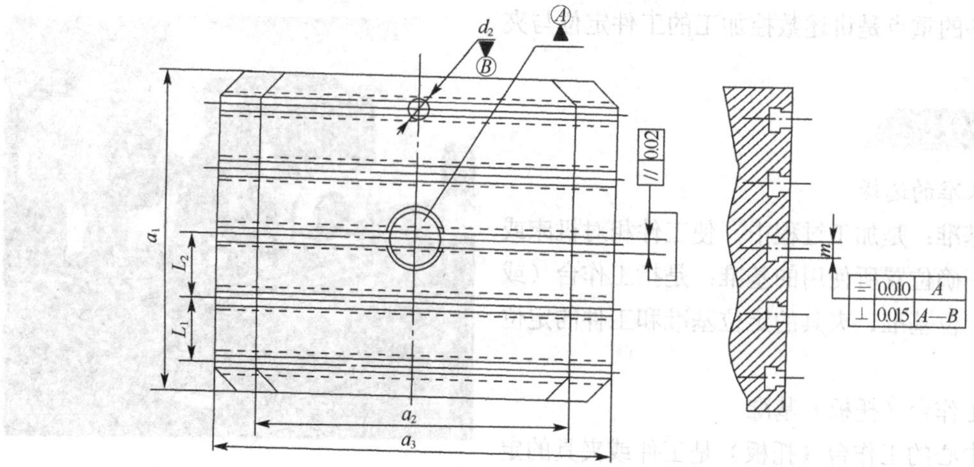

图 1-38　带中央基准 T 形槽的工作台

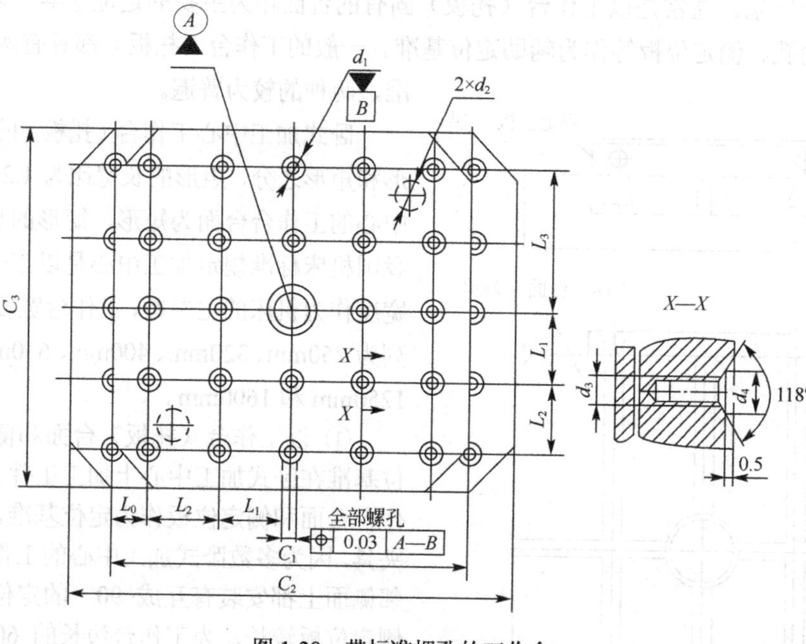

图 1-39　带标准螺孔的工作台

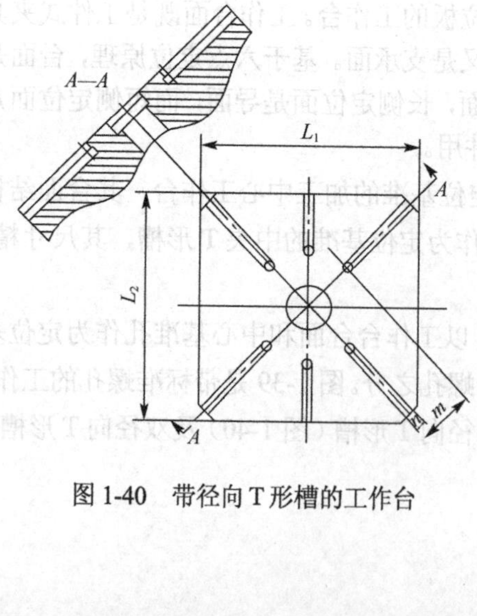

图 1-40　带径向 T 形槽的工作台

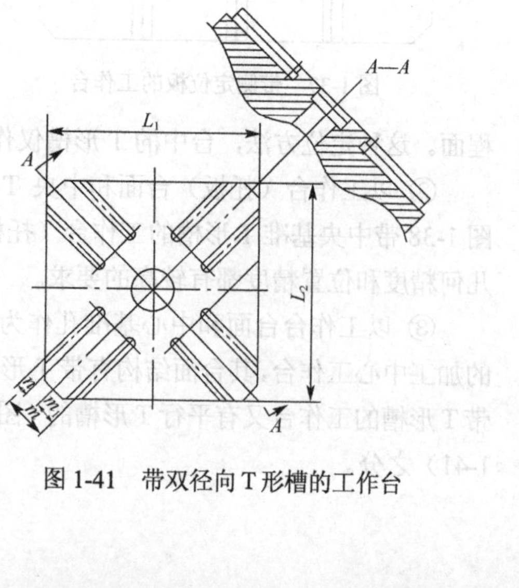

图 1-41　带双径向 T 形槽的工作台

④ 以工作台（托板）台面和基准槽为定位基准。以工作台（托板）台面和基准槽为定位基准的工作台，其定位槽形状如图1-42所示。

⑤ 以带有基准销孔的辅助工作台台面和基准销孔作为定位基准。图1-43是带有基准销孔的辅助工作台，这种工作台多用在立式加工中心上。这种辅助工作台可用来安装多个被加工的工件。

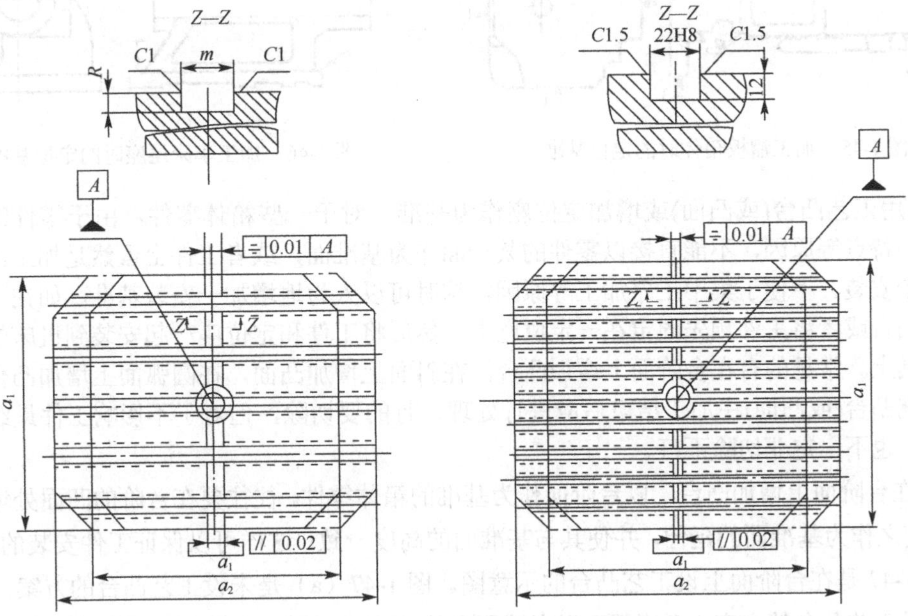

图1-42 带基准槽的工作台

（2）工件的定位安装基准

工件的安装状态取决于工件的加工部位，在确定工件的安装状态时，基面的选择要有利于工件的安装和加工，有的工件还应考虑加工程序编制的繁简。工件基准面的形状和位置要依据工件的形状和加工要求而定，一般应有安装基准（面）、定位基准（面）和调试基准（定心基准），如图1-44所示。

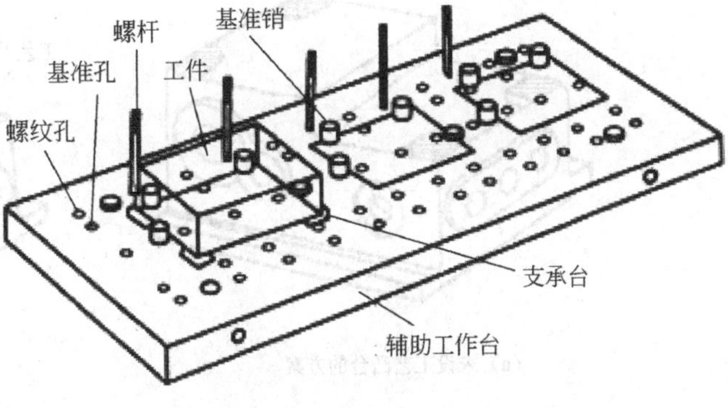

图1-43 带有基准销孔的辅助工作台

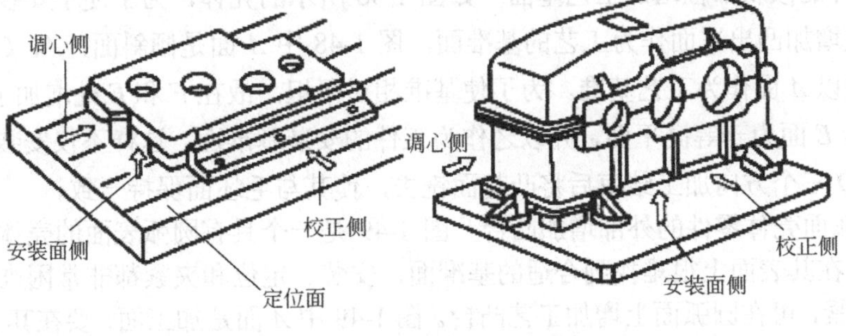

图1-44 工件的定位安装基准

① 用加工面作为基准　工件的定位基准多数是以工件的表面为基准。利用加工面作为工件的安装基准有两个方面的优点：一是便于找出基准；二是利于夹具的制造，有较高的互换性。图 1-45 和图 1-46 是用加工表面作为定位基准的实例。

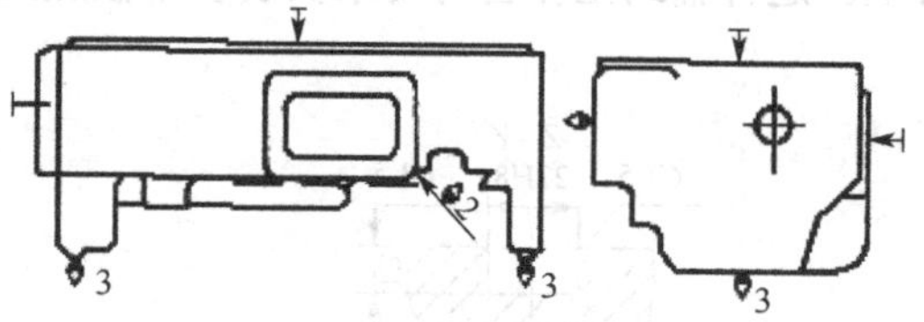

图 1-45　加工溜板箱体时的定位基准

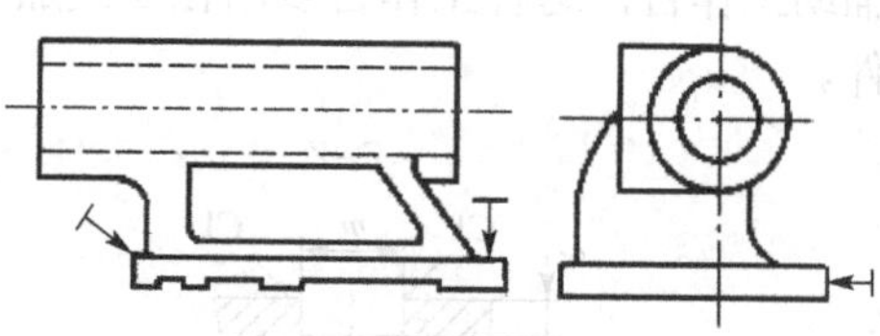

图 1-46　加工车床尾座时的定位基准

② 用工艺凸台(或凸面)或增加定位座作为基准　对于一些箱体零件，由于零件的自身形状、结构特点等原因，不能直接以零件的某一面作为基准面，或者工件上虽然是加工面，但由于不便于安装、不便于集中工序加工等原因，这时可以人为地增加一安装基准。如在工件上增加工艺凸台或者将工件预先固定在一定位座上，然后将工件和定位座一起安装到机床的工作台上或夹具上。常见的有在台阶面上增加凸台，在斜面上增加凸面，在圆弧面上增加凸台或凸面等。工艺凸台(或凸面)在加工结束后应进行处理，有的要切除，但对于不影响工件最终性能、外观的，也不一定非切除不可。

a. 在台阶面上增加凸台　以台阶面作为基准的箱体零件，往往要在台阶的凹面处增加工艺凸台，使之作为基准面的延伸，并使其与基准面的高度一致。这样可以保证工件安装的稳定性。

图 1-47 是在台阶面上设工艺凸台的示意图。图 1-47（a）是未设工艺凸台的方案，图 1-47（b）是设工艺凸台的方案。后者既可使基准面的高度保持一致，又可以缩短基面的加工时间，还能确保工件安装的可靠性。显然图 1-47（b）方案优于图 1-47（a）方案。

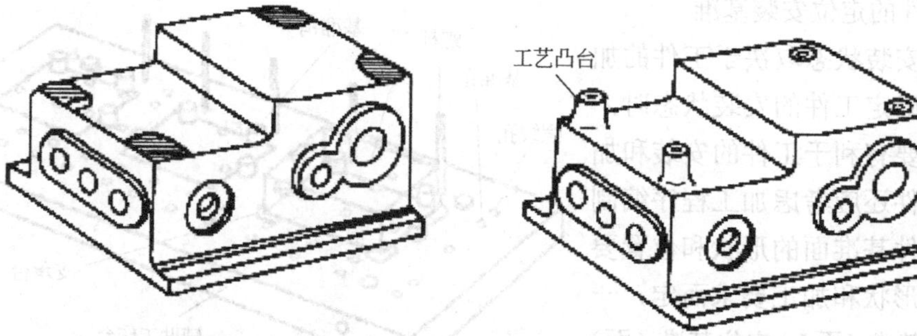

（a）未设工艺凸台的方案　　（b）设工艺凸台的方案

图 1-47　在台阶面上增设工艺凸台

b. 在零件的倾斜部位增加工艺基面　如图 1-48 所示的壳体，为了便于安装和加工，有必要在倾斜部位增加凸出平面作为工艺的基准面。图 1-48 中 *A* 面是倾斜面，*A*、*C*、*D* 三个方向加工时，都要以 *A* 面作为工艺基准。为了使基准相对平坦，故在 *F* 和 *E* 处增加了两条凸起面，经加工后 *F* 和 *E* 面为一等高平面，并以之作为工件的安装基准面。这样不仅安装方便，而且有利于 *B*、*C*、*D* 三个方向加工结束后将凸起面铣去，使其与毛坯面保持一致。

c. 在圆弧面壳体零件的外部增加凸台　图 1-49 是一个具有圆弧表面的壳体零件，由于外形类似蜗壳，在其表面上很难找到合适的基准面，安装、定位和夹紧都非常困难，为了便于定位、安装和夹紧，可在圆弧面上增加工艺凸台。图 1-49 中 *A* 面是加工面，要在其上进行铣、钻、镗和攻螺纹等加工。为不影响加工的进行，如果不在其圆弧表面上增加工艺凸台，就必须要有专门的工具、夹具，即便有专用工具、夹具，安装起来也比较麻烦。如果采用工艺凸台作为安装基准的方法，不仅安装变得方便，而且安装的稳定性也可以得到保证。这种工艺凸台在加工结束后可以切掉，也可以不切掉，以不影响外观为前提。

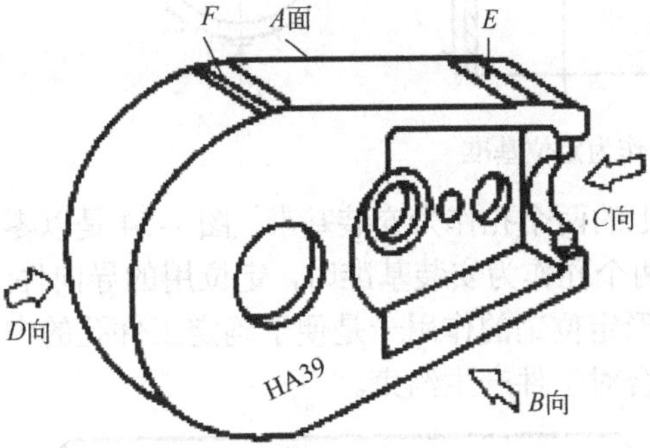

图 1-48 在倾斜面上增加工艺基面

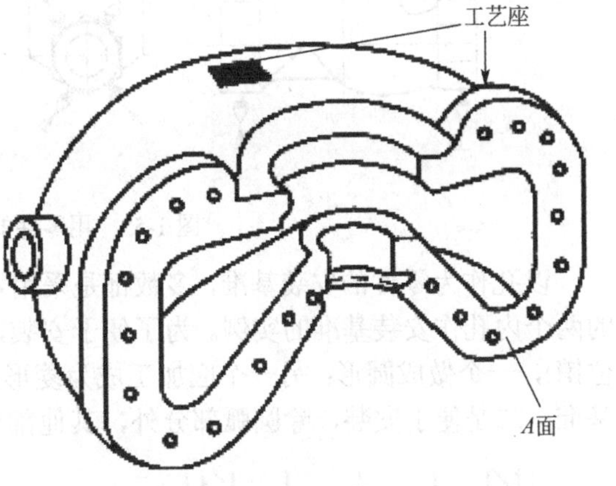

图 1-49 在圆弧面上增加工艺凸台

d. 增加定位座作为基准 图 1-50 是将后轮半轴臂这一零件套装在专用的定位座上，并进行初定位。然后将工件和定位座一同装到机床的工作台上，再以工件的凸缘和端面在机床上定位，并用其中一根肋防止转动。

图 1-51 是将气缸体固定在定位座上，然后再将固定座和气缸体一起装在机床的工作台上。

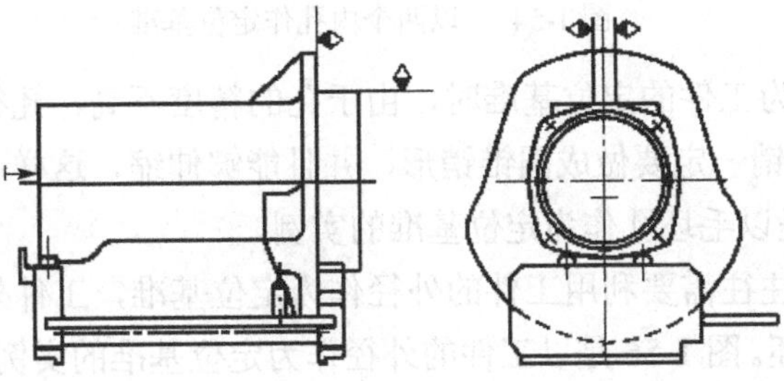

图 1-50 用于半轴臂初定位的定位座

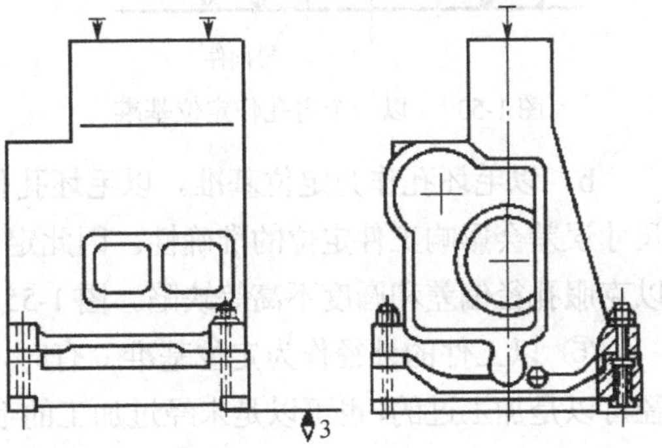

图 1-51 气缸体加工时的定位座

③ 以零件的黑皮作为定位基准 对于一些不需要进行二次安装定位的零件，如果不会因安装定位问题而影响加工质量，可以选择零件未加工过的表面，即黑皮面作为基准面。在把黑皮面作为基准时，此面应尽可能小，不宜选得太大、太宽和太长，这样有利于调整。图 1-52 是用零件的黑皮作为基准的实例。

④ 以零件的孔作为基准 利用孔作为零件的安装基准的情况比较普遍，作为安装基准的孔，可以是加工过的，也可以是毛坯孔。

a. 以孔的内径作基准。图 1-53 是以零件的一个内孔作安装基准的实例。以内径为安装基准，在零件安装前，应预先把导向件固定在工作台或夹具上，并经校正、调节中心，这样当把工件插入导向件后就不需重新校正工件的中心。为便于工件的插入，一般须把导向件上端部加工成圆锥形。

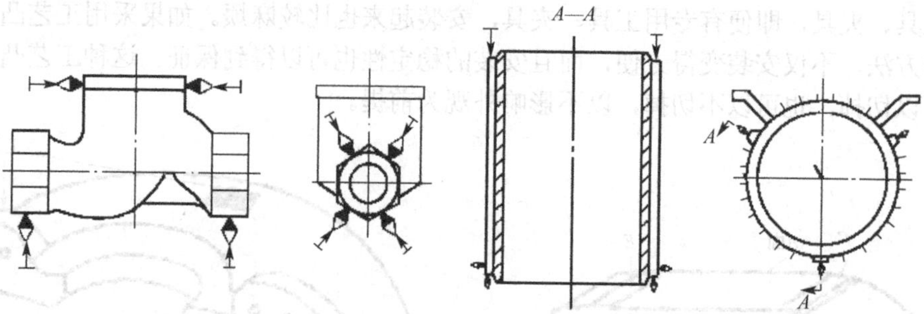

图 1-52 用零件的黑皮作为定位基准

以孔作为零件的安装基准，多数都是采用零件上的两个孔作为安装基准。图 1-54 是以零件的两个内孔作安装基准的实例。为了便于安装，以两个孔作为安装基准时，定位用的导向件(定位销)，一个做成圆形；另一个应加工成为菱形。菱形定位销的作用一是便于确定工件孔的中心基准；二是便于安装，除圆弧部分外，其他部分不会对工件产生约束。

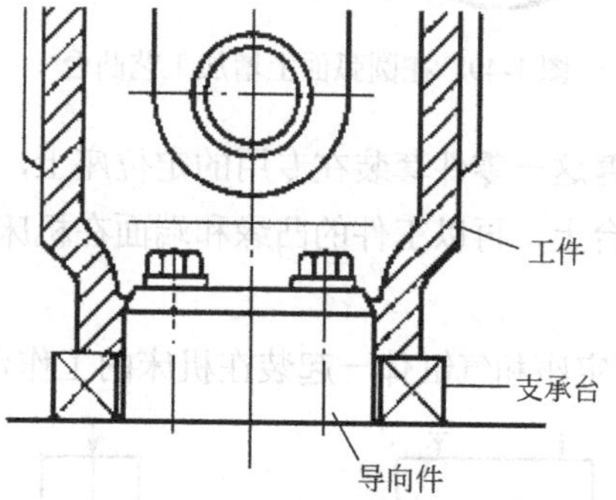

图 1-53 以一个内孔作定位基准

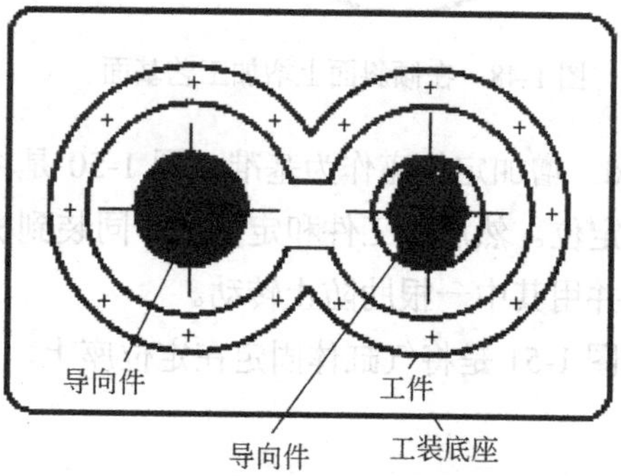

图 1-54 以两个内孔作定位基准

b. 以毛坯孔作为定位基准。以毛坯孔作为工件的定位基准时，由于孔的精度不高，孔径尺寸误差会影响工件定位的准确性。因此定位销一定要做成圆锥销形，并且能够伸缩，这样可以克服孔径偏差和圆度不高等缺陷。图 1-55 是以毛坯孔作为定位基准的实例。

⑤ 以工件的外径作为定位基准 有时，往往需要利用工件的外径作为定位基准，工件外径可以是加工过的，也可以是未经过加工的毛坯。图 1-56 是以工件的外径作为定位基准的实例。作为定位件不仅要能够装入工件，而且应该有较高的表面粗糙度和对中性。

当利用毛坯外径作为基准时，应充分考虑外径偏差，定位件应便于安装，定位要牢靠，而且还应有较好的定心性。

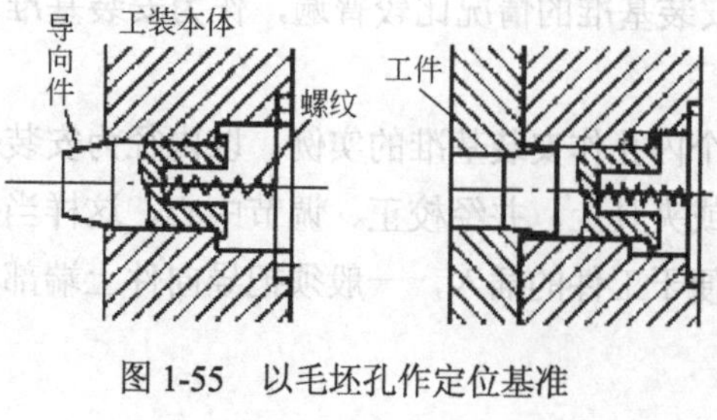

图 1-55 以毛坯孔作定位基准

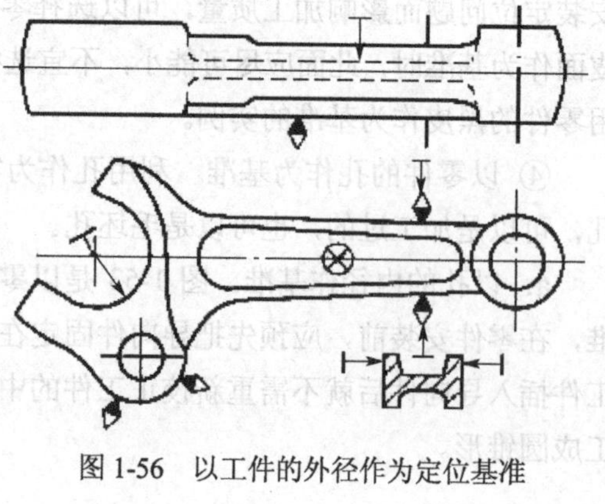

图 1-56 以工件的外径作为定位基准

任务实施

在安装工件时，一定要注意工件基准与工作台的基准是否相重合，如不重合，就必须进行调整。

（1）基准重合的选择

图 1-57 是用侧定位板来确定中心基准的实例。图 1-57 中 *A*、*B* 两点是定心基准，*C*、*D*、*E* 三点中任意一点都可以用来作为定位基准，作为定位基准，选取哪一点较好呢?无疑 *C* 点最容易重合，*E* 点最为稳定。若以定心基准（*A* 和 *B*）作为起点，则定位基准离得越远，对定心基准影响就越大。通常选择 *D* 点作为定位基准较为合适。

（2）基准重合的调整方法

基准重合的调整方法有手动、顶压和拉紧三种调整方法。

① 手动调整法　用手动方式调整工件与工作台(夹具)两个基准重合的方法是最常用的一种方法，也是最为简便的一种调整方法。操作者用手推或拉工件，使其与安装基准贴切，如图 1-58 所示。

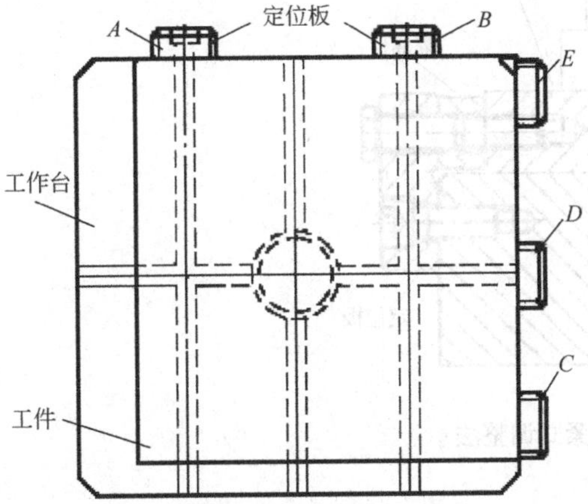

图 1-57　用侧定位板确定中心基准

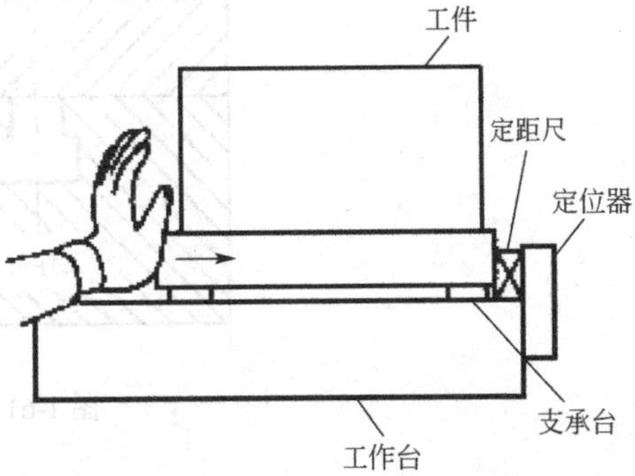

图 1-58　手动法调整基准重合

重要提示

这种方法完全是凭操作者的经验和感觉判断工件是否紧靠定位基准。在条件允许的情况下，可以用百分表测量工件基准与安装基准是否存在间隙，间隙是否在允许的范围之内。图 1-59 是用百分表测量安装间隙的实例。

② 顶压调整法　为了使工件的基准面与安装基准面贴切，可以采用如图 1-60 所示的用螺钉顶压方式进行调整。这种方法可以使工件基面与安装基面紧贴，安装牢固可靠。这种调整方法需要一套顶压器件。

③ 拉紧式调整法　图 1-61 是用拉紧式调整基准重合方法实例。用这种方法与顶压式调整方法的区别是用螺栓将工件或夹具拉至安装基准，使其基面与安装基准牢牢接触，而不是用螺杆端部支顶工件或夹具。这种方法结构简单，拉紧螺栓通过侧定位板上的孔便可以将工件或夹具拉紧，不需要其他的构件。

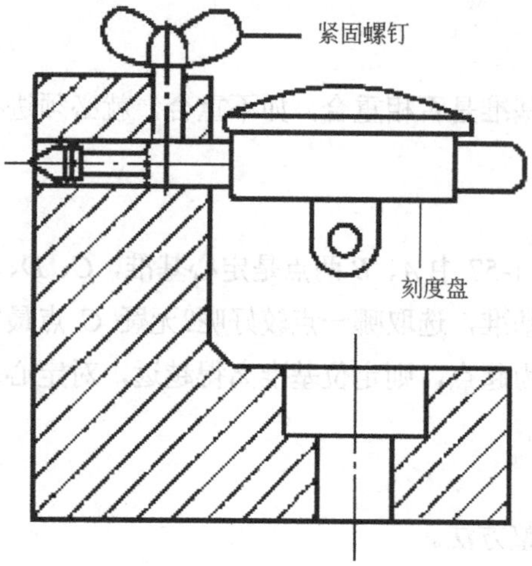

图 1-59 用百分表测量基准重合

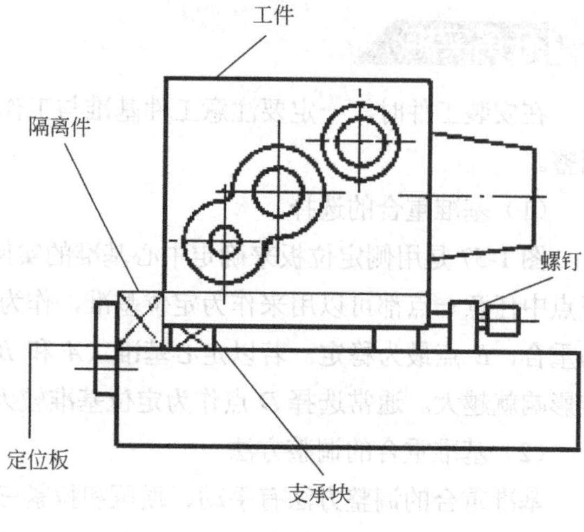

图 1-60 顶压式调整法

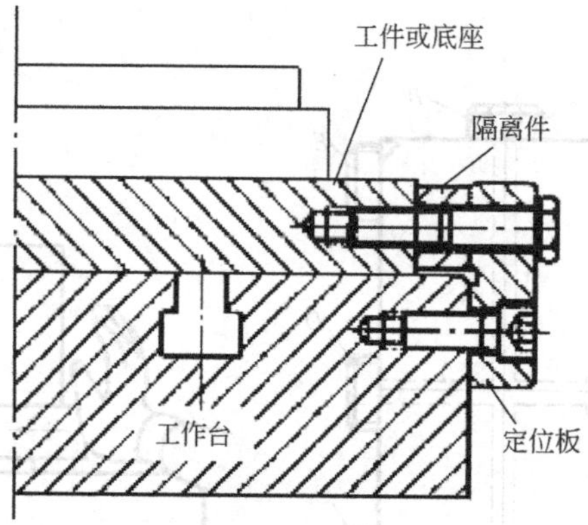

图 1-61 拉紧式调整法

（3）工件的装夹

在加工中心上加工工件，因工件的形状差异较大，装夹方式除取决于工件安装的难易程度外，还有一个工厂习惯问题，不必强求统一的模式。

重要提示

工件的装夹方法有四种方式：①将工件直接装夹在机床工作台的台面上；②利用标准方箱、角铁装夹工件；③用万能组合夹具装夹工件；④利用专用夹具装夹工件。

这里主要介绍①、②两种装夹方法。

① 工作台台面上直接装夹工件 对于简单工件和易于安装的工件，通常不需要专门的夹具，可以用常规的标准螺栓、压板、垫铁和定位件等，将工件直接装夹在机床的工作台台面上。这时讲的易于安装工件是泛指工件的外形比较规整，易于确定其基面，或铸有专门的工艺基准(如工艺凸台)的工件。图 1-62 是把工件直接装夹在五面加工中心工作台台面上的实例；图 1-63 是直接在立式加工中心的工作台台面上装夹工件的实例。工件的紧固都是选用了通用的压板、螺栓和垫铁。这种装夹方式的特点是简单、方便可靠，成本低。

图 1-62　在工作台上直接装夹工件（一）

图 1-63　在工作台上直接装夹工件（二）

② 利用标准方箱、角铁装夹工件　利用标准方箱、角铁装夹工件的方法是预先将带有螺孔或T形槽的标准方箱或标准角铁固定在机床工作台的台面上。安装工件时是利用方箱(或角铁)上的螺孔、T 形槽，用通用的压板、螺栓、垫铁和定位块等将工件紧固在方箱(或角铁)上。图 1-64 是带T形槽的标准角铁。图 1-65 是两面带T形槽的标准方箱。图 1-66 是四面带T形槽的标准方箱。图 1-67 是分别用标准方箱和标准角铁装夹工件的实例。

重要提示

优点是装夹方便、简单，可以将水平装夹转变为垂直装夹，在方箱上可以实现多面装夹和多工件装夹，还可以避开频繁地在机床工作台台面上装夹工件，有效地保护了工作台台面及定位基准的精度。缺点是如果方箱和角铁的刚性不足，会影响工件的加工质量。

图 1-64　带T形槽的标准角铁

图 1-65　两面带T形槽的标准方箱

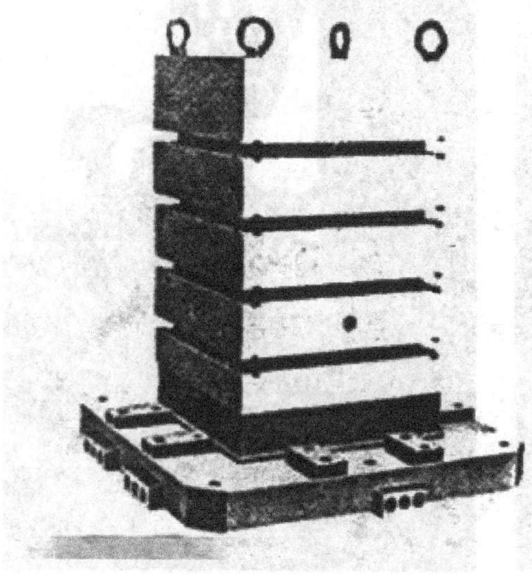

图 1-66　四面带 T 形槽的标准方箱

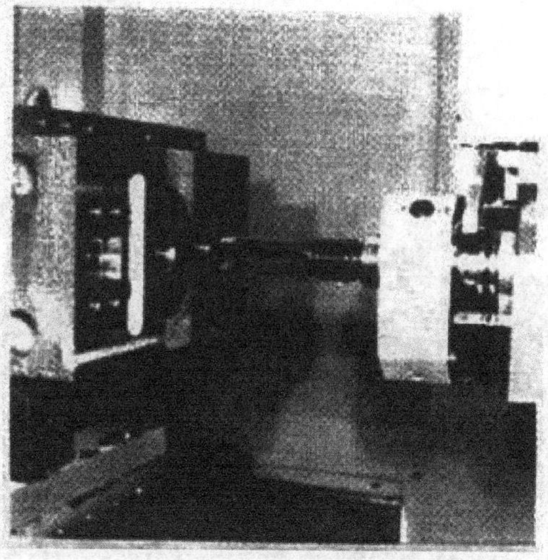

图 1-67　用标准方箱装夹工件实例

（4）工件的夹紧

在加工中心上加工零件，通常都是在一次装夹中完成铣削、钻削、镗削以及攻螺纹等工序的粗加工和精加工的全部内容。工件与夹具的受力状况较为复杂，变化也比较大，将工件夹紧在机床工作台的过程中，既要保证有足够的夹紧力，而又不能使工件变形。

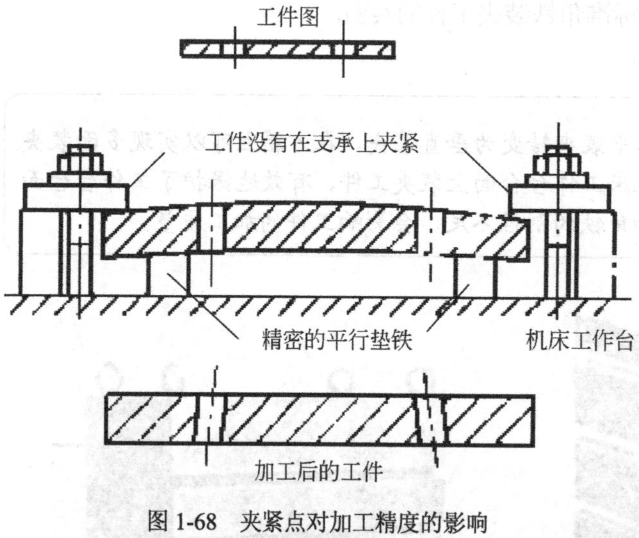

图 1-68　夹紧点对加工精度的影响

因此，对工件的夹紧方式应给予高度重视，应尽可能地减少零件的夹紧变形，避免刀具与压板的干涉，注意工件夹紧点和夹紧方式工件的选择。若工件夹紧点选择不当，夹紧不合理，则对加工质量有很大的影响，如图 1-68 所示。由于夹紧点不在支承平行垫铁的上方，加工结束后松开压板，会引起图示的两孔轴线平行误差。

① 用通用压板夹紧工件　用通用压板夹紧工件时，夹紧点应在工件支承点(或垫铁)的正上方，并尽量在工件的下部位置施行夹紧，降低夹紧高度，减少夹具尺寸，提高夹紧的牢固程度。图 1-69 是不合理的工件夹紧例子。

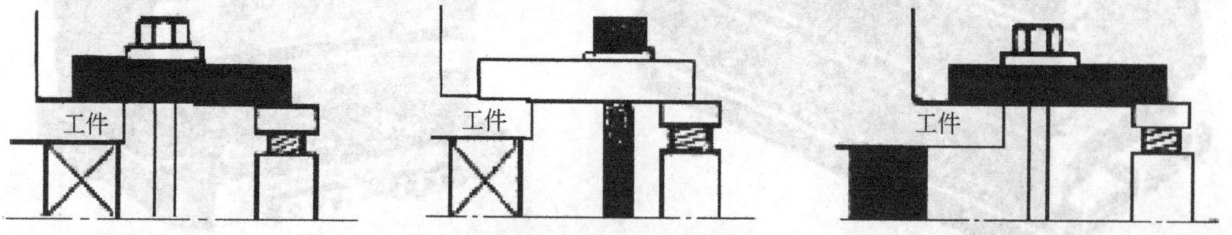

（a）压板倾斜　（b）螺旋过于靠近千斤顶　（c）压板压在悬空位置，未夹紧于垫铁的正方

图 1-69　不合理的工件夹紧方式

② 用通用台虎钳夹紧工件　用通用台虎钳夹紧工件时，应将工件置于钳口中部；工件加工部位要高出钳口，避免刀具与钳口发生干涉；在工件的下部要用平行块垫牢，避免工件被悬空夹持着。图 1-70 是用台虎钳夹紧工件的装夹方法。

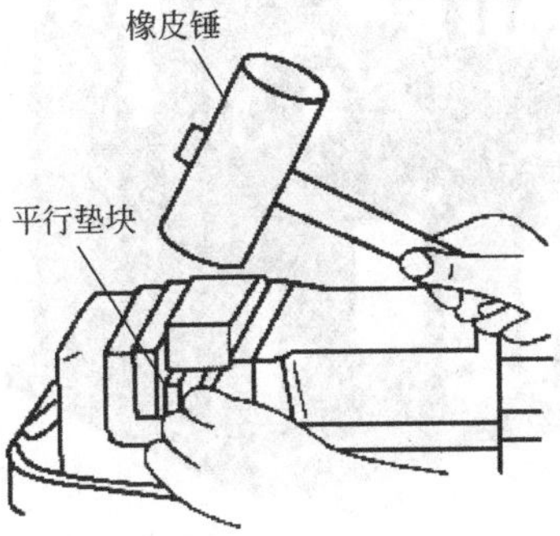

图 1-70　用台虎钳夹紧工件

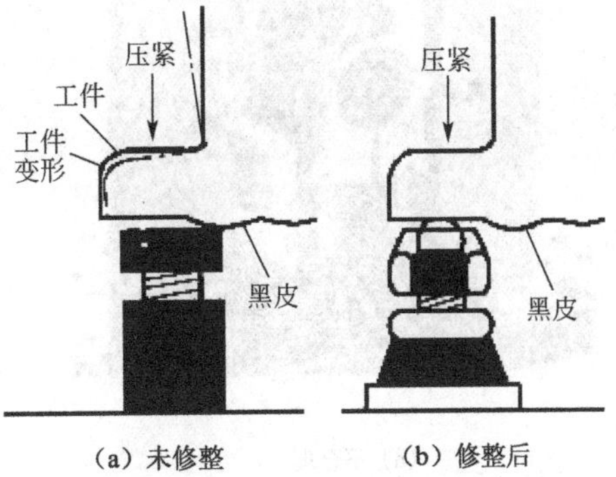

图 1-71　黑皮零件的夹紧

（5）毛坯（黑皮）零件的夹紧

毛坯（黑皮）零件，无论是铸件还是板材，其黑皮面均有凹凸和波形状的外表面，如装夹前不加工修整，在夹紧时就会产生如图 1-71（a）所示的变形现象。为了尽量减少夹紧变形，工件的支撑点与夹紧点应在同一垂直线上，支撑点与工件的接触面应尽量减少，如图 1-71（b）所示。

（6）易颤动工件的夹紧

易颤动的工件多数都是由于工件自身的刚性较差所致，因此，在夹紧此类工件时一定要给予足够的重视。为了避免这类工件在加工过程中产生振动，应尽量在靠近加工部位增加支撑座，如图 1-72 中的 A、B。增加的支撑座应有足够的刚性，不会产生共振现象。工件的夹紧点也尽量靠近加工部位。

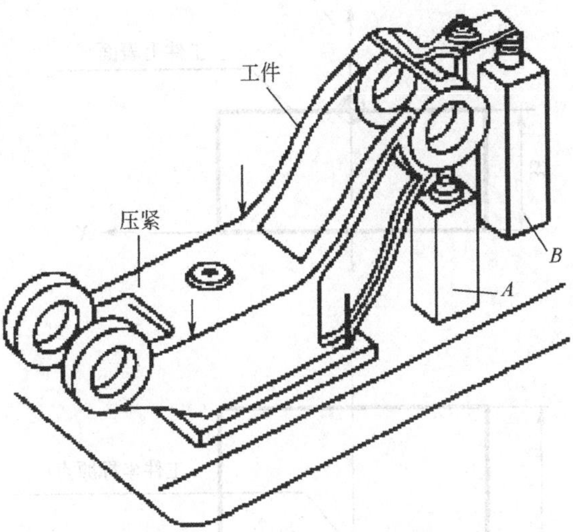

图 1-72　易颤动工件的夹紧

（7）箱体零件的夹紧

在卧式加工中心上对箱体零件进行镗削加工时，工件的夹紧点应尽量避免选择在被加工孔的上面，特别是加工精度要求较高的孔，决不能用通用压板直接夹紧在被加工孔的上方。如图 1-73（a）所示的夹紧方式是极不合理的，它会因夹紧力造成工件的变形，影响加工精度。对于同轴度、圆柱度和平行度有一定要求的箱体孔，装夹应使各孔的夹紧状态一致，以免夹紧变形，影响孔的最终加工精度，如图 1-73（b）所示。

任务评价

工件的定位与安装是机床进行加工前的准备工作之一，对于任何机床来讲都非常重要。合理地选择工件的安装基准和夹压方式是工件安装的关键，工件安装的好坏会直接影响工件的加工精度。这一点操作者要特别注意。

(a) 不合理　　　　(b) 合理

图 1-73　箱体零件的夹紧

任务 4　加工中心对刀

任务描述

按照如图 1-74 所示的毛坯，材料 45 钢，完成加工中心上的对刀操作。

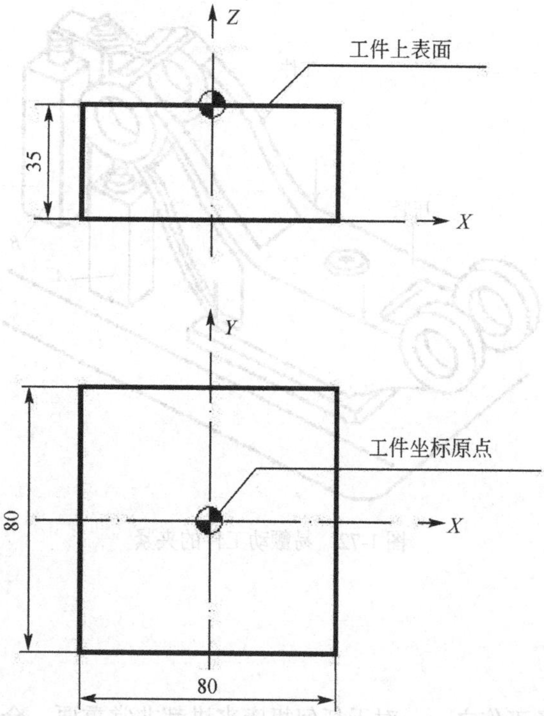

图 1-74　方体零件

操作前应准备的工具、设备如下。

① 毛坯材料。

② 设备：立式加工中心(VMC850E，数控系统为 FANUC 0i MC)、机外对刀仪。

③ 工装夹具：机用平口虎钳及扳手和等高平行垫铁。

④ 量具：内径百分表、0.02/0～150mm 游标卡尺、机械寻边器、*Z* 轴设定器。

⑤ 刀具：BT40 刀柄、ϕ10mm 立铣刀、ϕ10mm 麻花钻。

任务分析

对刀的目的是通过刀具或对刀工具确定工件坐标系原点(程序原点)在机床坐标系中的位置，并将对刀数据输入到相应的存储位置（G54～G59）。

对刀方法分析：

对刀操作分为 *X*、*Y* 向对刀和 *Z* 向对刀。对刀的准确程度将直接影响加工精度。对刀方法一定要同零件加工精度要求相适应，也同零件的结构形状有关。

（1）水平分析对刀（*X*、*Y*坐标）

① 采用碰刀或试切法对刀　这种方法简单方便，但会在工件表面留下切削痕迹，且对刀精度较低。另外根据选择对刀点位置和数据计算方法的不同，又可分为单边对刀、双边对刀和“分中对零”对刀法(要求机床必须有相对坐标及清零功能)等。

② 塞尺、标准芯棒、块规对刀法　这种方法与试切对刀法相似，只是对刀时主轴不转动，在刀具和工件之间加入塞尺(或标准芯棒、块规)，以塞尺恰好不能自由抽动为准，注意计算坐标时应将塞尺的厚度减去。因为主轴不需要转动切削，这种方法不会在工件表面留下痕迹，但对刀精度也不够高。

③ 采用寻边器对刀法　这是最常用的方法，效率高，能保证对刀精度。操作步骤与采用试切对刀法相似，只是将刀具换成寻边器或偏心棒。如图1-75所示为机械寻边器，寻边器有固定端和测量端（工作部分）组成。在测量时，主轴以一定的转速旋转。通过手动方式，使寻边器的测量端向工件基准面移动靠近，当接触工件后，偏心距减小，这时该微调进给方式，使测量端继续接近工件，偏心距逐渐减小。当测量端和固定端的中心线重合的瞬间，测量端会明显的偏出，出现明显的偏心状态。如图1-76所示，这时主轴中心位置距离工件基准面的距离等于测量端的半径。

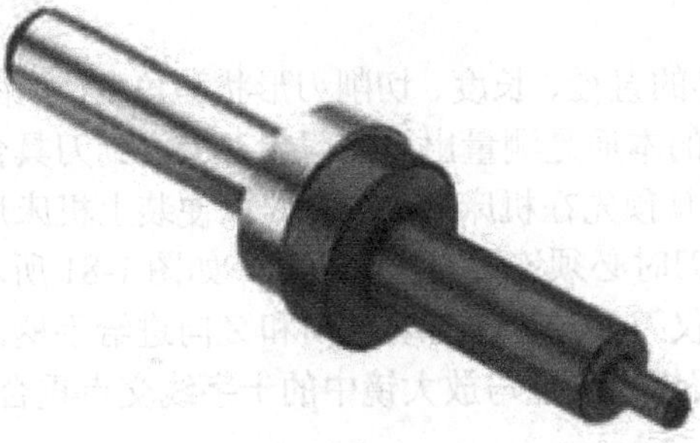

图1-75　机械寻边器

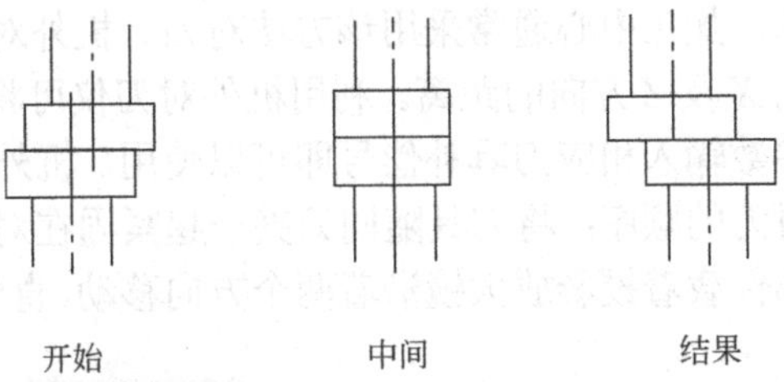

图1-76　寻边器工作状态

④ 百分表（或千分表）对刀法　该方法一般用于圆形工件的对刀（对刀点为圆柱孔中心）。如图1-77所示，将百分表的安装杆装在刀柄上，或将百分表的磁性座吸在主轴套筒上，移动工作台使主轴中心线(即刀具中心)大约移到工件中心，调节磁性座上伸缩杆的长度和角度，使百分表的触头接触工件的圆周面，(指针转动约0.1mm)用手慢慢转动主轴，使百分表的触头沿着工件的圆周面转动，观察百分表指针的偏移情况，慢慢移动工作台的*X*轴和*Y*轴，多次反复后，待转动主轴时百分表的指针基本在同一位置(表头转动一周时，其指针的跳动量在允许的对刀误差内，如0.02mm)，这时可认为主轴的中心就是*X*轴和*Y*轴的原点。

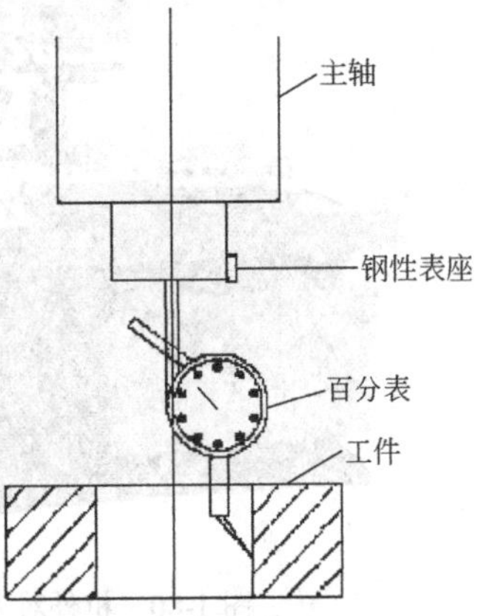

图1-77　百分表对刀

（2）*Z*向对刀（*Z*坐标）

① 机上对刀法。可以用立铣刀底部端面直接接触工件表面，如图1-78所示。当刀具靠近工件时，将*Z*轴放慢一般用0.01mm来靠近,刀具切削工件0.01mm后，再将*Z*轴抬高0.01mm，记下此时机床坐标系中的*Z*值即可。也可以用*Z*轴设定器来对刀，如图1-79所示。*Z*轴设定器有一定高度,所以对刀后补正值要考虑*Z*轴设定器高度。

图 1-78　立铣刀对刀

图 1-79　Z轴设定器对刀

② 机外刀具预调+机上对刀。

③ 机外对刀仪对刀。这种方法可以测量刀具的直径、长度、切削刃形状和角度，如图 1-80 所示。加工中心通常采用该方法对刀。机外对刀的本质是测量出刀具假想刀尖点到刀具台基准之间X及Z方向的距离。利用机外对刀仪可将刀具预先在机床外校对好，以便装上机床后将刀具参数输入相应刀具补偿号即可以使用。机外对刀时必须连刀夹一起校对，如图 1-81 所示。机外对刀的顺序：将刀具随同刀夹一起紧固在对刀仪刀具台上，摇动X向和Z向进给手柄，使移动部件载着投影放大镜沿着两个方向移动，直到假想刀尖点与放大镜中的十字线交点重合为止。

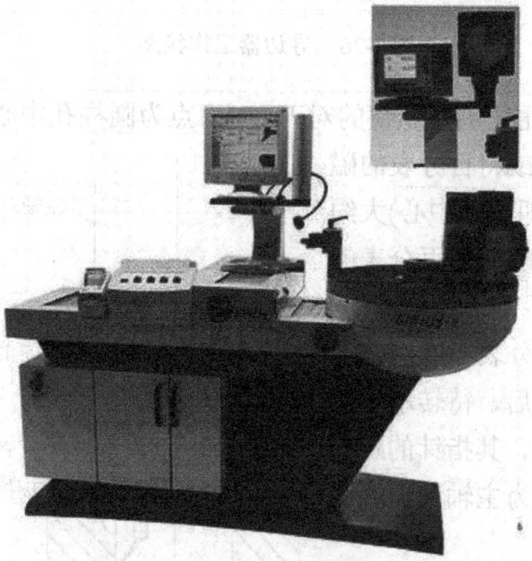

图 1-80　机外对刀仪

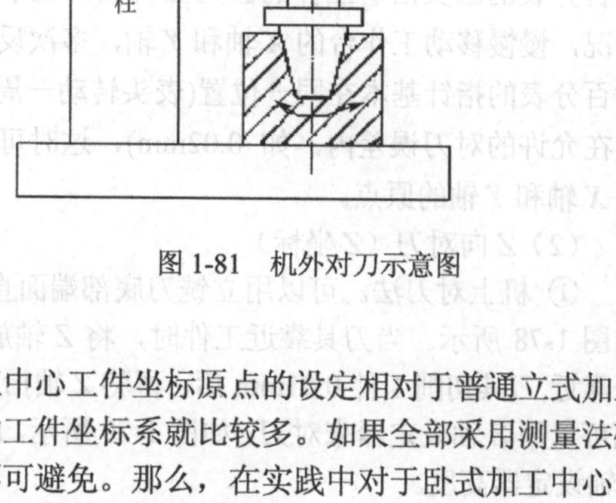

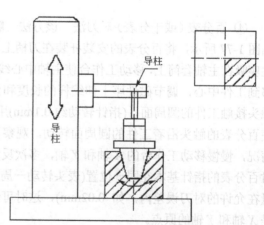

图 1-81　机外对刀示意图

（3）卧式加工中心多工位加工中的对刀

如图 1-82 所示，装有回转工作台的卧式加工中心工件坐标原点的设定相对于普通立式加工中心而言比较复杂。由于加工零件复杂，建立的工件坐标系就比较多。如果全部采用测量法确定各个坐标系，不仅效率低，而且测量误差也不可避免。那么，在实践中对于卧式加工中心，可以采用一种实测加计算确定工件坐标系的方法，整个的建立过程只需完整地测量一个工件坐标系即可。

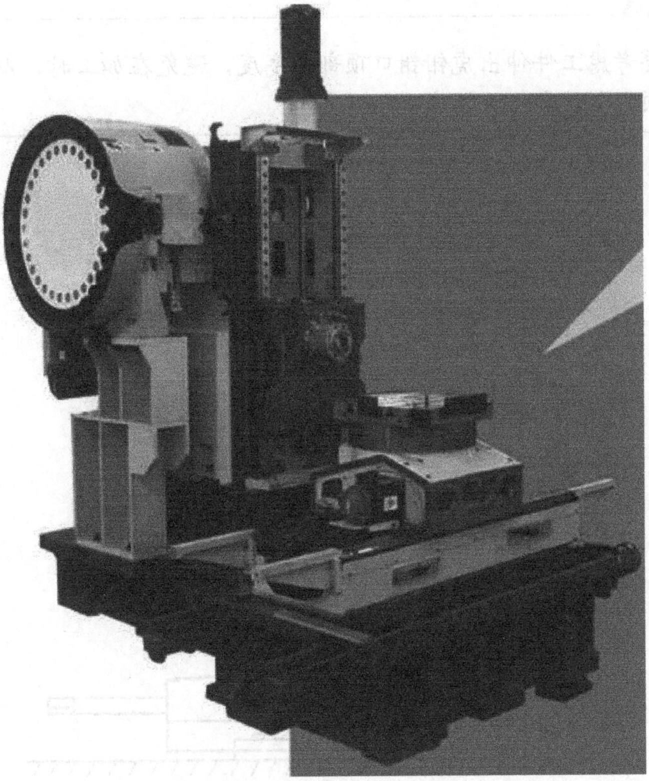

图 1-82 卧式加工中心结构

任务实施

1. 利用寻边器和 Z 轴设定器对刀

步骤 1：工件的装夹。

① 如图 1-83 所示，安装并找正精密平口虎钳，找正误差<0.01mm。

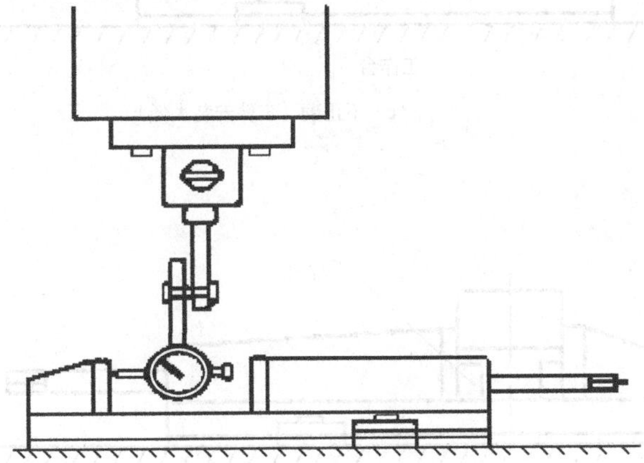

图 1-83 精密平口虎钳找正

② 工件装夹。根据工件高度和虎钳钳口的高度，需垫平行垫铁。如图 1-84 所示为工件的

几种装夹方式。

重要提示

工件安装时要考虑工件伸出虎钳钳口顶部的高度，避免在加工时，刀具和虎钳干涉。定位基准工作面必须完全贴实，无间隙。

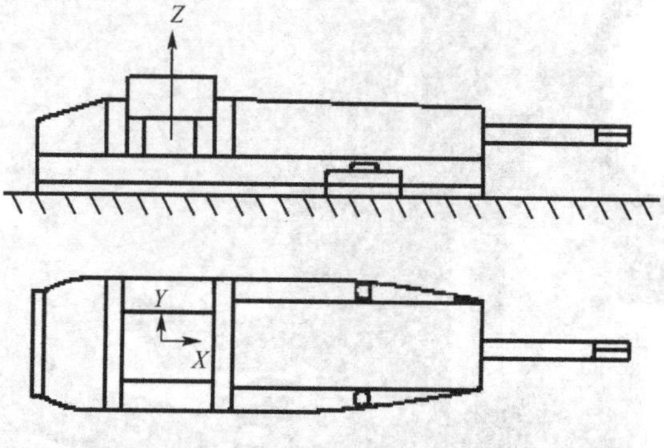

（a）正确

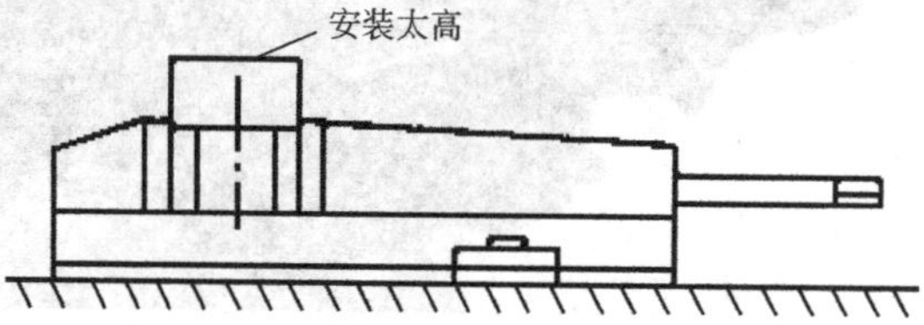

（b）不正确（工件安装太高）

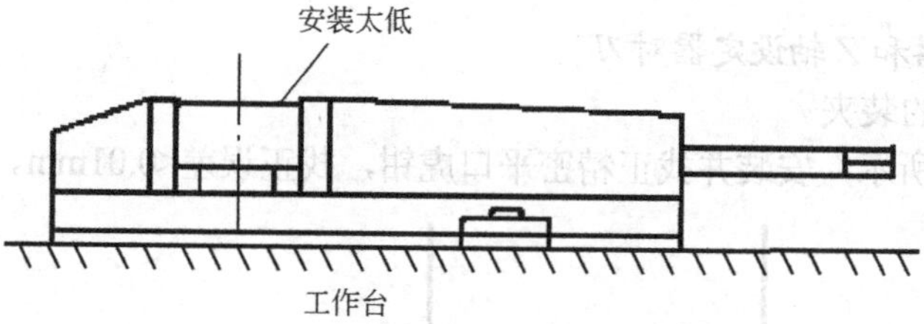

（c）不正确（工件安装太低）

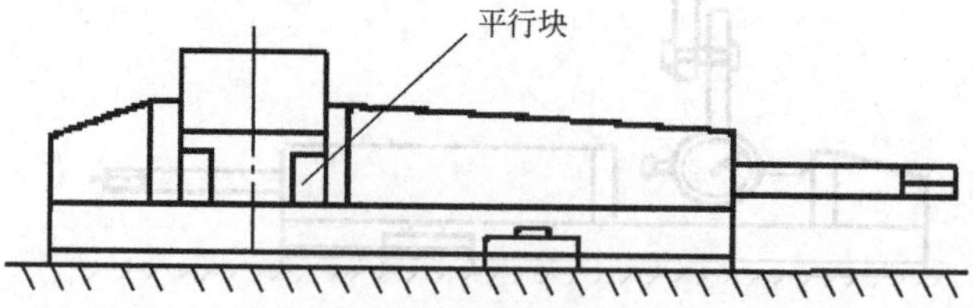

（d）不正确（垫铁和工件没接触）

图 1-84 工件装夹

步骤 2：附件准备。

① 如图 1-85 所示，准备一支型号名称为 CE-420 有托小头，公制 10mm 的寻边器。尺寸说明：公制柄ϕ10mm+有托+小测头ϕ4mm。

② 将寻边器 10mm 的直径端安装在切削夹头或钻孔夹头上，如图 1-86（a）所示。以手指轻压测头的侧边，使其偏心 0.5mm，如图 1-86（b）所示。

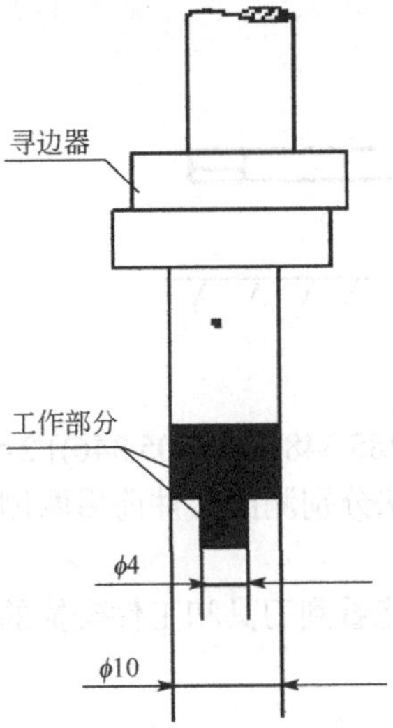

图 1-85　寻边器示意图

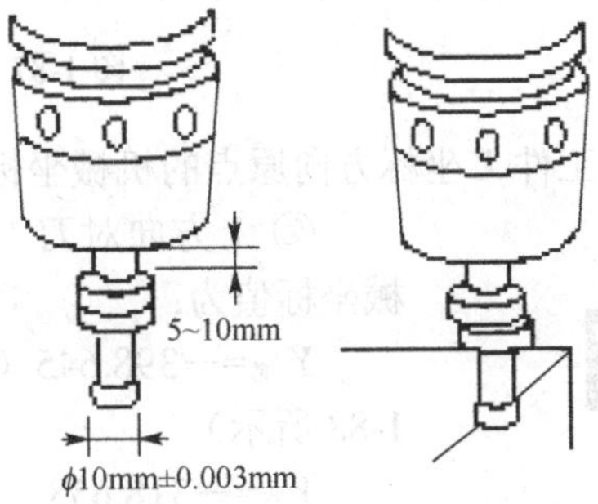

（a）　（b）

图 1-86　寻边器装夹

③ 将安装寻边器的刀柄安装到加工中心主轴上。

④ 设定主轴转速，使其以 400~600r/min 的速度转动。如转速过高，会拉坏寻边器内部弹簧。

在 MDI 方式中，按下操作面板上的【PROG】键显示程序屏幕，输入“ M03 S500”程序段；按下循环启动按钮，主轴正转。

步骤 3：*X*、*Y* 方向对刀及原点参数输入。

本次任务的工件坐标原点在工件中心位置，我们仅采用双边对刀法，其他方法参阅有关说明。

① *X* 方向对刀　在手轮方式下（MPG）,通过手轮操作分别对工件 *X* 坐标方向左、右两侧面进行测量操作。具体操作方法：如图 1-87 所示，由寻边器“开始”状态，使测头向工件的 *X* 向右侧端面相接触，一点一点地触碰移动，就会变成如图 1-87 所示“中间”状态，测头不会振动，宛如静止状态，接着以更细微的进给来碰触移动的话，测头就会如图 1-87 所示“结果”状态，开始朝一定的方向滑动，出现明显的偏心状态，这时手轮立即停止，即得到 $X_{右}$侧位置的机械坐标值，并记录；用同样的方法找到 $X_{左}$侧位置的机械坐标值。

如实测 *X* 方向机械坐标值为：

$X_{右}$=－205.348

$X_{左}$=－285.346

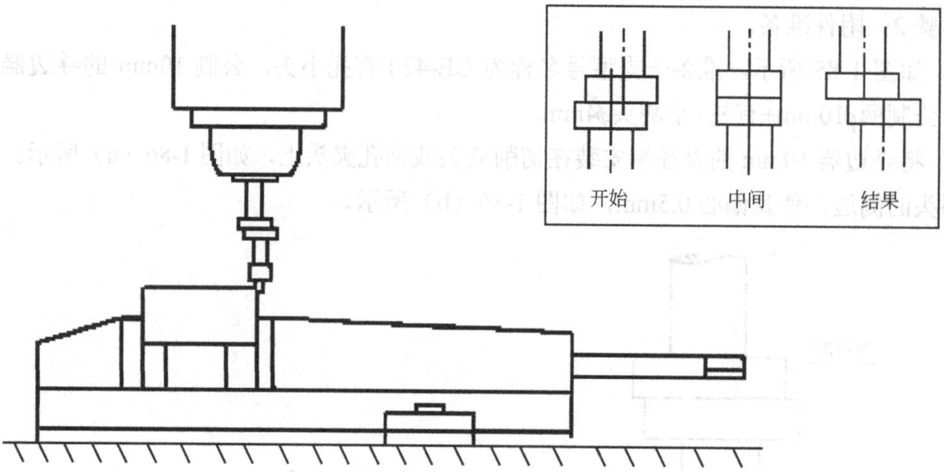

图 1-87 X 坐标值的测量

计算出工件 X 坐标方向原点的机械坐标值为：$X=[-285.348+(-205.346)]/2=-245.347$

② Y 方向对刀 采用相同的方法分别测出工件前后两侧 Y 方向的机械坐标值为：

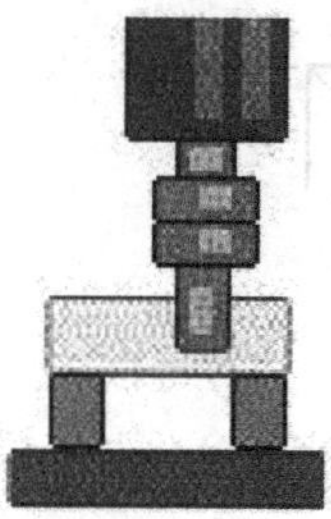

图 1-88 $Y_{前}$对刀

$Y_{前}=-398.645$（指的是操作者能看到刀具和工件碰撞的位置，如图 1-88 所示）

$Y_{后}=-318.658$

计算出工件 Y 坐标方向原点的机械坐标值为：$Y=[-398.645+(-318.658)]/2=-358.652$

步骤 4：Z 方向对刀及原点参数输入。

我们先介绍加工中心每次手动换刀操作时，也就是按每次都使用一把刀加工的情况下 Z 向对刀方法：机上对刀采用 Z 向设定器对刀。

① 卸下装有寻边器的刀柄，把装有ϕ10mm 立铣刀的刀柄装在主轴，如果要把ϕ10mm 立铣刀设定为 T01，需进行以下操作。

a. 从主轴上卸下寻边器的刀柄。

b. 在 MDI 方式下，按下【PROG】键显示程序屏幕，输入：

T01；T01 准备=位于等待位置

M06；将 T01 安装到主轴上

重要提示

CNC 加工中心使用刀具功能 T 时，并不发生实际换刀——程序中必须使用辅助功能 M06 才可实现换刀。换刀功能的目的就是调换主轴和等待位置上的刀具。实际上，铣削系统的 T 功能则是旋转刀库，并将所选择的刀具放置到等待的位置上。

c. 按下循环启动按钮，执行换刀动作，此时主轴上并没有刀具。

d. 在手动（JOG）方式下，将 T01 号刀具（ϕ10mm 立铣刀）装到主轴上。

② 将 Z 轴设定器放置在工件表面上。

③ 快速移动主轴，让刀具断面靠近 Z 轴设定器上表面，如图 1-89 所示。

④ 改用手轮微调操作，让刀具端面慢慢接触到 Z 轴设定器上表面，直到百分表指针指示到零位。

⑤ 记下此时机床坐标系中的 Z 的机械坐标值，如 Z: −250.800。

⑥ 抬起主轴。

⑦ 计算 Z 值：若 Z 轴设定器的高度为 50mm，则工件坐标系原点的 Z 向机械坐标值为：

−250.800−50=−310.800

步骤 5：工件坐标原点参数输入。

将测得的 X、Y、Z 机械坐标值数据输入到机床坐标系存储地址中（G54~G59）。

图 1-89 Z 轴设定器对刀

2. 机外对刀仪对刀

由于加工中心具有多把刀具，并能实现自动换刀，因此需要测量所用刀具的基本尺寸，并存入数控系统（将每把刀具的测量数据输入机床的刀具补偿表），以便加工中调用。所有刀具在装入机床刀库前一般都必须使用对刀仪进行对刀，即通过机外对刀仪测量刀具的半径和长度，并进行记录。

对刀仪的基本结构如图 1-90 所示。图 1-90 中，对刀仪平台 7 上装有刀柄夹持轴套 2，用于安装被测刀具，如图 1-91 所示为装在刀柄上的钻削刀具。通过快速移动单键按钮 4 和微调旋钮 5 或 6，可调整刀柄夹持轴套 2 在对刀仪平台 7 上的位置。当光源发射器 8 发光，将刀具切削刃放大投影到显示屏幕 1 上时，即可测得刀具在 X（径向尺寸）、Z（刀柄基面到刀尖的长度尺寸）方向的尺寸。

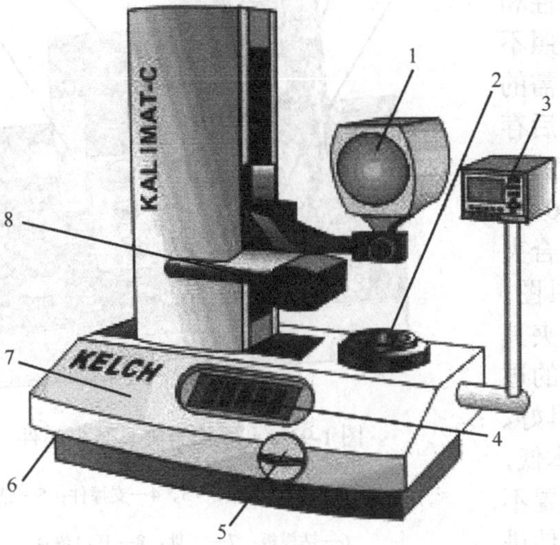

图 1-90 对刀仪基本结构

1—显示屏幕；2—夹持轴套；3—控制面板；4—单键按钮；5，6—微调旋钮；7—平台；8—光源发射器

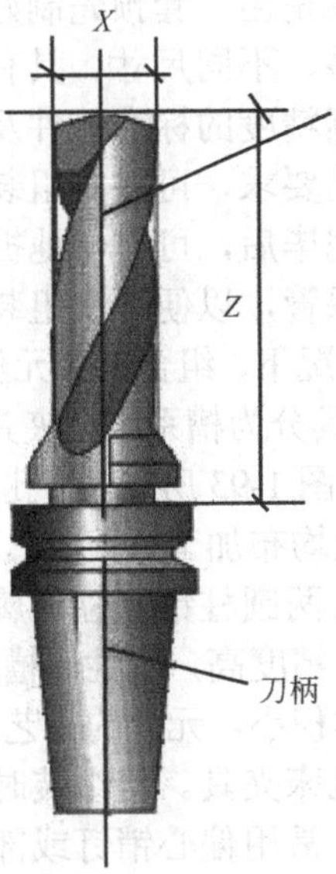

图 1-91 钻削刀具

用图 1-91 钻削刀具为例，完成其测量步骤如下。

① 将被测刀具与刀柄连接安装为一体。

② 将刀柄插入对刀仪上的刀柄夹持轴套 2 中，并紧固。

③ 打开光源发射器 8，观察钻头切削刃在屏幕 1 上的投影。

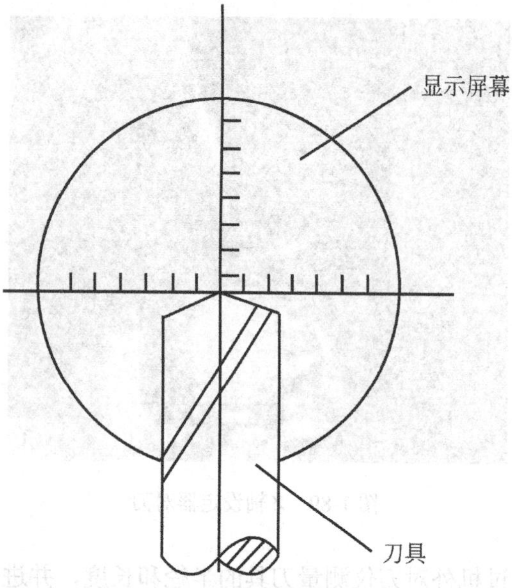

图 1-92 对刀屏幕

④ 通过快速移动单键按钮 4 和微调旋钮 5 或 6，可调整切削刃在显示屏幕 1 上十字线中心，如图 1-92 所示。

⑤ 测得 X 为 10.005，即刀具实际直径为 ϕ10.005mm，该尺寸可用于刀具半径补偿。

⑥ 测得 Z 为 178.012，即刀具长度尺寸为 178.012 mm，该尺寸可用于刀具长度补偿。

⑦ 记录下测得的数据值。

⑧ 将被测刀具从对刀仪上取下，关闭对刀仪电源。

任务评价

对刀的实质是确定工件坐标系在机床坐标系中的偏置值，对刀的精确与否将直接影响零件的加工精度，因此对刀时一定要根据零件的加工精度要求选择合理的对刀方法。至于哪种方法最优，要结合生产实际条件和具体加工后的检验结果来决定。最好是每种方法都亲自操作一下，通过工件的加工及测量，最后来确定每种方法的优缺点，同时也要考虑对刀的时间是否最短等因素。

拓展与提高

1. 组合夹具

组合夹具是由一套预先制好的各种不同形状、不同规格、不同尺寸、具有完全互换性和高耐磨性、高精度的标准元件及合件，按照不同工件的工艺要求，可将其组装成加工所需的夹具。使用完毕后，可方便地拆卸，洗净后存放，并分类保管，以便下次组装另一形式的夹具。在正常情况下，组合夹具元件能使用 10~15 年 。组合夹具分为槽系组合夹具和孔系组合夹具两大类。如图 1-93 所示，为孔系组合夹具图，在工件套筒上均布加工 4 个孔。孔系组合夹具的元件用一面两圆柱销定位，属允许使用的过定位；其定位精度高，刚性比槽系组合夹具好，组装可靠，体积小，元件的工艺性好，成本低，可用作数控机床夹具。但组装时元件的位置不能随意调节，常用偏心销钉或部分开槽元件进行弥补。

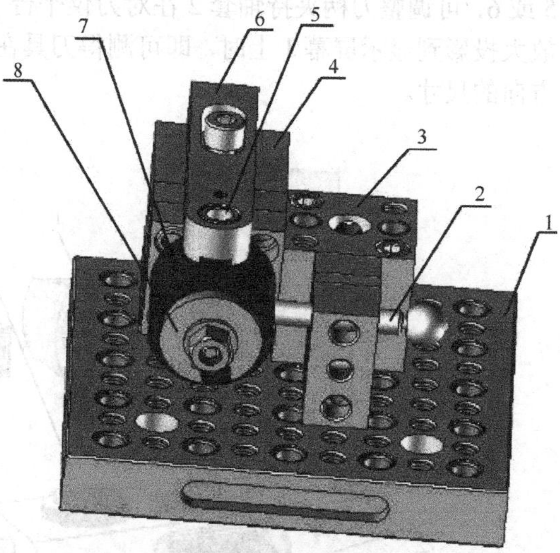

图 1-93 孔系组合夹具装夹工件

1—基础件；2—对称轴；3、4—支撑件；5—钻套；6—钻模板；7—工件；8—开口垫片

重要提示

组合夹具把专用夹具从“设计→制造→使用→报废”的单向过程，改为“组装→使用→拆卸→再组装→再拆卸”的循环过程。

2. 利用万能组合夹具装夹工件

图 1-94 是用万能组合夹具装夹工件实例。万能组合夹具是用一些标准的和通用的夹具元件

组成的工件定位夹压装置。这种夹具易于组合，易于拆卸。需要时可根据工件形状、加工要求，用不同性能的元件组装成一套夹具，加工结束后也可以将其拆开成元件。这类可装配的夹具，优点是柔性大、成本低、准备周期短；缺点是刚性差。图 1-95 是用孔系列夹具元件组装的万能组合夹具。图 1-96 是这种孔系列万能组合夹具元件的分解图。图 1-97 是孔系列万能组合夹具的应用实例。

图 1-94 用组合夹具装夹工件实例

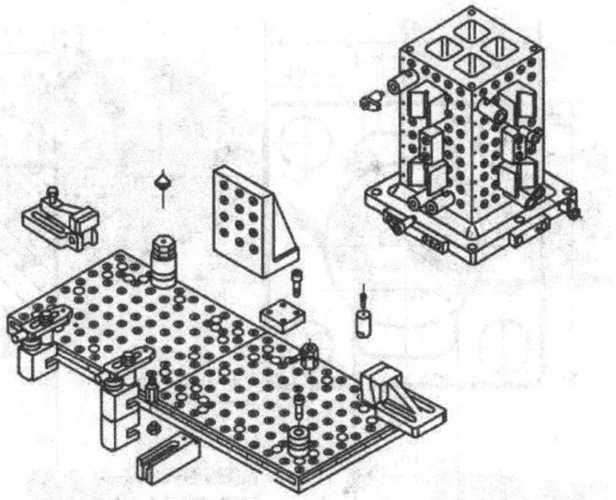

图 1-95 用孔系列夹具元件组装的万能组合夹具

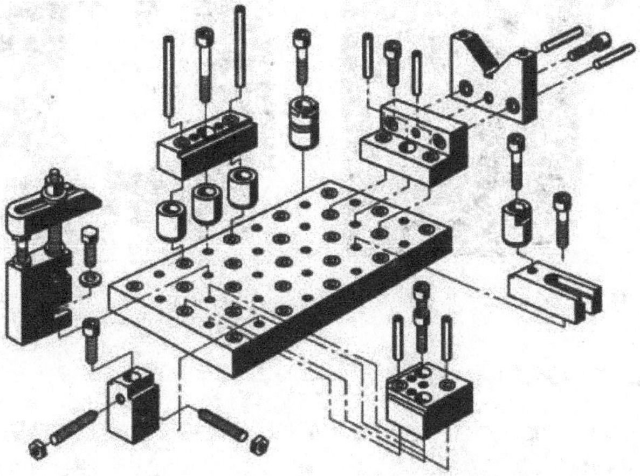

图 1-96 孔系列万能组合夹具元件分解图

（a）镗孔加工用夹具

（b）铣削加工用夹具

图 1-97 孔系列万能组合夹具应用实例

思考与练习

如图 1-98 所示为一个较复杂模具零件，材料为 CY12,试找一个与如图所示零件结构相似的毛坯，对其进行对刀操作，并分别以外轮廓表面和内圆表面为基面对刀。

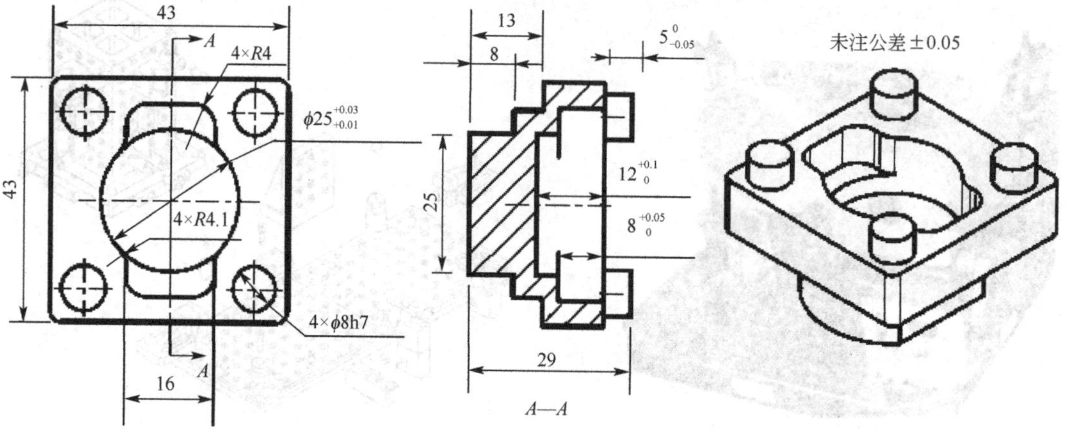

图 1-98　凹模零件

情境2

加工中心加工工艺分析

【引言】

数控加工工艺是编制数控加工程序的主要依据，工艺文件就是指导整个加工过程的准则，尤其在批量生产时必须编制合理的零件加工工艺文件，用于指导操作者的实际操作。

加工中心的最大特点是工序的集成度高。因此，在数控加工工艺编制过程中，工序与工步的划分与走刀路线的确定直接关系到数控机床的使用效率、加工精度、刀具数量和经济效益等问题。本单元通过四个具体任务来阐述数控加工工艺内容和数控工艺工序卡片及数控刀具的选择等问题。

任务1是介绍加工中心刀具使用；任务2是完成平面凸轮轮廓的加工，通过该任务的完成，目的是引出数控铣削编程的主要步骤，重点是阐述在编制程序前如何合理地制定数控铣削加工工艺；任务3是通过盖板零件的数控加工工艺过程的编制来叙述加工中心工艺特点；任务4是熟悉和了解多轴加工技术，编制圆柱凸轮数控加工工艺。

【目标】

能够合理选用数控加工刀具（根据加工材料的特点，选择刀具材料、结构和几何参数）；掌握加工中心数控加工工艺编制的基本方法与步骤；重点理解制定数控加工工艺在数控加工过程中的关键地位；介绍多轴加工的一些相关知识和多轴加工工艺基础。

知识准备

下面详细介绍数控加工工艺基础及其制定的主要内容。

编制数控加工工艺时，需要针对不同生产条件，进行加工工艺分析。同时工艺编制人员需要查阅金属切削手册、标准工具、夹具手册等参考资料，根据被加工工件的材料、轮廓形状、加工精度等选用合适的机床，制定加工方案，确定零件的加工顺序，确定各工序所用刀具、夹具和切削用量等。目的是制定出合理、有效的数控加工工艺方案。

（1）数控加工零件图工艺性分析

分析零件图是工艺制定中首要的工作，它主要包括以下工作。

① 零件的形状、结构及尺寸工艺性分析　通过分析零件的形状、结构及尺寸的特点确定零件上是否有妨碍刀具运动的部位，是否有会产生加工干涉或加工不到的区域，零件的最大形状尺寸是否超过机床最大行程，零件的刚性随着加工的进行是否有太大的变化等。

② 零件轮廓几何要素分析　在分析零件图时，要对构成零件轮廓的所有几何要素的给定条件进行分析。

③ 零件的技术要求分析　分析零件的技术要求，如尺寸精度、形位精度及表面粗糙度等

在现有的加工条件下是否可以得到保证，是否还有更经济的加工方法或方案。

④ 毛坯的分析　通过分析毛坯材料的种类、牌号及热处理要求，了解零件材料的切削加工性能，合理选择刀具材料和切削参数。同时考虑热处理对零件的影响，如热处理变形，并在工艺路线中安排相应的工序消除这种影响，而零件最终热处理状态也将影响工序的前后顺序。

（2）加工方法的选择

机械零件的结构形状是多种多样的，但它们都是由平面、外圆柱面、内圆柱面或曲面、成形面等表面组成的。每一种表面都有多种加工方法，具体选择时应根据零件的加工精度、表面粗糙度、材料、结构形状、尺寸及生产类型等因素，选用相应的加工方法和加工方案。另外，表面加工方法的选择，除了考虑以上因素外，还要考虑加工的经济性。

任何一种加工方法获得的精度只在一定范围内才是经济的，这种一定范围内的加工精度即为该加工方法的经济精度。如箱体零件一般有多个不同位置的平面和孔系要加工，这时应先确定平面与孔的最终加工方法，然后，再逐一选定该表面和孔的前工序加工方法。在加工中心上加工箱体的平面普遍采用铣削，尤其用端铣刀铣削大平面，如图 2-1 所示。

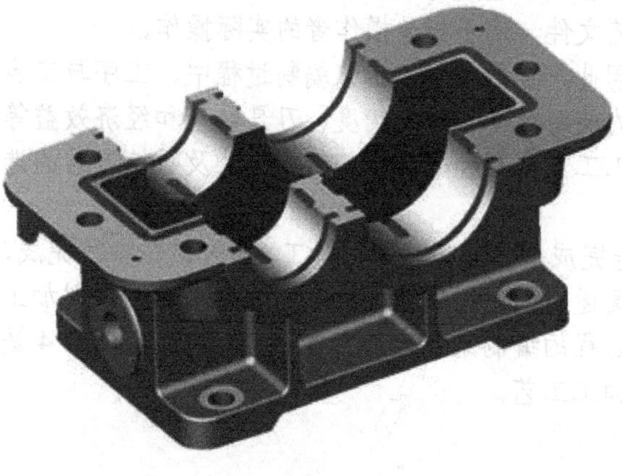

图 2-1　箱体零件

（3）工件装夹方式的确定

正确合理地选择工件的定位与夹紧方式，是保证加工精度的必要条件。在实际加工中常用的通用夹具为平口钳和压板。

工件装夹方式的选择应遵循工件定位与夹紧的基本要求。另外，在加工中心上装夹工件时要注意以下几点。

① 尽可能选择零件的设计基准为精基准，以减少定位误差对尺寸精度的影响。

② 考虑到一般加工中心都处于高速强力切削状态，选择的定位基准面要有足够的接触面积和分布面积，以承受较大的切削力，保证定位的稳定和可靠。

③ 夹具本身通常是通过加工中心工作台上的基准槽或基准孔定位安装在机床工作台上，这就意味着夹具上的工件坐标系与机床坐标系建立了确定的尺寸关系，数控编程时坐标设置要写入程序，这是与普通机床加工的一个很大不同。

（4）加工阶段的划分

当零件的精度要求比较高时，若将加工面从毛坯面开始到最终的精加工或精密加工都集中在一个工序中连续完成，则难以保证零件的精度要求。如：粗加工时，由于加工余量大，所受的切削力、夹紧力也大，将引起较大的变形，如果不划分阶段连续进行粗精加工，上述变形来不及恢复，将影响加工精度。所以，需要划分加工阶段，使粗加工产生的误差和变形，通过半精加工和精加工予以纠正，并逐步提高零件的精度和表面质量。

因此，对于那些加工质量要求较高或较复杂的零件，通常将整个工艺路线划分为以下几个阶段：粗加工阶段；半精加工阶段；精加工阶段；光整加工阶段。零件在上述各加工阶段中加工，可以保证有充足的时间消除热变形和消除加工产生的残余应力，使后续加工精度提高。

重要提示

数控加工特点对夹具提出了两个基本要求：一是保证夹具的坐标方向与机床的坐标方向相对固定；二是能协调零件与机床坐标系的尺寸。不同的机床加工对象不同，在选择夹具时也是不一样的。

（5）加工工序的划分

工序的划分可采用两种不同的原则，即工序集中原则和工序分散原则。

在数控机床上加工的零件，一般按工序集中原则划分工序，划分方法如下。

① 按所用刀具划分。以同一把刀具完成的那一部分工艺过程为一道工序，这种方法适用于工件的待加工表面较多，机床连续工作时间过长，加工程序的编制和检查难度较大的情况下。

② 按安装次数划分。以一次安装完成的那一部分工艺过程为一道工序。这种方法适用于加工内容不多的工件，加工完成后就能达到待检状态。

③ 按粗、精加工划分。即粗加工中完成的那一部分工艺过程为一道工序，精加工中完成的一部分工艺过程为一道工序。这种划分方法适用于加工后变形较大，需粗、精加工分开的零件，如毛坯为铸件、焊接件或锻件。

④ 按加工部位划分。即以完成相同的型面的那一部分工艺过程为一道工序，对于加工表面多而复杂的零件，可按其结构特点（如内形、外形、曲面和平面等）划分成多道工序。

（6）加工顺序的安排

在选定加工方法，划分工序后，接下来要做的主要内容就是合理安排这些加工方法和加工工序的顺序。零件的加工工序通常包括切削加工工序，热处理工序和辅助工序（包括表面处理，清洗和检验等）这些工序的顺序直接影响到零件的加工质量、生产效率和加工成本。这里重点介绍切削加工工序的顺序安排。

① 基面先行原则。用作精基准的表面应优先加工出来，因为定位基准的表面越精确，装夹误差就越小。

② 先粗后精原则。各个表面的加工顺序按照粗加工—半精加工—精加工—光整加工的顺序依次进行，逐步提高表面的精度和减少表面的粗糙度。

③ 先主后次原则。零件的主要工作表面，装配基面应先加工，从而能及早发现毛坯中主要表面可能出现的缺陷，次要表面可穿插进行，放在主要加工表面加工到一定程度后，最终精加工之前进行。

④ 先面后孔原则。对箱体、支架类零件、平面轮廓尺寸较大，一般先加工平面，再加工孔和其他尺寸，这样安排加工顺序，一方面用加工过的平面定位，稳定可靠；另一方面在加工过的平面上加工孔，比较容易并能提高孔的加工精度，特别是钻孔，孔的轴线不易偏斜。

⑤ 先近后远原则在一般情况下，离对刀点近的部位先加工，离对刀点远的部位后加工，以便缩短刀具移动距离，减少空行时间。

（7）刀具的选择

刀具的选择是数控加工工艺中重要内容之一，它不仅影响机床的加工效率，而且直接影响加工质量。与传统加工方法相比，数控加工对刀具的要求，尤其在刚性和耐用度方面更为严格。应根据机床的加工能力、工件材料的性能、加工工序、生产效率以及其他相关因素正确选择刀具及刀柄。

选取刀具时，要使刀具的尺寸与被加工工件的表面尺寸和形状相适应。生产中，平面零件周边轮廓的加工，常采用立铣刀。铣削平面时，应选硬质合金刀片铣刀；加工凸台、凹槽时，选高速钢立铣刀；加工毛坯表面或粗加工孔时，可选镶硬质合金的玉米铣刀。选择立铣刀加工时，刀具的有关参数，推荐按经验数据选取。曲面加工常采用球头铣刀，但加工曲面较平坦部位时，刀具以球头顶端刃切削，切削条件较差，因而应采用环形铣刀。

重要提示

目前刀具材料种类繁多，主要有金刚石、立方氮化硼、陶瓷、金属陶瓷、硬质合金和高速钢等。

（8）工步顺序的划分和走刀路线的确定

工步的划分与走刀路线的确定直接关系到数控机床的使用效率、加工精度、刀具数量和经济效益等问题，应尽量工步顺序合理、工艺路线最短、机床停顿时间和辅助时间最短。

工步顺序是指同一道工序中，各个表面加工的先后次序。它对零件的加工质量、加工效率和数控加工中的走刀路线有直接影响，应根据零件的结构特点和工序的加工要求等合理安排。工序的划分与安排一般可随走刀路线来进行，在确定走刀路线时，主要遵循以下原则。

① 应能保证零件的加工精度和表面粗糙度要求。如图 2-2 所示，当铣削平面零件外轮廓时，一般采用立铣刀侧刃切削。刀具切入工件时，应避免沿外轮廓的法向切入，而应沿外轮廓曲线延长线的切向切入，避免在工件表面形成接刀痕。

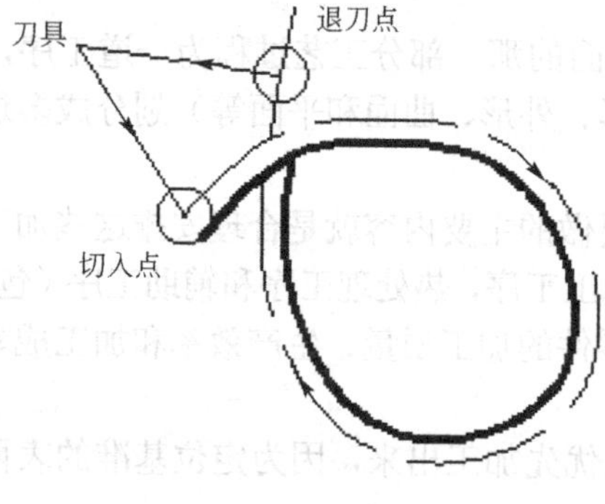

图 2-2　外轮廓加工

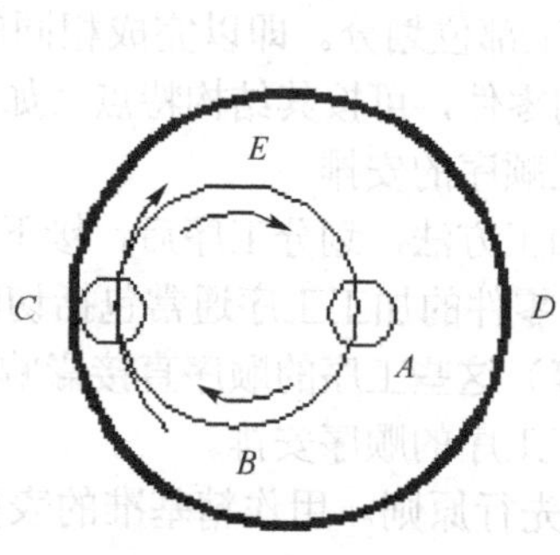

图 2-3　内轮廓铣削

如图 2-3 所示，当铣削封闭内轮廓表面时，刀具也要沿轮廓线的切线方向进刀与退刀，可采用圆弧进刀与圆弧退刀。如图 2-3 所示，*A*—*B*—*C* 为刀具切向切入轮廓轨迹路线，*C*—*D*—*C* 为刀具切削工件封闭内轮廓轨迹，*C*—*E*—*A* 为刀具切向切出轮廓轨迹路线。

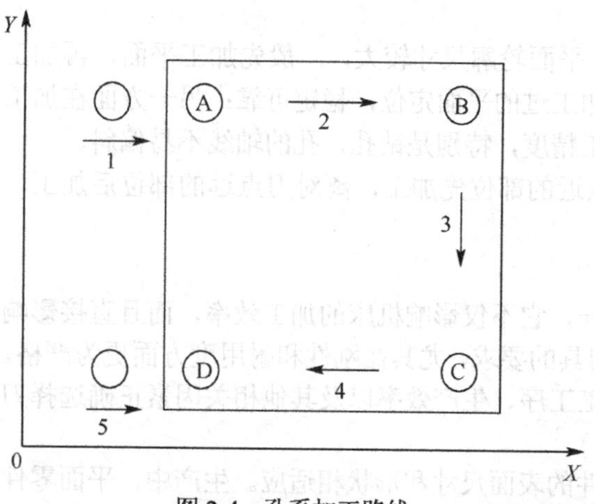

图 2-4　孔系加工路线

② 对于孔位置要求较高零件的加工时，要注意各孔定位方向的一致性。如图 2-4 所示，即采用单向趋近定位方法，这样的定位方法避免了因传动系统反向间隙而产生的定位误差，提高孔的位置精度。

③ 应使走刀路线最短，减少刀具的空行程时间或切削进给时间，提高加工效率。

④ 最终轮廓一次走刀完成。

如图 2-5（a）所示为行切法加工内轮廓。加工时不留死角，在减少每次进给重叠的情况下，走刀路线最短，但在两次走刀的起点和终点间留下残留高度，达不到要求的表面粗糙度。如图 2-5（b）所示，是采用环切法加工，表面粗糙度小，但刀位计算略为复杂，走刀较长。如图 2-5（c）所示先用行切法，最后沿周向环切一刀，光整轮廓表面，能获得较好的效果。

（9）切削用量的确定

切削用量包括主轴转速(切削速度)、背吃刀量、进给量。

切削用量的选择应根据被加工工件的材料的热处理状态、切削性能及加工余量和刀具材料、机床刚性综合考虑。切削用量的大小对切削力、切削功率、刀具的磨损、加工质量和加工成本均有显著影响。选择切削用量时，就是在保证加工质量和刀具耐用度的前提下，充分发挥机床性能和刀具切削性能，使切削效率最高，加工成本最低。

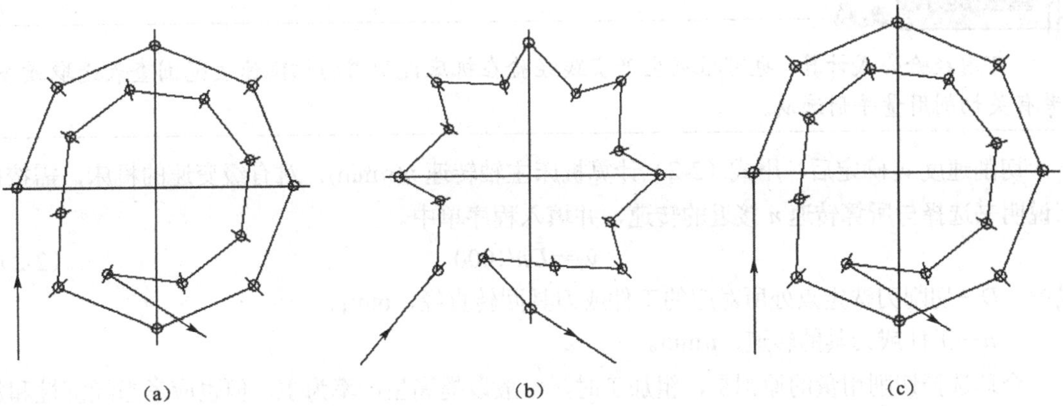

图 2-5　孔加工最短走刀路线

① 切削用量的选择原则

a. 粗加工时切削用量的选择原则如下：首先选择尽可能大的背吃刀量；其次要根据机床动力和刚性的限制条件等，选择尽可能大的进给量；最后根据刀具的耐用度确定最佳的切削速度。

b. 精加工时切削用量的选择原则：首先根据粗加工的余量确定背吃刀量；其次根据已加工表面的粗糙度要求，选取较小的进给量；最后在保证刀具耐用度的前提下，尽可能选取较高的切削速度。

② 切削用量的选择方法

a. 背吃刀量 a_p(mm)的选择　背吃刀量 a_p 或侧吃刀量 a_e 的选择主要由加工余量和对表面质量的要求确定。一般粗加工（*Ra*10~80μm）时，一次进给应尽可能切除全部余量。在中等功率机床上，背吃刀量可达 8~10mm。半精加工（*Ra*1.25~10μm）时，背吃刀量取为 0.5～2mm。精加工（*Ra*0.32~1.25μm）时，背吃刀量选取为 0.2~0.4mm。

在工艺系统刚性不足或毛坯余量很大，或余量不均匀时，粗加工要分几次进给，并且应当把第一、二次进给的背吃刀量取得大一些。

b. 进给量（进给速度）*f*(mm/min 或 mm/r)的选择　进给量（进给速度）是数控机床切削用量的重要参数。对于多齿刀具，其进给速度 v_f、刀具转速 *n*、刀具齿数 *z* 及每齿进给量 f_z 的关系为：

$$v_f = fn = f_z z n \tag{2-1}$$

每齿进给量 f_z 的选取主要取决于工件材料的力学性能、刀具材料、工件表面粗糙度等因素，参考切削用量手册选取。工件材料的强度和硬度越高，f_z 越小；反之越大。对铣削而言，硬质合金铣刀的每齿进给量高于同类高速钢铣刀。工件粗糙度要求越高，f_z 越小。

粗加工时，由于对工件表面没有太高的要求，这时主要考虑机床进给机构的强度和刚性及刀杆的强度和刚性等限制因数，可根据加工材料、刀杆尺寸、工件直径及确定的背吃刀量来选择进给量。

在半精加工和精加工时，则按表面粗糙度的要求，根据工件材料、刀尖圆弧半径、切削速度来选择进给量。在选择进给量时，还应注意零件加工中的某些特殊因素，比如在轮廓加工中选择进给量时，应考虑零件拐角处的超程问题。特别是在拐角较大、进给量速度较高时，应在拐角处降低进给速度，在拐角后逐渐升速，以保证加工精度。

c. 切削速度 v_c(mm/min)的选择　根据已经选择好的背吃刀量、进给量以及刀具耐磨度选择切削速度。

重要提示

可用经验公式计算，也可根据生产实践经验在机床说明书的切削速度范围查表选取或参考有关切削用量手册选 v_c。

切削速度 v_c 确定后，用式（2-2）计算机床主轴转速 n(r/min)，对有级变速的机床，需按机床说明书选择与所算转速 n 接近的转速，并填入程序单中。

$$v_c=\pi Dn/1000 \quad (2\text{-}2)$$

式中 D—切削刃选定点处所对应的工件或刀具回转直径，mm；

n—工件或刀具的转速，r/min。

合理选择切削用量的原则是，粗加工时，一般以提高生产率为主，但也应考虑经济性和加工成本；半精加工和精加工时，应在保证加工质量的前提下，兼顾切削效率、经济性和加工成本。具体数值应根据机床说明书、切削用量手册，并结合经验而定。

（10）填写数控加工技术文件

编写数控加工技术文件是数控加工工艺设计的内容之一。这些专用技术文件既是数控加工的依据、产品验收的依据，也是操作者遵守、执行的规程。数控加工技术文件主要有：数控编程任务书、工件安装和原点设定卡片、数控加工工序卡片、数控加工走刀路线图、数控刀具卡片等。

① 数控加工工序卡　数控加工工序卡是编制加工程序的主要依据和操作人员进行数控加工的指导性文件。它与普通加工工序卡有许多相似之处，但不同的是该卡中应反映使用的是夹具、刀具切削参数、切削液等。数控加工工序卡应按已确定的工步顺序填写。该卡内容见表 2-1。

表 2-1　数控加工工序卡

单位名称		产品名称或代号		零件名称		零件图号	
工序号	程序编号	夹具名称		使用设备		车间	
001							
工步号	工步内容	刀具号	刀具规格 R/mm	主轴转速 n/ (r/min)	进给量 f/ (mm/r)	背吃刀量	备注
编制	审核	批准		日期		共 1 页	第 1 页

② 数控刀具卡片　数控加工对刀具的要求十分严格，一般要在机外对刀仪上调整好刀具直径和长度。数控刀具明细表是调刀人员调整刀具输入的主要依据。该卡内容见表 2-2。

表 2-2　数控刀具卡片

产品名称或代号			零件名称		零件图号		
序号	刀具号	刀具名称	数量	加工表面	刀尖半径 R/mm	刀尖方位 T	备注
编制		审核	批准		共 1 页		第 1 页

任务 1　加工中心刀具选择

任务描述

加工中心刀具选用。

加工中心上常用的铣削刀具有端铣刀、立铣刀、三面刃铣刀及专用铣刀等系列的不同规格的刀具。

端铣刀主要用来加工平面；立铣刀使用比较灵活，可用来加工曲面零件、凸轮的外轮廓、凹槽和箱口平面等，有多种加工方式；三面刃铣刀主要用于铣槽、切断，也可以侧铣；专用铣刀是为加工某一特殊工件或为某一行业而专门设计、制造的刀具，如 SANDVK 公司就提供汽车工业铣刀。图 2-6 是铣削刀具适用的加工范围。

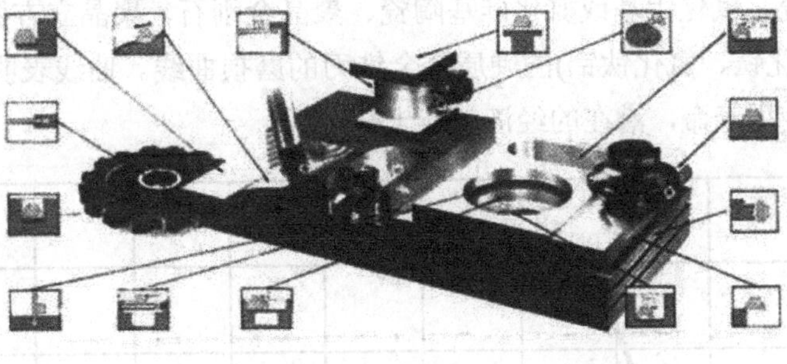

图 2-6　铣削刀具适用的加工范围

任务分析

刀具切削的基础知识：

在金属切削过程中，加工中心使用的好坏与所选的数控刀具和切削用量有着至关重要的关系。

（1）切削速度与刀具总寿命的关系

图 2-7 是切削速度与刀具总寿命的关系，从图 2-7 中不难看出切削速度越高，刀具的寿命就越短。高速切削时的一个主要问题是刀具磨损问题，它是切削速度提高的瓶颈。一般加工中心的主轴转速较普通机床高出 2～3 倍，某些特殊加工中心其主轴转速高达数万转。高速切削是现代数控机床的发展趋势，因此刀具的发展必须适应机床发展的要求。

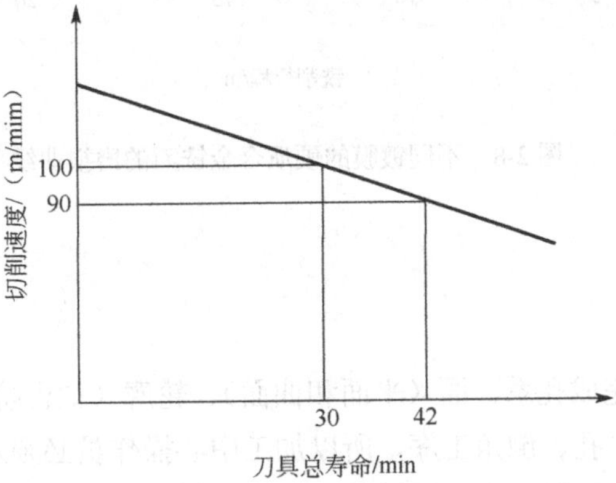

图 2-7　刀具总寿命

（2）刀具材料的基本性能

在切削过程中，刀具不但要承受高压及高温的作用，而且因切屑与刀具接触面及刀具与工件接触面之间的摩擦而产生磨损，终致损坏。故刀具材料应具有能承受高压及高温的能力，同时更应具耐磨性。刀具必须具有如下的性能。

① 冷硬性　常温时刀具材料的硬度，硬度是刀具耐磨性的判断基准。

② 韧性　冲击强度，刀具材料需具有抗压、抗弯能力，才不致断裂。

③ 红硬性　刀具高速切削下虽有高温，但仍具有很高的硬度，以保持刀具刃口的形状，红硬性越高，越能适于高速切削。

（3）高速切削的镀膜刀具

刀具的发展主要是从刀具材料和刀具结构两个方面进行，高速切削刀具材料主要是集中研制新的镀膜材料和镀膜方法以提高刀具的抗磨损性。高速切削刀具材料主要以硬质合金、镀膜硬质合金、金属陶瓷、氧化铝基或氮化硅基陶瓷、聚晶金刚石、聚晶立方氮化硼为主。图 2-8 是采用不同镀膜(氮化钛、氮化钛铝)的硬质合金铣刀的磨损曲线。曲线表明采用适宜的镀膜可成倍地提高刀具的使用寿命，潜在的经济效益十分可观。

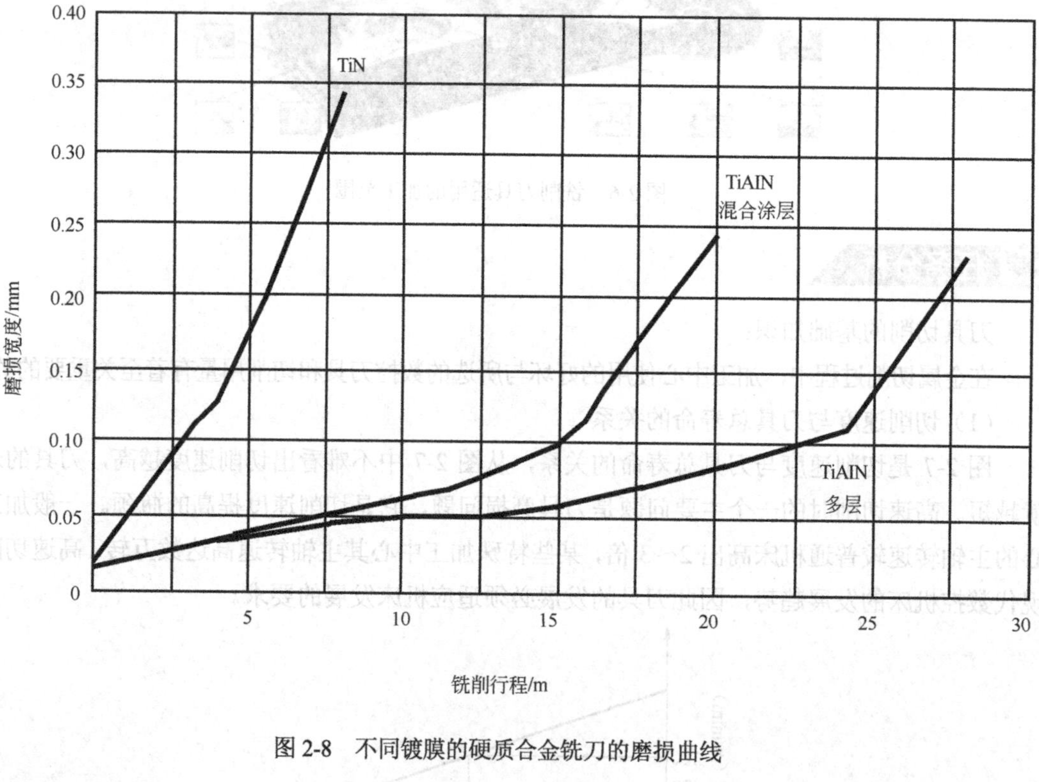

图 2-8　不同镀膜的硬质合金铣刀的磨损曲线

任务实施

加工中心刀具选用：

一台加工中心可以完成孔系、面（平面和曲面）、轮廓（如台阶）、槽等加工要素的铣削、镗削、钻孔、攻螺纹、扩孔、倒角工序，所以加工中心操作员必须对加工中心刀具的选用有较全面的掌握，才能充分发挥加工中心的效能。

1. **端铣刀**

端铣刀也称面铣刀，主要用于加工平面和台阶面，它是诸多铣刀中生产效率最高的一种铣削刀具，能在短时间内切除较多的加工余量，并可以获得较好的平面度和表面粗糙度。

表2-3是SANDVK端铣刀系列刀具，它包括面铣刀、方肩铣刀和多功能铣刀。

表2-3 SANDVK端铣刀系列刀具 mm

刀具名称	刀具结构	刀具主要安装尺寸	D_c	刀盘齿数	D_{c2}	h	d_{mm}	刀片形状尺寸
面铣刀		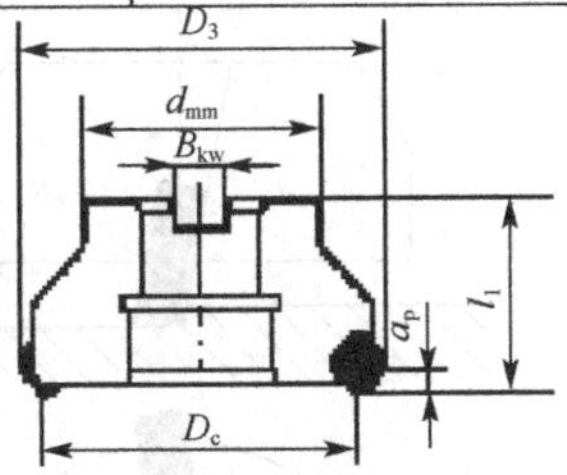	密齿					□
			50	4	62.5	40	22	12
			63	5	75.5	40	22	
			80	6	92.5	50	27	
			100	7	112.5	50	32	
			125	8	137.5	63	40	
方肩铣刀		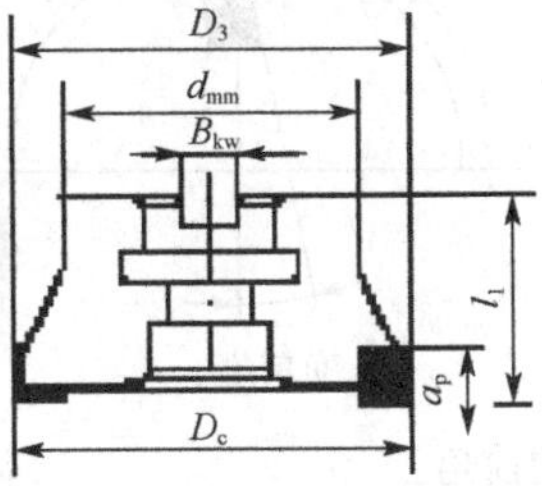	50	4		40	22	12
			63	5		40	22	
			80	6		50	27	
			100	7		50	32	
			125	8		63	40	
			160	12		63	40	
		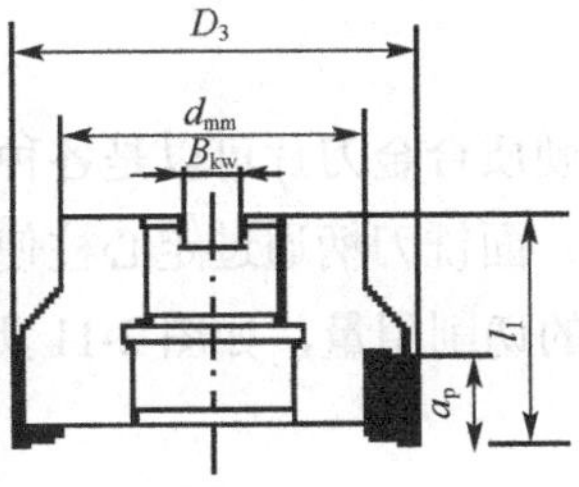	40	4		40	16	11
			50	5		40	22	
			63	6		40	22	
			80	7		50	27	
			密齿					
			40	3		40	16	17
			50	4		40	22	
			63	5		40	22	
			80	7		50	27	

刀具名称	刀具结构 / 刀具主要安装尺寸	D_3	刀盘齿数	D_c	l_1	l_2	d_{mm}	刀片形状尺寸
多功能铣刀	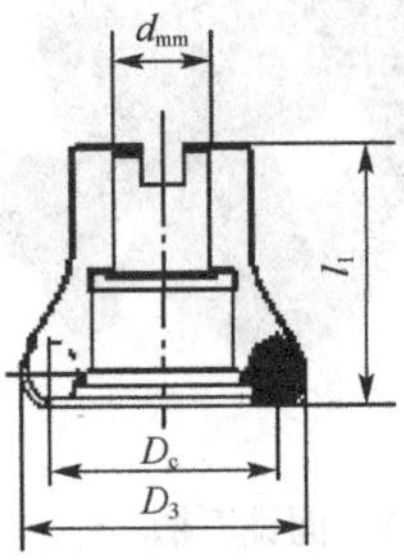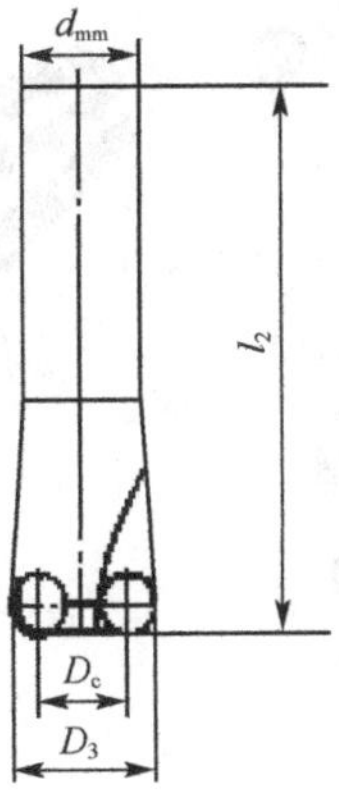	密齿						○
		32	2	20		190	25	刀片形状尺寸
		40	3	28		240	25	
		50	4	30		240	25	
		密齿						
		63	4	47	50		22	16
		80	5	64	50		27	
		100	6	84	50		32	
		125	6	109	50		32	

（1）端铣刀前角形式

一般来讲，影响端铣刀切削性能的是刀片的前角。端铣刀的前角有轴向前角和径向前角两种；旋转轴方向的前角称为轴向前角(AR)，而半径方向的前角称为径向前角(RR)。如图 2-9 所示为端铣刀的前角。端铣刀前角有正负角之分。

一把端铣刀其轴向前角和径向前角，均可为正或为负，或一为正一为负。两种前角的组合方式及其铣刀的特点及适用范围见表 2-3。具体角度值和使用范围可查有关刀具手册或相关的刀具样本。

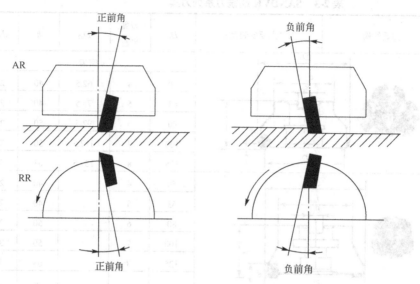

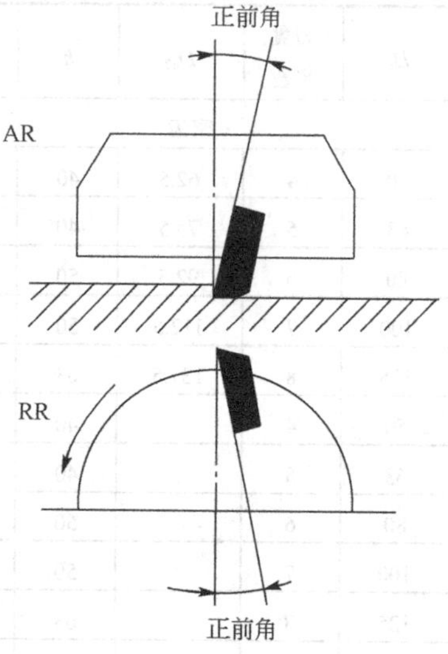

图 2-9 端铣刀的前角

AR—轴向前角；RR—径向前角

（2）端铣刀刀片

端铣刀主要使用硬质合金刀片作为切削刃，硬质合金刀片可以是各种几何形状，如方形、圆形、三角形、矩形和八边形等，如图 2-10 所示。面铣刀柄通过定心柱使刀杆定心，并配有两个驱动键，从而可以使刀具产生大转矩和大功率的切削用量，如图 2-11 所示。

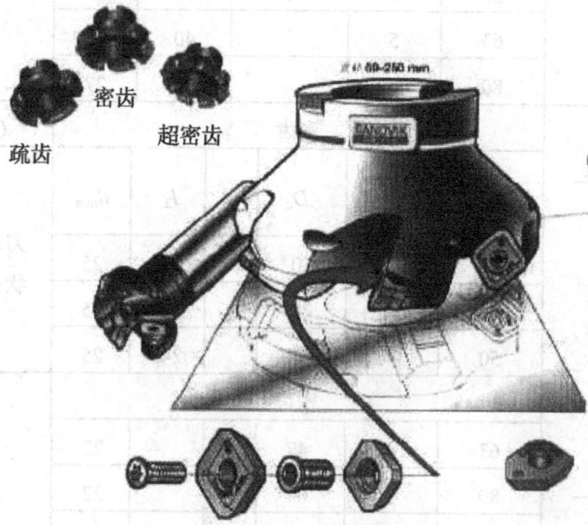

图 2-10 面铣刀

图 2-11 面铣刀柄

2. 立铣刀

加工中心上使用的立铣刀，其品种规格繁多，有双槽和多槽的、有直刃的和螺旋刃的、有短刃的和长刃的等；从结构来分，可将立铣刀分为整体式和机夹式两大类。整体式立铣刀通常是由刃部和柄部焊接而成，故也称之为焊接式立铣刀。机夹式立铣刀，顾名思义，它是在开有排屑槽的刀体上用机械紧固的方法，夹持用于切削的合金刀片，刀片的某些棱边便成为切削刃。

机夹式立铣刀的刀片有硬质合金刀片、陶瓷刀片、陶瓷合金刀片、镀涂刀片等，刀体一般用碳素钢或工具钢制成。

如前所述立铣刀比较灵活，可进行侧面、端面加工，铣孔、车槽、倒角等多种工序的加工。图 2-12 为立铣刀的加工功能。

（1）整体式立铣刀

整体式立铣刀也称为焊接式立铣刀，其实除小规格(直径在 12mm 以内)立铣刀之外，其他规格的立铣刀才是采用焊接方式做成的，其刀刃部分用高速钢、硬质合金，刀柄部分用普通工具钢做成。整体式立铣刀形状见图 2-13。

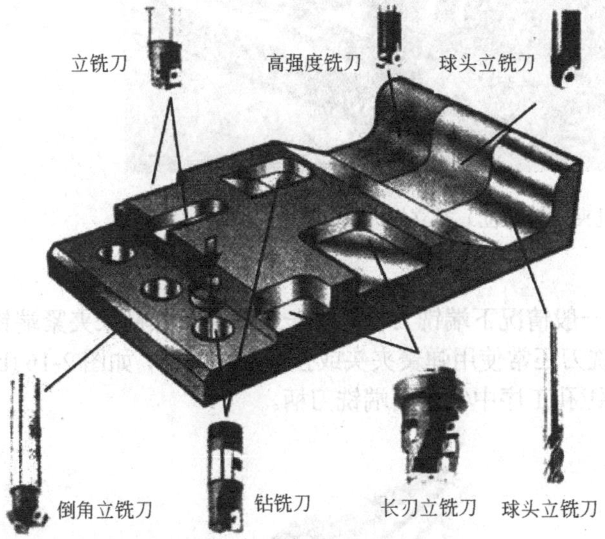

图 2-12 立铣刀的加工功能

图 2-13 整体式立铣刀形状

重要提示

从刀刃端部看立铣刀又有中央切削型和中心孔型之分。中央切削型是具有钻削能力的立铣刀，加工工件时，可垂直下刀，直接铣削工件被加工部位。中心孔型由于中间无切削刃，加工时不能垂直下刀，如图 2-14 所示。

图 2-14 立铣刀的刀刃数及端部形状

（2）机夹式立铣刀

机夹式立铣刀也称为可转位立铣刀，它是加工中心上用得较为普遍的铣削刀具。机夹式立铣刀的切削性能主要取决于刀片材质、几何角度、镀膜材料性质等。

常用的机夹式立铣刀有通用型立铣刀、高强度立铣刀、倒角立铣刀、球头铣刀、长刃铣刀（俗称玉米铣刀）和特形铣刀等，如图 2-15 所示。

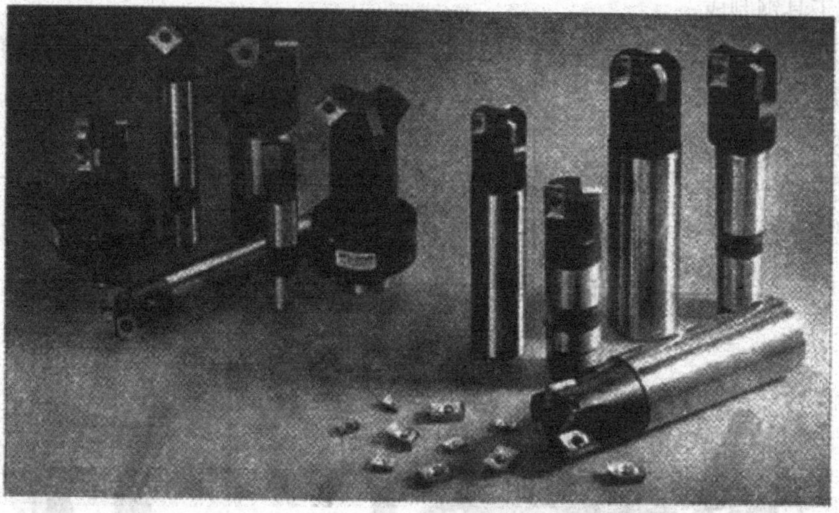

图 2-15 机夹（可转位）式立铣刀

（3）立铣刀刀柄

立铣刀具需要刀柄才能和机床连接，一般情况下端铣刀柄通过一个或两个螺钉来夹紧端铣刀。如图 2-16（a）所示。用于夹持直柄立铣刀还常使用弹簧夹头或强力夹头刀柄，如图 2-16 (b) 所示。在许多不需要很高精度的铣加工和镗孔工序中常采用端铣刀柄。

（a）端铣刀柄　　（b）弹簧夹头刀柄

图 2-16 立铣刀刀柄

重要提示

使用端铣刀柄夹持刀具时，螺钉要压在刀柄的平面上。由于螺钉均位于同一侧，因此刀具相对于主轴轴线的跳动会加大。

有关铣刀刀柄的知识需查阅数控机床工具（刀辅助）系统。

3. 钻孔刀具

大多数情况下，钻孔是孔加工的第一道工序，最常用的钻孔刀具有麻花钻、中心钻、空心钻、扁钻等。

麻花钻在设计上有直柄和锥柄两种形式，如图 2-17 所示。直柄常用于直径不超过 13mm 的钻头，锥柄的锥角可以防止钻头钻较大孔时发生打滑。选择钻头时，应选择适用于孔加工工序的长度最小的钻头。

重要提示

麻花钻钻孔时不能准确定心，所以必须先用中心钻钻出孔的起始位置。

在钻深孔时，钻头的排屑和冷却尤为重要，这时就要使用空心钻头。

4. 铰孔刀具

麻花钻不能将孔加工出准确的尺寸精度和表面粗糙度。当孔需要较高的尺寸精度和表面精度时，需要采用“铰孔”工序。铰刀是有直切削刃或螺旋切削刃的圆柱形刀具。大部分铰刀用高速钢制造。如图 2-18 所示，加工一个直径为 $\phi 30$mm 公差值为±0.01mm 孔的工艺过程。在铰孔加工过程中，铰刀要由已存在的孔导向，因此，它不能纠正孔的位置误差和直线度误差。如果存在这些误差，建议先镗孔，再铰孔。

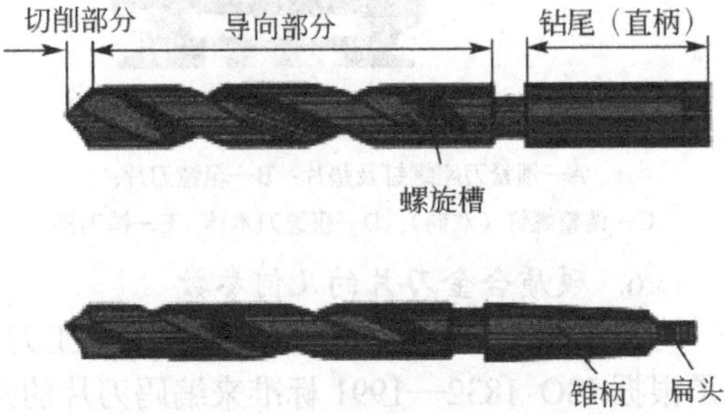

图 2-17 麻花钻

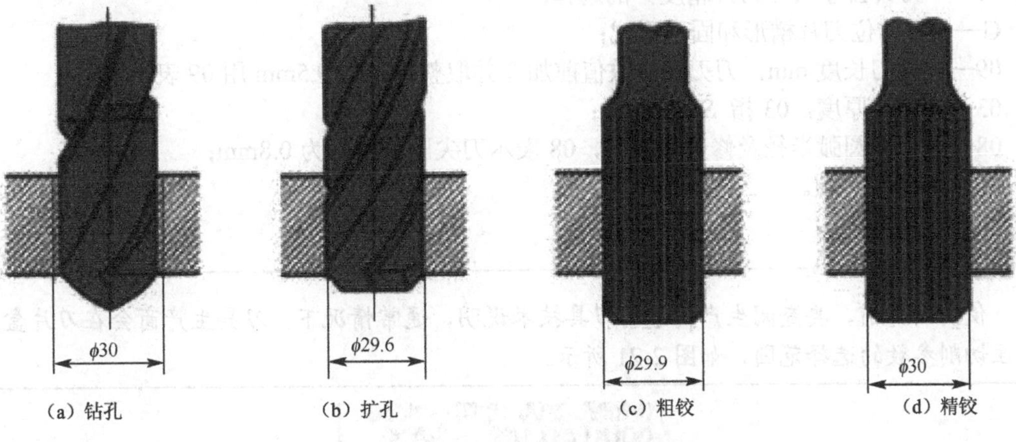

图 2-18 铰孔

5. 镗孔刀具

镗刀通常分为两类：粗加工镗刀（图 2-19）和精加工镗刀（图 2-20）。通过镗孔可以得到更好的孔直线度和表面精度。

重要提示

选择镗刀时，一般应选择适用于各种工序的长度最短的镗刀杆。与钻头一样，镗刀杆的长度直径越大，其弹性越大，镗孔时产生的误差也越大。长镗刀杆会产生颤振。

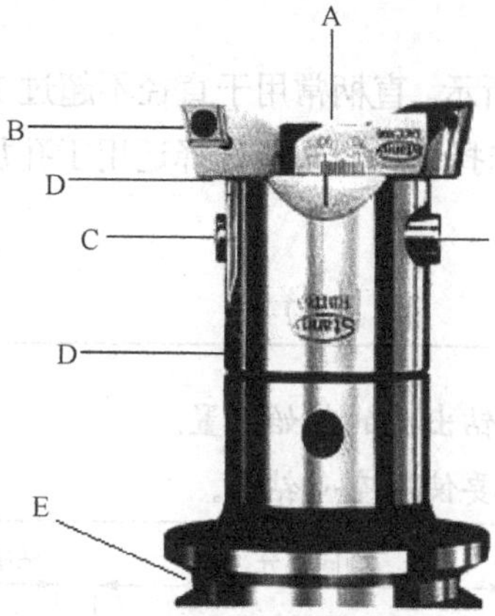

图 2-19 粗加工镗刀

A—锁紧刀座螺钉及垫片；B—粗镗刀片；
C—调整螺钉（双向）；D—粗镗刀本体；E—镗刀柄

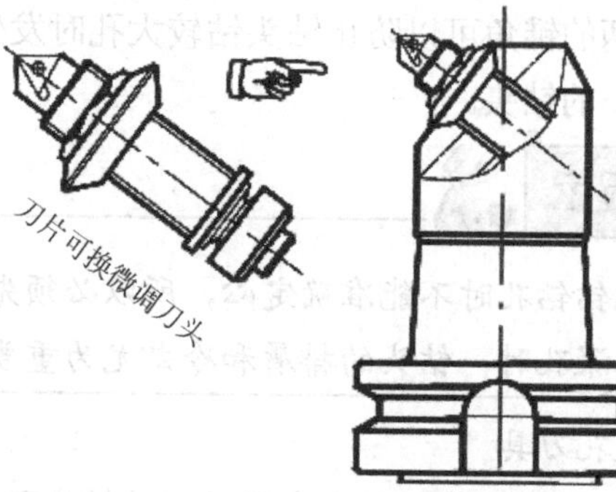

图 2-20 TQW 倾斜式微调精镗刀

6. *硬质合金刀片的几何参数*

硬质合金刀片的几何参数是选用加工刀具的主要依据，并会影响切削加工质量。各厂商都是根据 ISO 1832—1991 标准来编码刀片的几何参数，以 SANDVIK 刀片编码 CNMG090308－PF 为例，说明铣削刀片的几何尺寸和形状的参数。从左向右依次代表含义如下：

C——刀片形状为 C 型，刀尖角为 80° 的菱形刀片；

N——主切削刃后角是 0°；

M——刀具公差（即刀片精度）的选择；

G——可转位刀片槽形和固定形式；

09——刀刃长度 mm，刀刃长度数值前加 0 并取整数，如 9.5mm 用 09 表示；

03——刀片厚度，03 指 S=3.18mm；

08——刀尖圆弧半径及修光刃代码，08 表示刀尖圆弧半径为 0.8mm；

PF——制造选项。

重要提示

使用刀片前，要查阅生产厂家的刀具技术说明，通常情况下，刀具生产商会在刀片盒上标注切削参数的选择范围，如图 2-21 所示。

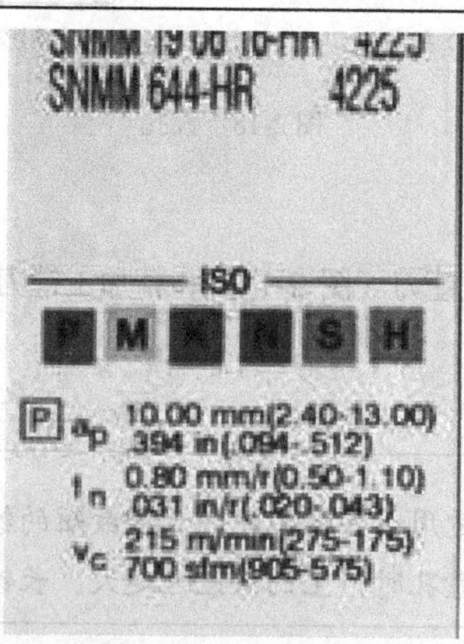

图 2-21 刀片包装盒标签

任务 2　制定平面凸轮零件的数控铣削加工工序

任务描述

完成（如图 2-22 所示）平面槽型凸轮数控加工工艺的制定，工件材料为 HT200。

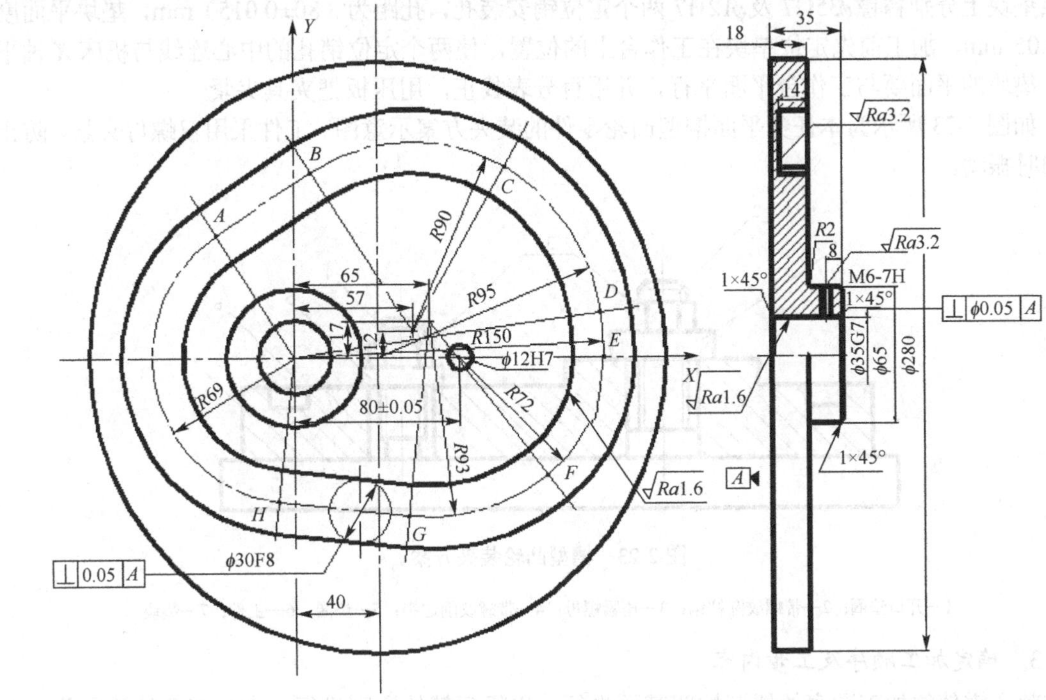

图 2-22　平面槽型凸轮零件

任务分析

如图 2-22 所示槽型凸轮零件，在铣削加工前，该零件毛坯为直径ϕ280mm 的圆盘，带有两个基准孔ϕ35mm 及ϕ12mm，*A* 端面上一工序已加工完毕。本工序是在铣床上加工凹槽。本次任务是合理制定平面凸轮槽的数铣加工工艺，对于该零件而言，主要是编写数控铣削加工工序卡片。

该任务是平面凸轮凹槽加工，属于 2 轴或 2.5 轴加工，在数控铣床或 3 轴加工中心上即可完成。

任务实施

1. 零件图工艺分析

图样分析主要分析凸轮轮廓形状、尺寸和技术要求、定位基准的选择及毛坯情况等。本任务零件（图 2-22）是一种平面槽形凸轮，其轮廓由多段圆弧和直线组成，槽有尺寸公差要求；材料为铸铁，切削加工性较好。

该零件在数控铣削加工前，工件是一个经过加工并含有两个基准孔ϕ35mm 及ϕ12mm、外圆直径为 280mm、厚度为 18mm 的圆盘。圆盘底面 *A* 及ϕ35G7 和ϕ12H7 两孔可用作定位基准，无需另作工艺孔定位。

凸轮槽内外轮廓面对 *A* 面有垂直度要求，只要提高装夹精度，使 *A* 面与铣刀轴线垂直，即可保证，ϕ35G7 对 *A* 面的垂直度已由前道工序保证。

2. 确定装夹方案

① 定位方式：该零件采用“一面两孔”定位，用 *A* 底面和两个基准孔定位。

② 设计夹具：设计一个“一面两销”专用夹具。用一块 330mm×330mm×45mm 的垫块，在该垫块上分别精镗ϕ35G7 及ϕ12H7 两个定位销安装孔，孔距为（80±0.015）mm，垫块平面度为 0.05 mm，加工前先定位垫块在工作台上的位置，使两个定位销孔的中心连线与机床 *X* 轴平行，垫块的平面要与工作台平面平行，并用百分表找正，用压板把夹具夹紧。

如图 2-23 所示为本任务平面槽型凸轮零件的装夹方案示意图。工件采用双螺母夹紧，防止铣削时振动。

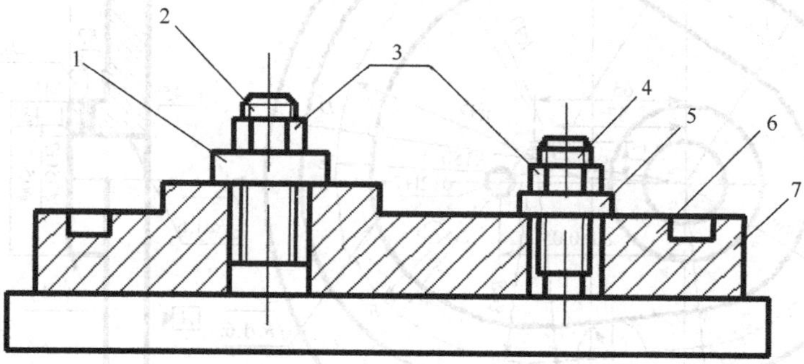

图 2-23　槽型凸轮装夹方案

1—开口垫圈；2—带螺纹圆柱销；3—压紧螺母；4—带螺纹削边销；5—垫圈；6—工件；7—垫块

3. 确定加工顺序及工步内容

整个零件的加工顺序的拟订按照基面先行、先粗后精的原则进行。在加工凸轮槽之前，上道工序用作定位基准的面和孔已加工好，本任务主要完成凸轮槽的加工。凸轮槽的加工顺序采用先粗后精的原则；工步内容为：粗加工凸轮槽（对位置要求高时可安排本道工步）—半精加工内轮廓—半精加工外轮廓—精加工内轮廓—精加工外轮廓。分层下刀，按区域加工为主（每一层内、外轮廓粗加工结束后，再下刀到既定深度加工第二层）。具体加工工步安排见表 2-5。

4. 选择刀具及切削用量

（1）刀具选择

零件材料为铸铁属于一般材料，加工性能好，又考虑槽的尺寸、位置要求及表面质量，考虑精度要求及加工成本，可选用ϕ18 高速钢立铣刀粗加工和ϕ12 硬质合金立铣刀精加工，见表 2-4 数控加工刀具卡片。

表 2-4　数控加工刀具卡片

产品名称或代号		×××	零件名称	槽型凸轮	零件号	LAT10
序号	刀具号	刀具规格名称/mm	数量	加工表面		备注
1	T01	ϕ18 高速钢立铣刀	1	粗铣、半精凸轮槽内、外轮廓		
2	T02	ϕ12 硬质合金立铣刀	1	精铣凸轮槽内、外轮廓		
3	T02	ϕ20 麻花钻	1	加工直径为 20 的落刀孔		
编制	×××	审核 ×××		批准	××× 共 1 页	第 1 页

（2）切削用量的选择

切削用量的合理选择是依据零件材料特点、刀具材料、性能及加工精度要求确定的。

① 背吃刀量选择 根据零件材料及选用的硬质合金刀具，并考虑切削效率及刀具耐用度等因素，粗加工时前两次背吃刀量 5mm，第三次背吃刀量 4mm，剩下 1mm 随同轮廓精铣一次完成。轮廓两侧面各留 0.2 mm 的余量。

② 每齿进给量 f_z 选择 根据零件材料及刀具材料，查阅切削用量手册，f_z 取 0.1~0.15 mm/z，进给速度 $F=f_z nz$；n 为主轴转速，z 为立铣刀齿数。

③ 切削速度选择 根据零件材料及刀具材料，查阅切削用量手册，当硬度为 190~260HBS 时，切削速度 v_c 取 45~90m/min，如粗加工时 v_c=50 m/min，利用公式 $v_c=\pi d\ n/1000$ 计算主轴转速。

5. 确定进给路线

进给路线包括平面内进给和深度进给路线。对于平面内进给内、外轮廓加工都采用顺铣方式，一般情况下，对外凸轮廓从切线方向切入，对内凹轮廓采用过渡圆弧切入。深度进给有两种方法：一种是在 *ZX* 平面或 *ZY* 平面内来回铣削逐渐进刀到既定深度尺寸，另一种是先加工一个工艺孔，然后从工艺孔下刀加工到既定深度。本任务是在平面上加工封闭的凸轮槽，先在固定位置上加工出直径为 20mm 的一个下刀孔，然后立铣刀每次都沿着这个孔下刀完成槽的加工。

6. 输出数控加工工序卡片

表 2-5 数控加工工序卡片

<table>
<tr><td rowspan="2">单位名称</td><td colspan="3" rowspan="2">实训中心</td><td colspan="2">产品名称或代号</td><td colspan="2">零件名称</td><td>零件图号</td></tr>
<tr><td colspan="2">实训件 1</td><td colspan="2">平面凸轮槽</td><td>LAT10</td></tr>
<tr><td>工序号</td><td colspan="3">程序编号</td><td colspan="2">夹具名称</td><td>使用设备</td><td>数控系统</td><td>车间</td></tr>
<tr><td></td><td colspan="3"></td><td colspan="2">台钳</td><td>MVC850</td><td>FANUC 0i-MC</td><td>第一车间</td></tr>
<tr><td>工步号</td><td colspan="3">工步内容</td><td>刀具号</td><td>刀具规格/mm</td><td>主轴转速 n/ (r/min)</td><td>进给速度 /(mm/min)</td><td>背吃刀量</td><td>备注</td></tr>
<tr><td>1</td><td colspan="3">加工φ20mm 下刀孔</td><td>T03</td><td>φ20</td><td>300</td><td>80</td><td>13</td><td></td></tr>
<tr><td>2</td><td colspan="3">粗铣凸轮槽，单边留 6 mm</td><td>T01</td><td>φ18</td><td>400</td><td>80</td><td>5</td><td>分层下刀，按区域加工</td></tr>
<tr><td>3</td><td colspan="3">粗铣凸轮槽内轮廓，留余量 0.2mm</td><td>T01</td><td>φ18</td><td>400</td><td>80</td><td>5</td><td>分层下刀，按区域加工</td></tr>
<tr><td>4</td><td colspan="3">粗铣凸轮槽外轮廓，留余量 0.2mm</td><td>T01</td><td>φ18</td><td>400</td><td>80</td><td>5</td><td></td></tr>
<tr><td>5</td><td colspan="3">精铣凸轮槽内轮廓</td><td>T02</td><td>φ12</td><td>2000</td><td>200</td><td>14</td><td></td></tr>
<tr><td>6</td><td colspan="3">精铣凸轮槽外轮廓</td><td>T02</td><td>φ12</td><td>2000</td><td>200</td><td>14</td><td></td></tr>
<tr><td>编制</td><td></td><td>审核</td><td></td><td>批准</td><td></td><td>日期</td><td></td><td>共 1 页</td><td>第 1 页</td></tr>
</table>

任务评价

平面凸轮槽零件是数控铣削加工中常见的零件之一，其轮廓属于封闭式槽的加工，并且对凸轮槽的尺寸及位置精度和表面质量有要求。于是在制定加工工艺时，要从保证零件加工质量和加工效率的角度出发，合理安排数控加工工序。对于凸轮槽的加工有多种加工方式，可选不同的进给路线，哪种最优，要结合生产实际条件和具体加工后依据检验结果来决定。

任务 3 制定端盖零件的加工中心加工工艺

任务描述

在立式加工中心上加工如图 2-24 所示端盖零件，已知该零件材料为 HT200，毛坯为铸件，试编制其数控加工工艺。毛坯尺寸为 160mm×160mm×18mm。

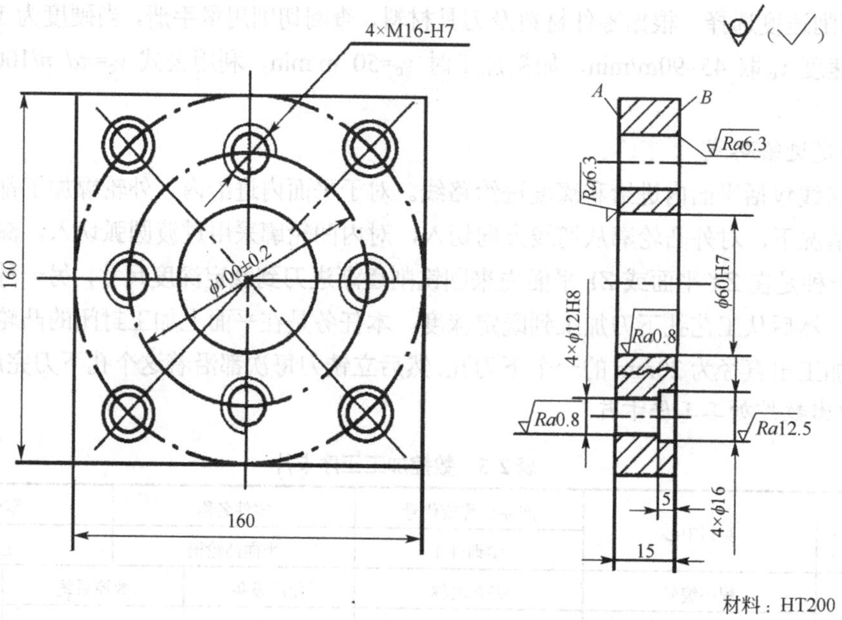

图 2-24 端盖零件简图

任务分析

端盖是机械加工中常用的零件。如图 2-24 所示，端盖的四个侧面为不加工表面，加工表面集中在 *A*、*B* 面上。从工序集中和便于定位两方面考虑，选择 *B* 面及位于 *B* 面上的全部孔在加工中心上加工，将 *A* 面作为主要定位基准，并在上道工序中先加工好，本道工序不需加工 *A* 面了。

由于 *B* 面和 *B* 面上的孔，只需单工位加工即可完成，故选择立式加工中心。工件一次装夹后，对好刀，输入每把刀具参数后，即可自动完成铣、钻、镗、铰及攻螺纹等工步加工。

任务实施

1. 选择加工方法

B 面用铣削方法加工，因其表面粗糙度 *Ra* 为 6.3μm，故采用粗铣—精铣方案；ϕ60H7 的孔为已铸出毛坯孔，为达到尺寸精度和表面质量，需采用粗镗—半精镗—精镗方案；ϕ12H8 的孔需要经过铰孔完成；M16 的螺纹采用先钻底孔后攻螺纹的加工方案。

2. 确定装夹方案

该端盖零件形状简单，四个侧面较光整，加工面与不加工面直接的位置精度要求不高，故可以采用机用平口虎钳装夹，以底面 *A* 和两个侧面定位。

3. 确定加工顺序及加工工步

按照先面后孔，先粗后精的原则安排。先粗、精加工 *B* 面，然后再加工各孔，具体加工工序安排见表 2-6。

表 2-6　数控加工工序卡片

单位名称	实训中心	产品名称或代号		零件名称		零件图号	
		实训件 1		端盖		LAT02	
工序号	程序编号	夹具名称		使用设备	数控系统		车间
		台钳		MVC850	FANUC 0i MC		第一车间
工步号	工步内容	刀具号	刀具规格 D/mm	主轴转速 n/ (r/min)	进给速度 /(mm/min)	背吃刀量/mm	备注
1	粗铣 *B* 平面留余量 0.5 mm	T01	ϕ100	300	80	0.5	分层下刀
2	精铣 *B* 平面至尺寸	T01	ϕ100	350	60	0.5	
3	粗镗ϕ60H7 的孔至ϕ58 mm	T02	ϕ58	400	60		
4	半精镗ϕ60H7 的孔至ϕ59.5 mm	T03	ϕ59.95	450	50		
5	精镗ϕ60H7 的孔至尺寸	T04	ϕ60H7	500	50		
6	钻 4×ϕ12H8 和 4×M16 的中心孔	T05	ϕ3	1000	80	7	
7	钻 4×ϕ12H8 的底孔至ϕ10 mm	T06	ϕ10	500	80		
8	扩 4×ϕ12H8 至ϕ11.85 mm	T07	ϕ11.85	300	50		
9	锪 4×ϕ16mm 孔至尺寸	T08	ϕ16	150	30		
10	铰 4×ϕ12H8 至尺寸	T09	ϕ12H8	100	60		
11	钻 4×M16mm 的底孔至ϕ14mm	T10	ϕ14	400	60		
12	倒 4×M16 的底孔端角	T11	ϕ20	300	50		
13	攻 4×M16 螺纹孔	T12	M16	100	200		
编制	审核	批准		日期		共 1 页	第 1 页

4. 选择刀具及切削用量

B 面粗铣所选铣刀直径应小些，以减少切削力矩，但不能太小，以免影响加工效率。*B* 面精铣所选铣刀直径应大些，以减少接刀痕迹，但要考虑到机床所允许的装刀直径。切削用量的确定需要查表确定切削速度和进给量两个原始参数，然后计算出主轴转速和机床进给速度。具体所需刀具及切削用量见表 2-7。

表 2-7　数控加工刀具卡片　　mm

产品名称或代号			零件名称	端盖	零件号	LAT10
序号	刀具号	刀具规格名称	数量	刀具		备注
				直径	长度	
1	T01	面铣刀ϕ100	1	ϕ100		
2	T02	镗刀ϕ58	1	ϕ58		
3	T03	镗刀ϕ59.95	1	ϕ59.95		
4	T04	镗刀ϕ60H7	1	ϕ60		
5	T05	中心钻ϕ3	1	ϕ3		
6	T06	麻花钻ϕ10	1	ϕ10		

续表

序号	刀具号	刀具规格名称	数量	刀具		备注
				直径	长度	
7	T07	扩孔钻头ϕ11.85	1	ϕ11.85		
8	T08	阶梯铣刀ϕ16	1	ϕ16		
9	T09	铰刀ϕ12H8	1	ϕ12		
10	T10	麻花钻ϕ14	1	ϕ14		
11	T11	麻花钻ϕ20	1	ϕ20		
12	T12	机用丝锥 M16	1	M16		
编制	×××	审核 ×××	批准	×××	共 1 页	第 1 页

5. *确定进给路线*

B 面的粗、精加工进给路线根据刀具直径及表面质量选择，可采用行切法。所有孔的进给路线均采用最短路线确定，因为孔的位置精度要求不高，机床的定位精度能够保证。

任务评价

编制加工工艺文件要具有一定的灵活性，往往需要同时提出几种可能方案，经过对比分析后，最后确定一种最优方案。关于在孔加工过程中，切削参数的选择非常重要，操作者要参照刀具切削手册和具体实际加工经验确定。

任务 4　制定柱面凸轮零件数控综合加工工艺

任务描述

现要完成如图 2-25 所示凸轮零件柱面螺旋槽的数控加工，具体设计该零件的数控加工工艺。

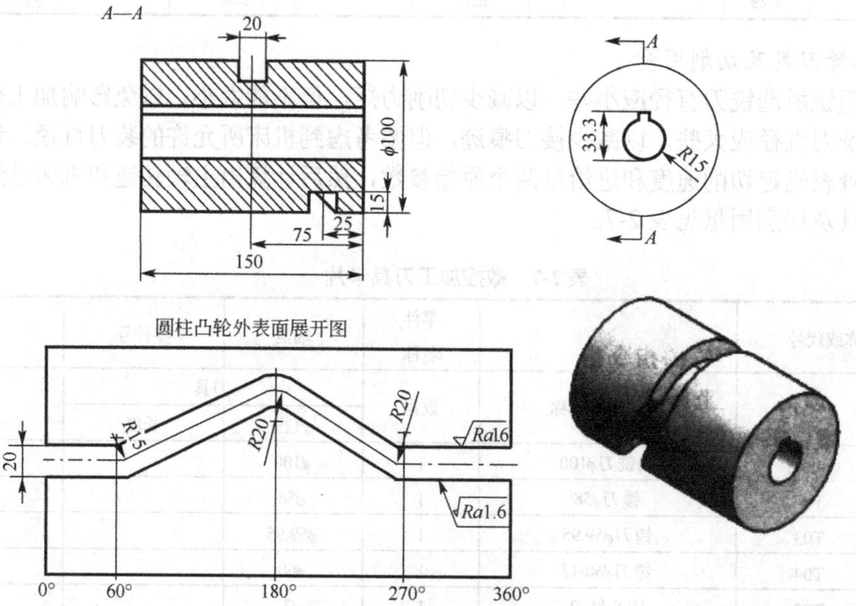

图 2-25　柱面凸轮零件柱

如图 2-26 所示为生产线上某产品的贴标送料机构，其中移动平台部分为贴标产品的工作平台。贴标过程是产品随工作平台从右向左运动并停顿一个固定时间长度，贴标完成后再随工作平台自左向右运动，由取料装置将产品取走，采用圆柱凸轮机构完成这样一个工作过程，按照该工艺要求，设计圆柱凸轮。

图 2-26　贴标送料机构

任务分析

根据圆柱凸轮的零件图纸(见图 2-25)的要求，运用带 *A* 轴的数控立式铣床，制定合理的加工工艺实施加工。

① 查阅数控加工工艺书和工艺手册，获取设计柱面凸轮零件的数控加工工艺知识及数据；

② 分析凸轮零件图纸，进行相应的工艺处理；

③ 制定柱面凸轮零件的数控加工工艺；

④ 编制柱面凸轮零件的数控加工工序卡、刀具卡等工艺文件；

⑤ 通过学习柱面凸轮零件的加工，掌握 *A* 轴联动加工工艺方法。

任务实施

1. 零件图纸工艺分析

该零件材料为 45 钢，加工柱面槽的槽宽为 20mm，槽深为 15mm，具体分析如下。

① 零件毛坯选用一根 100mm×150mm 的棒料，中间ϕ30mm 并带有键槽的通孔已经加工完成，此零件只需考虑螺旋槽的加工。对于螺旋槽展开图上，有几个节点需要计算（计算过程略），并要列出刀具轨迹公式。

② 根据图 2-25 分析，该螺旋槽零件属四轴加工范围，只需一次装夹，装卡方式为一夹一顶。将坐标系设在 G54，加工坐标原点：*X* 为毛坯料中心；*Y* 为毛坯料中心；*Z* 在 *A* 轴旋转轴线上。

2. 加工工艺路线设计

根据毛坯图和零件图可以看出，将零件一夹一顶装夹，整个加工过程为 *X*、*A* 轴联动加工，不涉及 *Y* 轴运动，需将图纸展开图中有关 *Y* 轴方向变化的坐标转换成用 *A* 轴变化替代。

安排加工顺序为：粗加工柱面槽→精加工柱面槽。

① 粗加工柱面槽。用ϕ18mm 高速钢立铣刀分 3 次粗加工柱面槽。

② 精加工柱面槽。用ϕ20mm 高速钢立铣刀一次精加工柱面槽。

注意：精加工时最好用ϕ20H7 立铣刀一次加工完毕。若用小于ϕ20H7 铣刀两侧分别加工，则在凸轮槽的爬升段和下降段的侧面宽度达不到ϕ20H7。造成ϕ20h7 的辊子在槽中不能灵活运动。这里的主要原因是该柱面凸轮槽实际上是ϕ20H7 铣刀插入ϕ100mm 圆柱 15mm 深，并且刀具轴线与圆柱轴线垂直相交。槽侧壁与顶部到槽底是ϕ20H7 圆按照槽的中心轨迹，围绕ϕ100 圆柱轴线的包络线总合。如果用小于ϕ20H7 铣刀两侧分别加工，虽然槽的最顶部的包络线与ϕ20H7 一致，但由于旋转加工时不同直径刀具的干涉量不同，所以槽宽不一定处处相同。

3. 机床选择

该案例零件采用四轴加工。 故选用国产 VMC750 型立式加工中心配数控回转工作台四轴联动加工即可满足上述要求。

4. 装夹方案及夹具选择

在带有 *A* 轴的立式铣床上，工装夹具的示意图如图 2-27 所示。

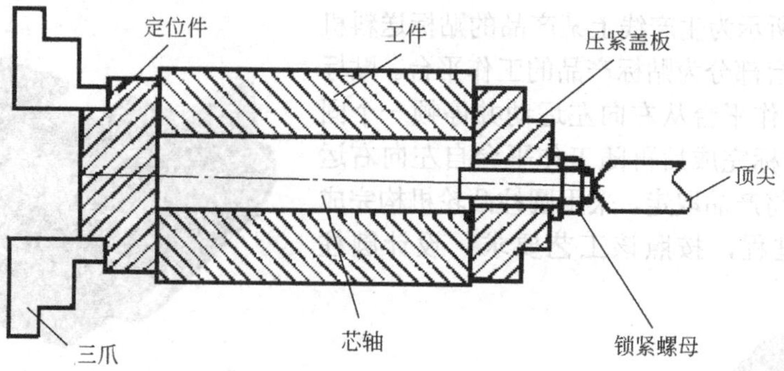

图 2-27　工装示意图

5. 找正并建立工件坐标系

① 用百分表分别压在圆柱零件的两端，旋转零件并调整圆柱零件的中心轴线，直至两端圆周跳动为零，如图 2-28 所示。

② *X* 向往复拉动百分表，调整圆柱零件轴线的平行度，直至表针不再移动，如图 2-28 所示。

③ 打表并旋转工作台，使得工件回转中心与工作台的旋转中心轴相重合。

④ 使用杠杆表或寻边器确定机床回转中心即主轴中心与转台回转中心相重合。设此位置为 *Y* 轴坐标零点。

此时设工件回转轴线为 *Z* 向零点。设圆周上任意一点为 *A* 轴零点。设圆柱中心轴位置为 *Y* 轴零点。设零件长度中心位置为 *X* 轴零点。

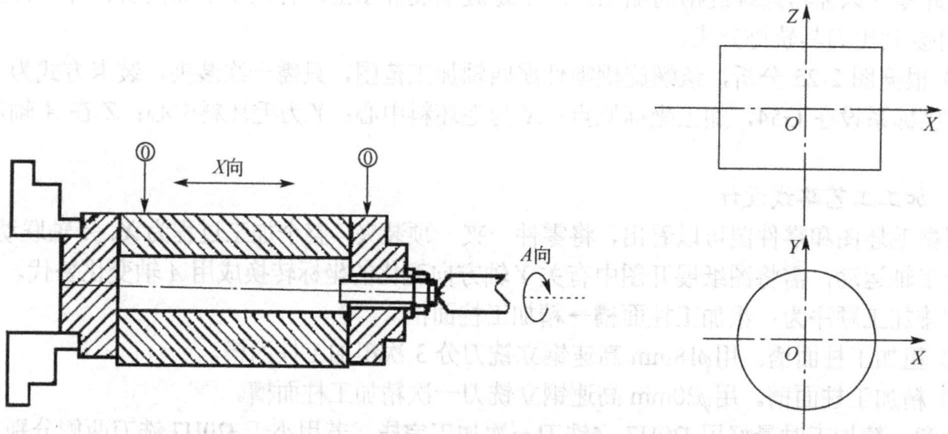

图 2-28　零件找正示意图

6. 刀具选择

粗加工采用ϕ18 高速钢立铣刀，精加工采用ϕ20H7 高速钢立铣刀。

7. 切削用量选择

根据被加工表面质量要求、刀具材料和工件材料，参考切削用量手册或刀具生产厂家推荐的切削用量，选取切削速度与每转进给量，然后根据有关公式计算出主轴转速与进给速度，将计算结果填入数控加工工序卡（表 2-8）中。具体切削用量详见数控加工刀具卡（表 2-9）。

8. 填写数控加工工序卡和刀具卡

（1）柱面凸轮加工案例数控加工工序卡

柱面凸轮加工案例数控加工工序卡见表 2-8。

表 2-8　柱面凸轮加工案例数控加工工序卡

单位名称	×××	产品名称或代号		零件名称		零件图号	
		×××		支承套		×××	
工序号	程序编号	夹具名称		加工设备		车间	
×××	×××	专用夹具		XH754（卧式加工中心）		数控中心	
工步号	工步内容	刀具号	刀具规格/mm	主轴转速/(r/min)	进给速度/(mm/min)	检测工具	备注
1	粗加工柱面槽（a_p=5mm）	T01	ϕ18	300	100	游标卡尺	自动换刀
2	精加工柱面槽（a_p=15mm）	T02	ϕ20	400	100	游标卡尺	自动换刀
编制 ×××	审核 ×××	批准	×××	年　月　日		共　页	第　页

（2）柱面凸轮加工案例数控加工刀具卡

柱面凸轮加工案例数控加工刀具卡见表 2-9。

表 2-9　柱面凸轮加工案例数控加工刀具卡

产品名称或代号	×××	零件名称		支承套	零件图号	×××
序号	刀具号	刀具			加工表面	备注
		规格名称/mm	数量	刀长/mm		
1	T01	ϕ18mm 高速钢立铣刀	1	实测	粗加工槽	
2	T02	ϕ20H7 高速钢铣刀	1	实测	精加工槽	
编制 ×××	审核 ×××	批准	×××	年 月 日	共 页	第 页

重要提示

虽然 VMC750 型立式加工中心配数控回转工作台四轴联动，但上题圆柱凸轮槽的加工属于两轴加工。

拓展与提高

多轴加工应用技术。

1. 多轴加工的理解

所谓多轴加工就是多坐标加工。它与普通的二坐标平面轮廓加工和点位加工、三坐标曲面加工的本质区别就是增加了旋转运动，或者说多轴加工时刀轴的姿态角度不再是固定不变，而是根据加工需要随时产生变化。一般而言，当数控加工增加了旋转运动以后，刀心坐标位置计算或是刀尖点的坐标位置计算就会变得相对复杂。多轴加工的情况可以分为：

① 3 个直线轴同 1～2 个旋转轴的联动加工，这种加工被称为四轴联动或五轴联动加工；

② 1～2 个直线轴和 1～2 个旋转轴的联动加工；

③ 3 个直线轴同 3 个旋转轴的联动加工，用作这种加工的机床被称为并联虚轴机床；

④ 刀轴呈现一定的姿态角不变，三个直线轴作联动加工，这种加工被称为多轴定向加工。

如图 2-29～图 2-31 所示的几种零件就是需要使用多轴加工的零件。如图 2-29 所示为单个叶片类零件。这种零件虽然也可以用三轴加工的方法加工，但是用多轴加工的效果和质量要优于三轴加工。

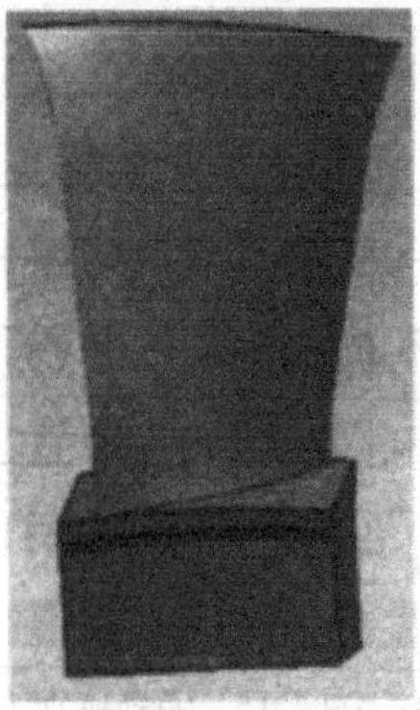
图 2-29 单叶片零件

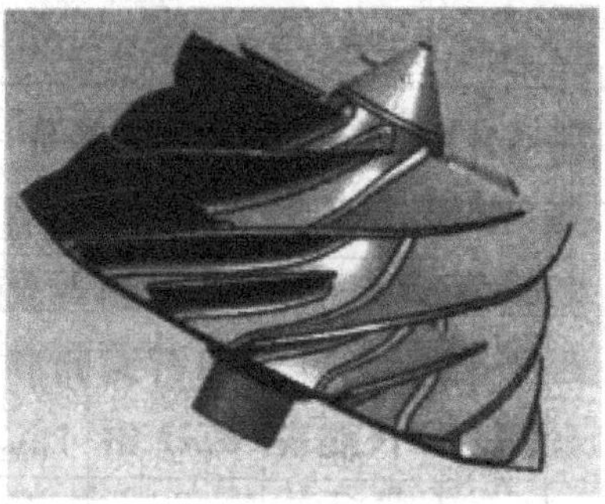
图 2-30 整体叶轮零件

图 2-31 柱面槽零件

如图 2-30 为整体叶轮零件。这类零件的加工通常都是用五轴联动的方式加工出来的，因为仅仅用三轴联动的方式避免不了加工中产生的干涉问题。图 2-31 为柱面槽或柱面凸轮类零件。这类零件的加工有时只需要一个直线轴和一个旋转轴的联动加工就可以了。

2. 多轴加工的特点

（1）编程相对复杂

不论是四轴编程还是五轴编程，相对两轴轮廓编程和三轴曲面编程都比较复杂，复杂之处在于多轴编程要考虑零件的旋转或者是刀轴的变化。以 UG 为例就有变轴铣、变轴顺序铣等。每种铣削方式还有许多设置。不仅如此，多轴编程的后置处理也是相当重要并相对复杂的一个环节。后置处理的参数设置要考虑机床运动关系、刀具的长度、机床的结构尺寸、工装夹具的尺寸以及工件的安装位置等。所以，多轴编程和加工相对三轴的编程和加工要复杂许多。

（2）工艺顺序与三轴不同

三轴的编程和加工的顺序是：CAD / CAM 建立零件模型—生成刀具轨迹—生成 NC 代码—装夹零件—找正—建立工件坐标系—开始加工。

五轴的编程和加工的顺序是：CAD / CAM 建立零件模型—生成刀具轨迹—装夹零件—找正—建立工件坐标系—根据机床运动关系、刀具的长度、机床的结构尺寸、工装夹具的尺寸以及工件的安装位置等设置后置处理的参数—生成 NC 代码—加工。

例如，三轴加工上述叶片曲面零件，首先用 CAD / CAM 建立叶片模型，然后根据刀具直径和加工要求生成刀具轨迹，之后根据控制系统的指令格式设置后置处理的参数，生成数控程序代码，最后把代码传输到所用的机床控制器中加工零件。在这个过程中编程人员不一定需要把零件装夹的位置数据、刀具长度的数据、机床结构的数据和机床的运动关系数据输入到后置参数中。三轴加工的程序可以直接交给机床操作工使用。

但是多轴加工曲面零件就有所不同。首先用 CAD / CAM 建立叶片模型，然后根据刀具直径和加工要求生成刀具轨迹，之后编程人员要详细记录零件装夹位置数据、刀具长度数据、机床结构数据和机床的运动关系数据，并把这些数据设置在后置处理模块的参数中，最后才能生成数控程序代码。

以 Mikron WF74CH 五轴加工中心为例，编程人员要了解机床的坐标轴方向、旋转轴的方向、机床结构参数。如图 2-32 所示机床是五轴双摆台的形式，工作台结构尺寸关系如图 2-33 所示。

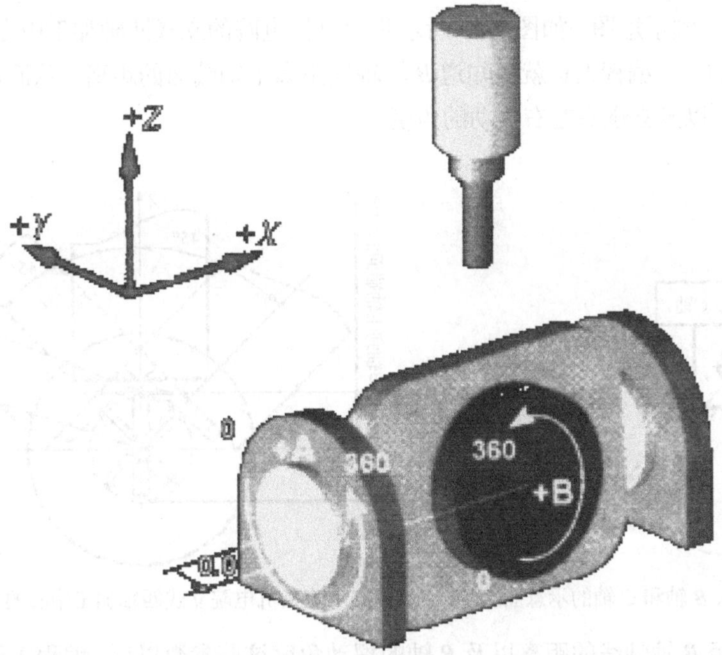

图 2-32　五轴双摆台示意图

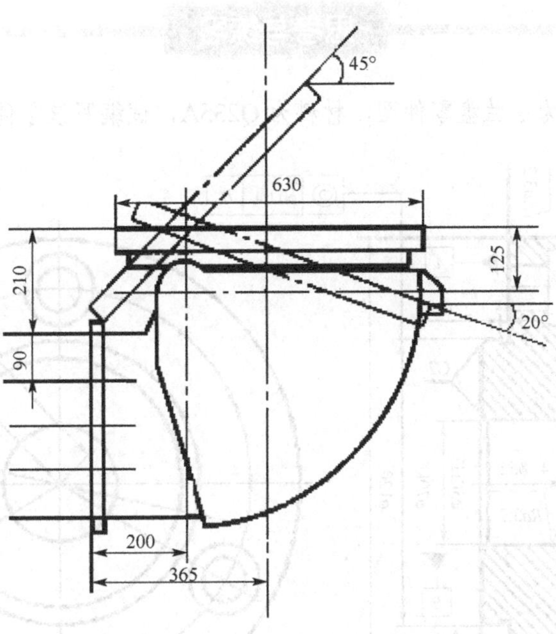

图 2-33　Mikron WF74CH 工作台结构尺寸

工作台 *C* 轴绕 *Z* 轴 360° 旋转。工作台 *A* 轴可绕 *X* 轴向前倾斜 45°，向后倾斜 20°。工作台面距离 *X* 轴线 125 mm，工作台旋转中心轴线距离 *X* 轴线 165 mm。这些参数在 UG NX4.0 的后置模块设置。

当编程人员把这些参数设置到后置模块中后，还要考虑零件的装夹位置，在建模时要把工件坐标系的位置建立在工作台面的中心点处，之后才能生成数控加工程序代码。图 2-34 是双摆头机床的 B 轴和 C 轴示意图。如图 2-35 所示是北京机电院的立式四轴加工中心的立铣头简图。如果要进行多轴加工，编程人员就要知道 B 轴轴线距离主轴端面的距离，从而得知刀尖点距离 B 轴轴线的距离，以及立铣头左右摆动的角度。

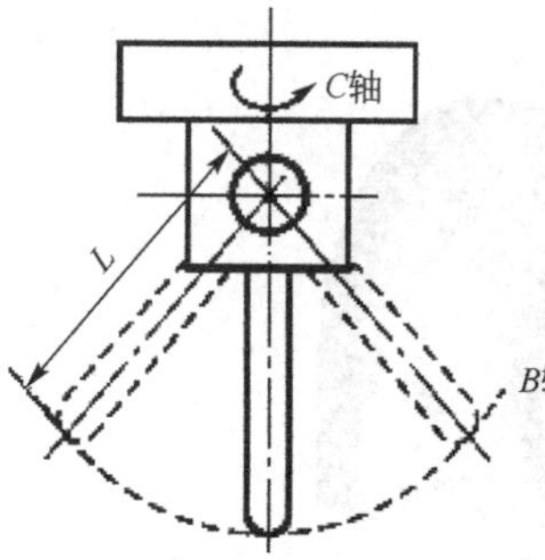

图 2-34 双摆头机床 B 轴和 C 轴的示意图

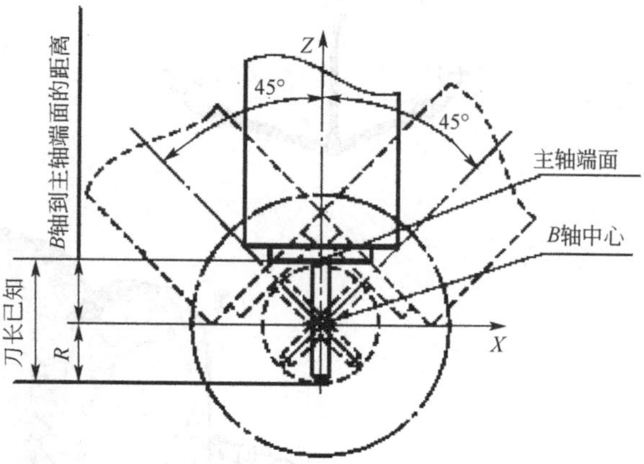

图 2-35 北京机电院立式四轴加工中心的立铣头简图

得知刀尖点距 B 轴轴线的距离以及 B 轴的摆动角度这些参数以后，编程人员才能正确地计算出实际刀尖轨迹，才能得到正确的数控程序。因此多轴加工的编程要比三轴编程复杂得多。

思考与练习

1. 如图 2-36 所示为法兰盘零件图，材料为 Q235A，试编写该零件的数控加工工艺内容。

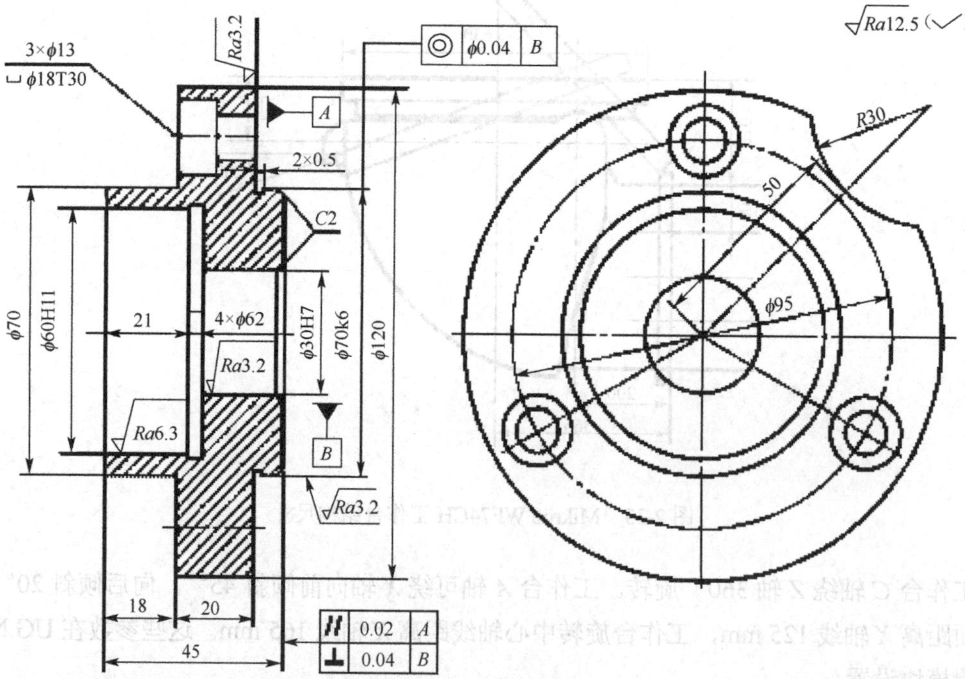

图 2-36 法兰盘零件图

2. 分析如图 2-37 所示叶片零件的数控加工工艺过程。

实质

叶片图纸如图 2-37 (a)所示，该叶片主要型面截面形状如图 2-37（b）所示，叶盆和叶背截面样条 A 和样条 B 的数据请参考图 2-38。

根据叶片的零件图纸的要求，运用带 A、C 轴的数控立式铣床进行五轴联动加工，制定合理的加工工艺实施加工。

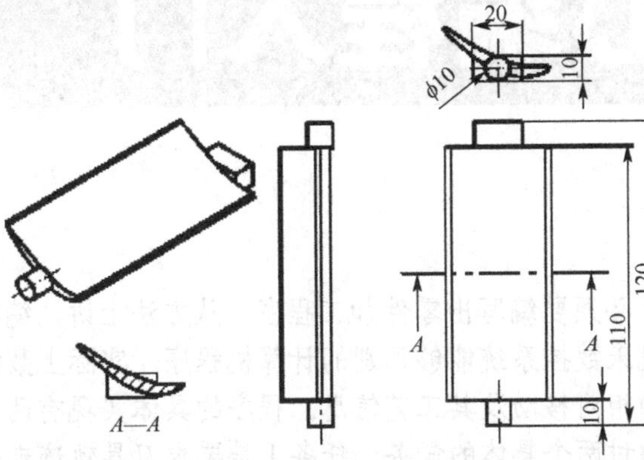

（a）叶片图纸

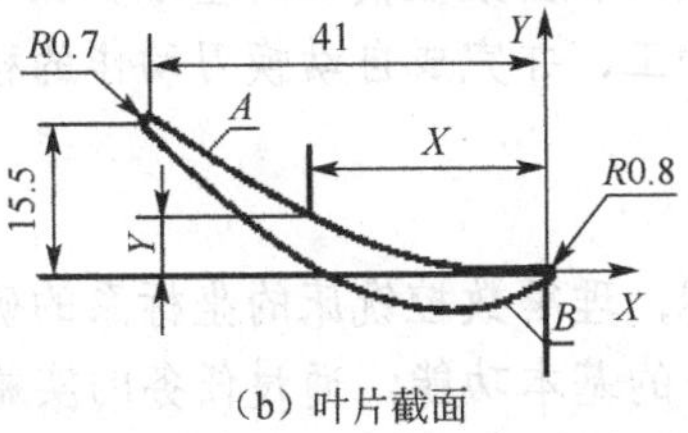

（b）叶片截面

图 2-37 叶片简图

A	X	Y	A	X	Y
1	−40.6	16	28	−20.3	4.1
2	−40.3	15.8	29	−19.5	3.8
3	−40.1	15.7	30	−18.7	3.4
4	−39.3	15.1	31	−17.8	3.1
5	−38.5	14.6	32	−17	2.8
6	−37.7	14.1	33	−16.2	2.5
7	−37	13.6	34	−15.4	2.2
8	−36.2	13.1	35	−14.5	2
9	−35.4	12.6	36	−13.7	1.7
10	−34.6	12.1	37	−12.9	1.5
11	−33.8	11.6	38	−12	1.3
12	−33.1	11.1	39	−11.2	1.1
13	−32.3	10.6	40	−10.3	1
14	−31.5	10.1	41	−9.5	0.8
15	−30.7	9.6	42	−8.6	0.7
16	−29.9	9.2	43	−7.8	0.6
17	−29.1	8.7	44	−6.9	0.6
18	−28.3	8.2	45	−6.1	0.5
19	−27.5	7.8	46	−5.2	0.5
20	−26.7	7.3	47	−4.4	0.5
21	−25.9	6.9	48	−3.6	0.5
22	−25.1	6.5	49	−2.7	0.6
23	−24.3	6.1	50	−1.9	0.6
24	−23.5	5.6	51	−1	0.7
25	−22.7	5.2	52	−0.5	0.8
26	−21.9	4.9	53	−0.1	0.8
27	−21.1	4.5			

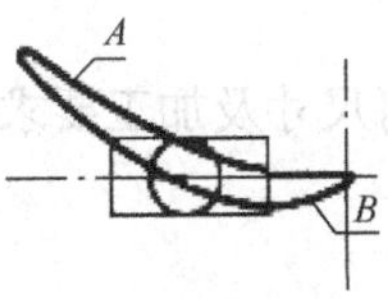

B	X	Y	B	X	Y
1	−41.5	15	28	−21.7	−0.4
2	−41.3	14.8	29	−20.8	−0.8
3	−41	14.5	30	−20	−1.2
4	−40.6	14.1	31	−19.1	−1.6
5	−39.8	13.4	32	−18.3	−1.9
6	−39.1	12.7	33	−17.4	−2.2
7	−38.3	12	34	−16.6	−2.5
8	−37.5	11.3	35	−15.7	−2.8
9	−36.8	10.6	36	−14.8	−3
10	−36	10	37	−13.9	−3.2
11	−35.3	9.3	38	−13.1	−3.4
12	−34.5	8.6	39	−12.2	−3.5
13	−33.7	8	40	−11.3	−3.6
14	−32.9	7.3	41	−10.4	−3.6
15	−32.2	6.7	42	−9.5	−3.6
16	−31.4	6.1	43	−8.6	−3.6
17	−30.6	5.4	44	−7.8	−3.5
18	−29.8	4.8	45	−6.9	−3.4
19	−29	4.2	46	−6	−3.2
20	−28.2	3.7	47	−5.1	−3
21	−27.4	3.1	48	−4.3	−2.7
22	−26.6	2.5	49	−3.4	−2.4
23	−25.8	2	50	−2.6	−2.1
24	−25	1.5	51	−1.7	−1.7
25	−24.2	1	52	−0.9	−1.3
26	−23.3	0.5	53	−0.3	−1
27	−22.5	0.1	54	0.3	−0.7

图 2-38 叶片截面数据

情境3

加工中心编程入门

【引言】

用数控机床加工零件前，必须要编写出零件加工程序；从方法上讲，编程就是用特定的符号和规定的语法规则书写的机床数控系统能够识别的计算机程序。实际上数控程序描述的就是机床、工作台、工件、刀具的相对移动及其工艺信息。程序的具体实现有两种方法：手工编写和计算机自动编程。本单元通过两个具体的任务：任务1是要求刀具轨迹走一条直线加工一个直线槽，通过任务的实施过程，我们引出数控编程的基本步骤和基本知识点；任务2是通过编写一个典型的加工中心多把刀具加工、并完成自动换刀动作的程序，掌握程序结构。

【目标】

掌握数控铣床编程的基本知识；理解数控铣床的坐标系的确定原则；掌握程序的结构和格式；掌握直线插补指令及数控系统的基本功能；通过任务的实施，掌握数控铣床编程的结构；理解树立良好的编程习惯、格式对编程的重要性；通过两个具体任务的学习，要掌握加工中心、数控铣床编程的基本知识。

知识准备

1. 编程基础

（1）数控编程的内容与步骤

数控编程的主要内容包括零件几何尺寸及加工要求分析、数学处理、编制程序、程序输入与试切。

数控编程步骤如下。

① 工艺分析　根据零件图纸和工艺分析，主要完成下述任务。

a. 确定加工机床、刀具。

b. 确定工件装夹方式。

c. 确定零件加工的工艺路线、工步顺序。

d. 确定切削用量（主轴转速、进给速度、进给量、切削深度）。

e. 确定走刀路线。

f. 确定辅助功能（换刀，主轴正转、反转，冷却液开、关等）。

② 数学处理　根据图纸尺寸，确定合适的工件坐标系，并依此工件坐标系为基准，完成下述任务。

a. 计算直线和圆弧轮廓的终点（实际上转化为求直线与圆弧间的交点、切点）坐标值，以及圆弧轮廓的圆心、半径等。

b. 计算非圆曲线轮廓的离散逼近点坐标值（当数控系统没有相应曲线的差补功能时，一般要将此曲线在满足精度的前提下，用直线段或圆弧段逼近）。

c. 将计算的坐标值按数控系统规定的编程单位换算为相应的编程值。

③ 编写程序单及初步校验　根据制订的加工路线、切削用量、选用的刀具、辅助动作和计算的坐标值，按照数控系统规定的指令代码及程序格式，编写零件程序，并进行初步校验（一般采用阅读法，即对照欲加工零件的要求，对编制的加工程序进行仔细地阅读和分析，以检查程序的正确性），检查上述两个步骤的错误。

④ 制备控制介质　将程序单上的内容，经转换记录在控制介质上（如存储在磁盘上），作为数控系统的输入信息，若程序较简单，也可直接通过 MDI 键盘输入。

⑤ 输入数控系统　制备的控制介质必须正确无误，才能用于正式加工。因此，要将记录在控制介质上（如存储在磁盘上）的零件程序，经输入装置输入到数控系统中，并进行校验。

⑥ 程序的校验和试切

a. 程序的校验　程序的校验用于检查程序的正确性和合理性，但不能检查加工精度。利用数控系统的相关功能，在数控机床上运行程序，通过刀具运动轨迹检查程序。这种检查方法较为直观简单，现被广泛采用。

b. 程序的试切　通过程序的试切，在数控机床上加工实际零件以检查程序的正确性和合理性。试切法不仅可检验程序的正确性，还可检查加工精度是否符合要求。通常只有试切零件经检验合格后，加工程序才算编制完毕。

在校验和试切过程中，如发现有错误，应分析错误产生的原因，进行相应的修改，或修改程序单，或调整刀具补偿尺寸，直到加工出符合图纸规定精度的试切件为止。

（2）数控编程的方法

数控编程方法是数控技术的重要组成部分，数控自动编程代表编程方法的先进水平，而手工编程是学习自动编程的基础。目前，手工编程还有广泛的应用。手工编程与自动编程的过程如图 3-1 所示。

① 手工编程　手工编程就是从分析零件图样、确定工艺过程、数值计算、编写零件加工程序单、程序输入到程序检验等各步骤均由人工完成。

对于加工形状简单的零件，计算比较简单，程序不多，采用手工编程较容易完成，因此在点定位加工及由直线与圆弧组成的轮廓加工中，手工编程较为常用。但对于形状复杂的零件，特别是具有非圆曲线、列表曲线及曲面的零件，用手工编程就有一定的困难，出错的概率增大，有的甚至无法编出程序，必须采用自动编程的方法编制程序。

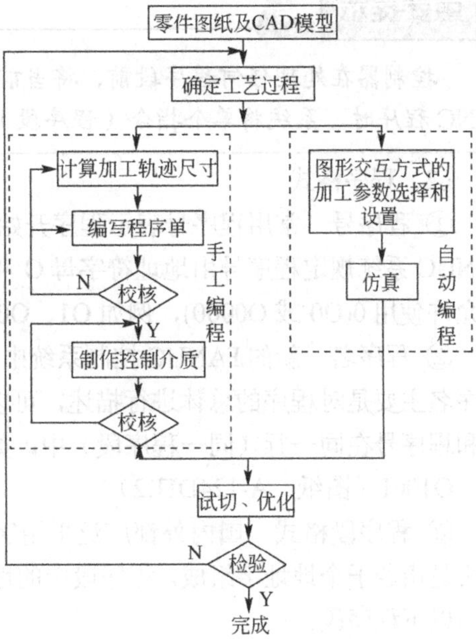

图 3-1　手工编程和自动编程流程

② 自动编程　自动编程是利用计算机及其专用编程软件进行数控加工程序编制。编程人员根据加工零件图纸的要求或零件 CAD 模型，进行参数选择和设置，由计算机自动地进行刀具轨迹计算、后置处理，生成加工程序单，直至将加工程序通过直接通信的方式输入数控机床，控

制机床进行加工。

自动编程既可减轻劳动强度，缩短编程时间，又可减少差错，使编程工作简便。

2．程序结构

（1）编程术语

CNC 编程中使用的四个基本术语：字符→字→程序段→程序

① 字符　是 CNC 程序中最小的单元，它有三种形式：数字、字母、符号，如图 3-2 所示。

② 字　程序字由字母和数字字符组成，并形成控制系统中的单个指令。程序字一般以大写字母开头，后面紧跟表示程序代码或实际值的数值。如程序顺序号字 N10、准备功能字 G01、尺寸字 X40、进给功能字 F100、主轴转速功能字 S800、刀具功能字 T01 和辅助功能字 M30 等，如图 3-3 所示。

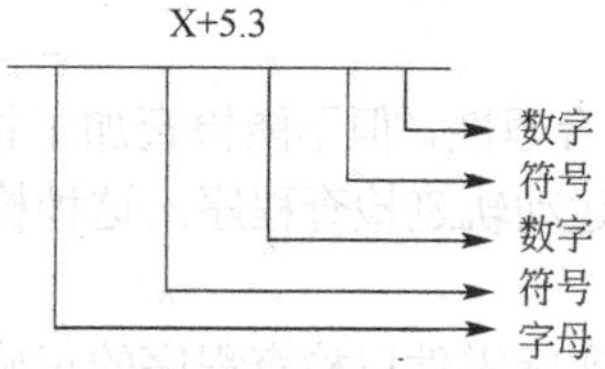

图 3-2　字符组成

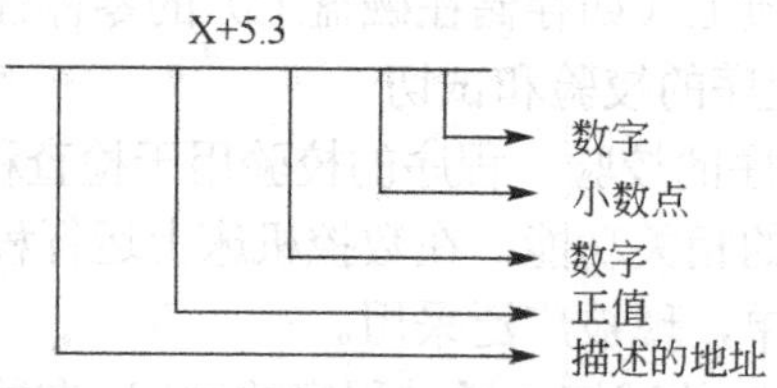

图 3-3　字地址格式

③ 程序段　程序段是由一个或几个程序字组成。多数程序段是用来指令机床完成或执行某一动作，如：N5 G01 Y-60.35 F120。

④ 程序　零件加工程序的主体由若干个程序段组成。不同控制器的程序结构也不一样，但是逻辑方法并不随控制器的不同而变化。

重要提示

控制器在处理任何程序段前，将当前程序段的所有内容作为一个单元来处理；处理整个 CNC 程序时，系统将单个指令（程序段）作为一个完整的程序操作步骤来计算。

（2）程序格式

① 程序号　常用程序号表示程序开始，那么任何程序使用的第一个程序段通常是程序号。FANUC 系统规定程序号由地址符字母 O 和数值组成，数值最多 4 位，它必须在 1～9999 之间，不允许使用 0(O0 或 O0000)，例如 O1、O01、O0001，它们都表示程序号 1。

② 程序名　新的 FANUC 控制系统中，除了程序号还包括程序名，但它并不代替程序号。程序名主要是对程序的总体进行描述，可以长达 16 字符（空格和符号都计算在内），程序名必须和程序号在同一行（同一程序段）中，如下：

O1001（图纸．A-124DIT.2）

③ 程序段格式　国内外都广泛采用字地址可变程序段格式，又称为字地址格式。一个程序段是由若干个地址字组成。程序段中的地址（字母）定义字的意义，数据表示字的数字任务。例如以下程序段：

N03	G02	X+053 Y+053 I0 J+053	F031	S04	T04	M03	LF
顺序号	准备功能字	尺寸字	进给功能字	主轴功能字	刀具功能字	辅助功能字	程序段结束码

④ 小数点输入　一般的数控系统允许使用小数点输入数值，也可以不用。需要看数控系

统规定。

如在有的数控系统中，程序中有无小数点的含义根本不同，无小数点时，与参数设定的最小输入增量有关。如：G21 X1.0 即为 X1mm；G21 X1 即为 X0.001mm 或 0.01mm（因参数设定而异）。

（3）程序组成结构

一个完整的程序都是由程序名、程序段和程序结束等几部分组成。下面是字地址程序段格式的某一加工程序，以 FANUC 0i 系统为例。

```
O1000                                  （程序名，程序开始部分）
(PETER SM-09-02-06)                    （注释部分-程序员、最后修订日期）
                                       （空行）
N10 G17 G40 G80 G49
N20 G00 G90 G54 X50 Y30 M03 S300
N30 G01 X88.1 Y30.2 F500 M08           （程序主体-程序内容部分）
N40 X90
……
N300 M30                               （程序结束）
%                                      （停止代码，程序传递结束）
```

3. 数控铣床的准备功能

（1）准备功能

① 目的　程序地址 G 表示准备功能，通常称为 G 代码。该地址有且仅有一个目的：将控制系统预先设置为某种预期的状态，或者某种加工模式和状态。例如，G00 将机床预先设置为快速运动模式。

② 组成　在国标中，准备功能字由地址符 G 和后续两位正整数表示，从 G00～G99 共 100 个，如：G00、G01 等。

重要提示

不同的数控系统的 G 代码的含义不一定相同，所以在使用时要特别加以注意，要以控制系统手册中所列代码为依据。

③ 续效性　指令组有模态 G 代码和非模态 G 代码之分。所谓模态 G 代码是指一旦被执行，则一直有效，直到被同组 G 代码指令注销为止；非模态 G 代码是指仅在指定的程序段内有效，每次使用时，都必须指定。

因为大多数 G 代码都是模态的，所以并不需要在每一程序段中重复使用，如下。

```
N2 …
N3 G90 G00 X50.0 Y30.0
N4 X0
N5 Y20.0
N6 X15.0 Y22.0
N7 …
```

④ 指令分组　控制系统通过对准备功能分组来辨别它们，每个组成为 G 代码组。不同组的 G 代码可以在同一个程序段中指定。以 FANUC 系统的 G 代码为例（具体查阅不同控制系统说明书）。

```
G54  G90  G40  G01  X40  Y50  F100;
```

12组 03组 07组 01组

例如，00 组中的所有准备功能都不是模态的，有时也用“非模态”来描述。如 00 组非模态 G 代码，G04、G27、G28、G52、G53 等。

如果同组的两个或多个 G 代码存在于同一程序段中，那么它们互相冲突。如：G01 G02 X40。

重要提示

任何 G 代码都将自动取代同组中的另一 G 代码。

（2）直线运动指令

① 快速定位指令 G00

格式：G00 X__Y__Z __；

其中：X__Y__Z__为快速定位的目标点。

说明：G00 指令是模态代码；G00 的实际速度受机床面板上的倍率控制，编程时不需要指定进给率功能 F。

功能：使用 G00 指令的目的是缩短非切削操作时间，即切削刀具和工件没有接触的时间。

刀具路径：G00 的运动轨迹并不一定是直线，刀具编程路径和刀具实际路径可能会不一样。

例如，执行 G00 X7 Y5 指令，如图 3-4 所示。要始终注意快速运动中的障碍。

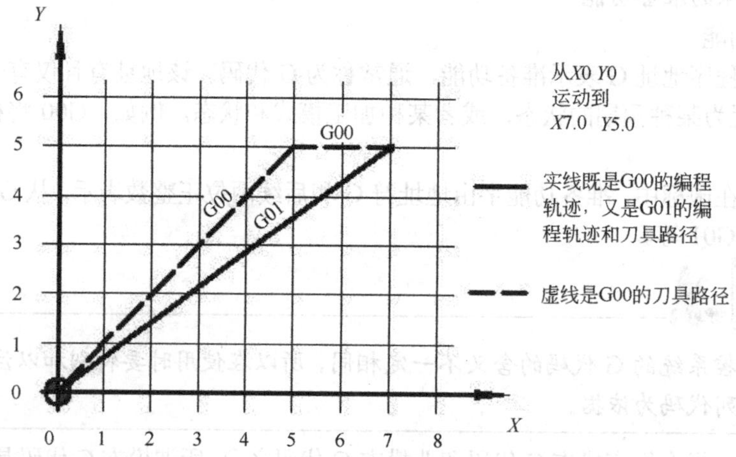

图 3-4 快进模式和直线插补模式的比较

② 直线插补指令 G01

格式：G01 X__Y__Z__ F__；

其中，X__Y__Z__：绝对值指令时，是终点的坐标值，增量指令时，是刀具移动的距离；
F：刀具进给速度。

说明：用 F 代码制定的进给速度是沿着刀具轨迹测量的，如果不指令 F 代码，则认为进给速度为零。

功能：刀具沿直线运动。

例如：执行 G01 X7.0 Y5.0 F50 指令，刀具轨迹如图 3-4 所示。

G00 和 G01 后面可以跟直线轴 α（X、Y、Z）和旋转轴 β（A、B、C）；其中旋转轴 β 的进给速度单位是(°)/min。

例如，G91 G01 B90 F100；

又如，G91 G01 X20.0　B40.0 F300；

（3）绝对和相对编程模式

① 数控铣削编程和加工中心编程中有以下两种参考。

a. 以零件上一个公共点（工件坐标原点）作为参考，称为绝对输入的原点。

b. 以零件上的当前点作为参考，称为增量输入的上一刀具位置。

② 绝对数据输入——G90。

绝对模式下，所有的尺寸都是从程序原点开始测量。

如：G90 G01 X+50.0 Y-40.0 F100;

\\ 本条语句，说明选择 G90 绝对模式，数学符号“+”“–”在坐标系中，表示直角坐标系的象限，而不是运动方向；X+50.0 Y-40.0 表示刀具在程序原点中的刀具位置，而不是刀具运动本身。

③ 增量数据输入——G91

G91 模式中，所有程序尺寸都是制定方向上的间隔距离。

如：G91 G01 X+50.0 Y-40.0 F100; 数学符号“+”“–”制定刀具运动方向，而不表示直角坐标系的象限。X+50.0 Y-40.0 表示刀具在制定方向上的运动距离。

重要提示

① G90、G91 都是模态代码。

② 在 G90 模式下或 G91 模式下，程序段中任何省略的轴都没有运动。

4. 数控铣床的辅助功能

① 目的　CNC 程序中的地址 M 表示辅助功能，有时也称机床功能。有的 M 代码跟机床操作有关，有的跟程序处理有关。

a. 控制机床的功能　为保证自动加工，必须由程序控制 CNC 机床的各种实际操作，例如：

主轴旋转	M03(顺时针旋转 CW)、M04(逆时针旋转 CCW)
冷却液操作	M07、M08(冷却液开)M09(冷却液关)
自动换刀	M06(ATC)
自动托盘交换	M60(APC)

b. 控制程序执行的功能：

强制程序停止	M00
程序结束	M30
子程序调用	M98
子程序结束	M99

重要提示

使用 M 功能时，要查阅机床编程手册。

② 组成　在国标中，辅助功能字由地址符 M 和后续两位正整数表示，如 M001、M99。

③ 续效性　模态 M 代码，如 M03、M98；非模态 M 代码，如 M00、M06、M30。

④ 和 G 代码一起使用时，M 功能激活情况

a. 在程序段开头激活 M 功能有：M03、M04、M06、M07、M08，如 N50 G01 X20 .0 Y30.0 M08。

b. 在程序段末尾激活 M 功能有：M00、M01、M02、M05、M09、M30、M60，如 N60 G01

X20.0 Y30.0 M00。

5. 工件坐标系建立指令

工件坐标系选择指令 G54～G59。

① 格式：G54

说明：使用 G54～G59 指令可以在六个预设的工件坐标系中选择一个作为当前工作坐标系，如图 3-5 所示。这六个工件坐标系的作用是相同的。在机床坐标系中的位置和工件的定位有关。

② 零点偏置　这六个工件坐标系的坐标原点在机床坐标系中的坐标值，称为零点偏置值。用 G54～G59 设置工件坐标系时，必须预先测量出工件坐标系的零点 *W* 在机床坐标系里的坐标值($X1$，$Y1$)，如图 3-6 所示，并把这个坐标值存放在坐标偏置画面的相应的参数中，如图 3-6 所示。编程时再用指令 G54～G59 调用。

例如，G54 G90 G01 X40.0 Y50.0 F100；工件进给到 G54 工件坐标系中点（40，50）的位置。

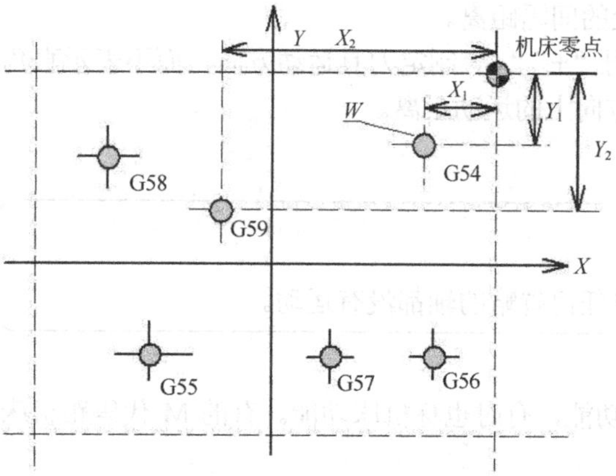

图 3-5　工件坐标系和机床坐标系关系

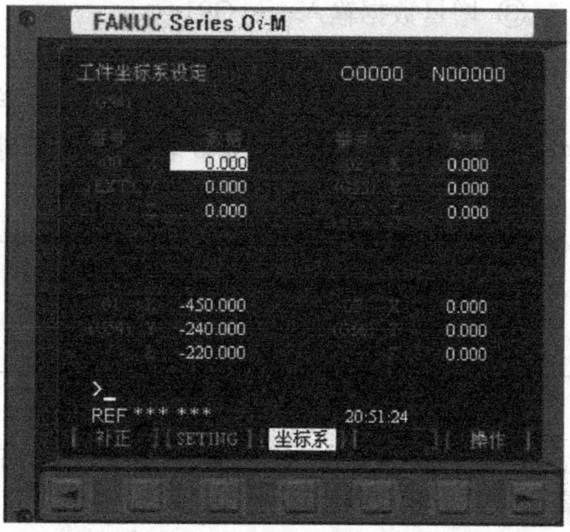

图 3-6　工件坐标系设定界面

重要提示

机床操作时，手动对刀的主要目的就是获取工件坐标系在机床坐标系中的机床坐标值（一般都为负值）。

6. 加工中心刀具功能

使用自动换刀装置的数控机床必须有一个可以在程序中使用的专用刀具功能（T 功能）。

（1）加工中心 T 功能

所有立式和卧式 CNC 加工中心均有称为自动换刀的功能。自动换刀装置缩写为 ATC。在机床的程序或 MDI 模式中，刀具功能为 T 功能。地址 T 表示程序员选择的刀具号，后面的数字就是刀具号本身，例如 T01，在大多数程序中，T01 刀具指令将调用调试单或工艺卡中的 1 号刀，T01 也可写成 T1，刀具号名称最前面的 0 可以省略。

那么拥有手动换刀的数控铣床，一般不需要刀具功能。铣削系统的 T 功能就是旋转刀库，并将所选择的刀具放置到等待的位置上，也就是发生实际换刀的位置。

例如：

```
N80 T01;        (T01 准备=位于等待位置)
N81 M06;        (将 T01 刀具安装到主轴上)
```

（2）加工中心 M 功能

CNC 加工中心使用刀具功能 T 时，并不发生实际换刀——程序中必须使用辅助功能 M06

时才可以实现换刀。换刀的目的就是调换主轴和等待位置上的刀具。在调用换刀指令 M06 前，通常要有一个安全的使用条件。一般情况下，只有在具备下列条件时才可以安全地进行自动换刀。

① 机床轴已经回零。

② 轴完全退回：立式机床的 Z 轴位于机床原点；卧式机床的 Y 轴位于机床原点。

③ 必须在非工作区域选择刀具的 X 轴和 Y 轴位置。

（3）刀具选择类型

在给某台加工中心编程前，一定要知道机床的刀具选择类型，自动换刀过程中主要有两种刀具选择：固定型和随机型。

① 固定刀具选择　要求 CNC 操作人员将所有刀具放置在刀库中与之编号相应的刀位上。如 1 号刀具（T01）必须放置在刀库中的 1 号刀位上。编程格式：

N20 T04 M06

或

N20 M06 T04

或

N20 T04

N22 M06

含义就是：将 4 号刀具安装到主轴上（首选最后一种格式）。那么主轴上的刀具如何处理？M06 换刀功能将使得当前刀具在新的刀具定位前放回到它原来所在的刀位上去。

重要提示

从发展趋势看，固定类型的刀具选择有局限性、而且成本高。因为在刀库中找到所选择的刀具并将其安装到主轴前，机床必须等待，所以换刀过程将浪费大量时间。

② 随机刀具选择　这是现代加工中心最常见的功能。通过程序访问所需的刀具号，会在刀库里将刀具移动到等待的位置，这跟机床使用当前刀具切削工件是同时完成的，实际换刀可以在切削后的任何时间发生。这就是所谓的下一刀具的等待，即 T 功能表示下一刀具，而不是当前刀具。

例如：

T04　　　　　　　　（让 4 号刀具准备）

…

〈… 使用当前刀具切削…〉

…

M06　　　　　　　（实际换刀——T04 安装到主轴）

T15　　　　　　　（使下一刀具准备到换刀位置）

…

〈… 使用 4 号刀（T04）切削加工…〉

…

含义就是：第一程序段调用 T04 刀到刀库中的等待位置，此时当前刀具仍在切削。当加工完成后进行换刀，这时 T04 变成当前刀具。当 T04 号切削时，CNC 系统迅速搜索下一刀具（上例中的 T15），并将之移动到等待位置。

注意

不要混淆固定刀具选择中地址 T 和随机刀具选择中地址 T 的含义，前者表示刀具库中刀位的实际编号，后者表示下一刀具的编号。

任务 1　直线沟槽铣削

任务描述

现有一毛坯为六面已经加工过的 100mm×100mm×20mm 的塑料板，试铣削成如图 3-7 所示的零件。

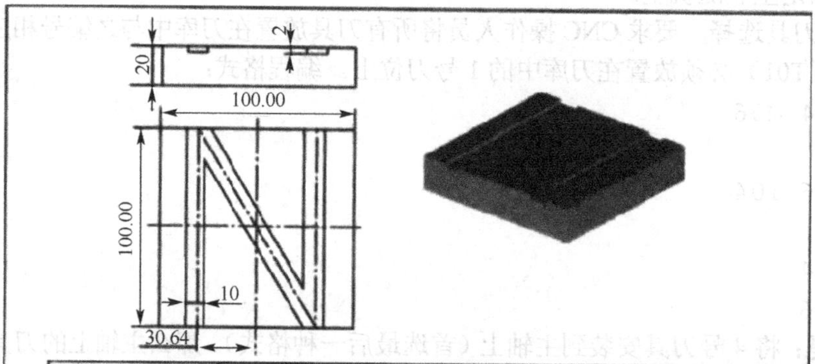

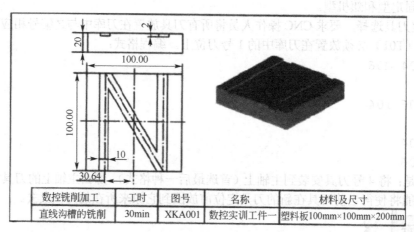

数控铣削加工	工时	图号	名称	材料及尺寸
直线沟槽的铣削	30min	XKA001	数控实训工件一	塑料板100mm×100mm×200mm

图 3-7　直线沟槽工件的加工示例

任务分析

本任务完成通槽的加工，主要使用直线插补指令。分析图样可知，选用直径为 10 mm 的高速钢立铣刀，一次走刀即能保证图纸要求。

任务实施

1. 分析加工工艺

(1) 零件图和毛坯的工艺分析

① 直线沟槽中心线由“N”形的直线组成，沟槽宽 10mm、深 2mm。

② 直沟槽直接与零件外相通。

(2) 确定装夹方式和加工方案

① 装夹方式　采用机用平口钳装夹，该毛坯选用底面为主要定位基准，底部用等高垫块垫起，使加工面高于钳口 5mm 以上。采用机用平口虎钳与等高垫铁装夹如图 3-8 所示。

重要提示

工件安装时要考虑工件伸出虎钳钳口顶部的高度，避免在加工时，刀具和虎钳干涉。定位基准工作面必须完全贴实，无间隙。

② 刀具与切削参数选择　工件材料为塑料，刀具选用高速钢立铣刀即可，主轴转速和进给量的选取建议查阅相关刀具手册。

③ 加工方案　一次装夹完成所有内容的加工。

(3) 选择刀具

选择使用ϕ10mm 的立铣刀。

（4）确定加工顺序和走刀路线

① 建立工件坐标系的原点　设在工件上底面的对称中心，如图 3-9 所示。

② 确定起刀点　设在工件上底面对称中心的上方 100mm 处。

③ 确定下刀点　设在 a 点上方 100mm（X-30.64 Y-60 Z100）处。

④ 确定走刀路线　O—a—b—c—d—O，如图 3-9 所示。

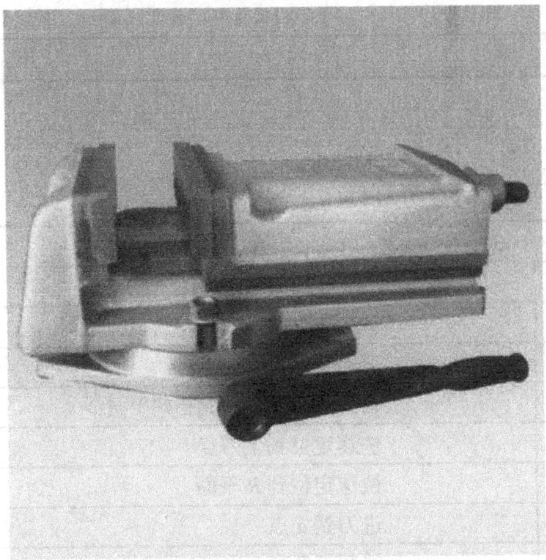

图 3-8　机用平口虎钳

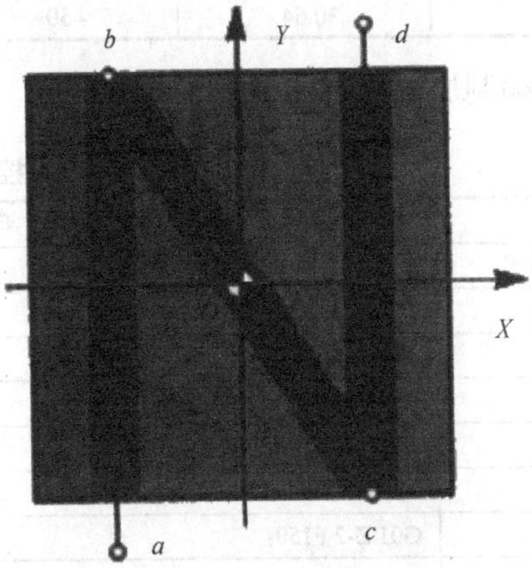

图 3-9　走刀路线示意图

（5）选定切削用量

① 背吃刀量：a_p=2mm。

② 主轴转速：n=1000v/（πD）=955≈900r/min(v=30m/min)。

③ 进给量：$f=nzf_z$=180≈150mm/min(n=900r/min，z=4，f_z=0.05mm/z)。

2. 编写加工技术文件

（1）工序卡（见表 3-1）

表 3-1　数控实训工件三的工序卡

材料	塑料板	产品名称或代号 N0030		零件名称 直线沟槽		零件图号 XKA003	
工序号	程序编号	夹具名称		使用设备		车间	
0001	O0030	机用平口钳		VMC850-E		数控车间	
工步号	工步内容	刀具号	刀具规格/mm	主轴转速 n/(r/min)	进给量 f/(mm/min)	背吃刀量 a_p/mm	备注
1	铣沟槽	T01	ϕ10mm 立铣刀	900	150	2	自动 O0030
编制		批准		日期		共 1 页	第 1 页

（2）刀具卡（见表 3-2）

表 3-2　数控实训工件三的刀具卡

产品名称或代号		N0030	零件名称	直线沟槽		零件图号		XKA003
刀具号	刀具名称	刀具规格/mm	加工表面	刀具半径补偿号 D	补偿值 /mm	刀具长度补偿 H	补偿值 /mm	备注
	立铣刀	ϕ10	直沟槽					基准刀
编制		批准		日期			共 1 页	第 1 页

（3）编写参考程序（毛坯 100mm×100mm×20mm）

① 计算节点坐标（见表 3-3）。

表 3-3 节点坐标

节点	X坐标值	Y坐标值	节点	X坐标值	Y坐标值
a	–30.64	–60	*d*	–30.64	50
b	–30.64	50	*O*	0	0
c	30.64	–50			

② 编制加工程序（见表 3-4）。

表 3-4 数控实训工件三的参考程序

程序号：O0030			
程序段号	程序内容		说明
N10	G54 G90 G94;		调用工件坐标系，绝对坐标编程
N20	S900 M03;		开启主轴
N30	G00 Z100;		将刀具快速定位到初始平面
N40	X-30.64 Y-60;		快速定位到下刀点
N50	Z5;		快速定位到 *R* 平面
N60	G01 Z-2 F150;		进刀到 *a* 点
N70	X-30.64 Y50;	G91 Y110;	铣削工件到 *b* 点
N80	X30.64 Y-50;	X61.28 Y-100;	铣削工件到 *c* 点
N90	X30.64 Y60;	G90 Y60;	铣削工件到 *d* 点
N100	G00 Z100;		快速返回到初始平面
N110	X0 Y0;		返回工件原点
N120	M05;		主轴停止
N130	M30;		程序结束

3. 加工工件

① 在工作台上安装平口钳，主轴上安装百分表，对固定钳口找正后固定平口钳。

② 底部用等高垫块垫起，将工件的装夹基准面贴紧平口钳的固定钳口，找正后夹紧。

③ 在主轴上安装ϕ10mm 的立铣刀。

④ 对刀，设定工件坐标系 G54。

⑤ 在编辑模式下输入并编辑程序；编辑完毕，将光标移动至程序的开始处。

⑥ 将工件坐标系 G54 的 *Z* 值朝正方向平移 50mm，将机床置于自动运行模式，按下启动运行键，控制进给倍率，检验刀具的运动是否正确。

⑦ 把工件坐标系 *Z* 值恢复为原值，将机床置于自动运行模式，按下“单步”按钮，将倍率旋钮置于 10%，按下“循环启动”按钮。

⑧ 用眼睛观察刀位点的运动轨迹，根据需要调整进给倍率旋钮，右手控制“循环启动”和“进给保持”按钮。

注意：程序自动运行前必须将光标调整到程序的开头处。

任务 2 加工中心多刀加工程序

任务描述

如图 3-10 所示为在 CNC 加工中心上的盘式刀库，如使用多把刀具加工工件，试编写一个多刀加工的程序结构。

任务分析

图3-10　刀库

（1）程序结构分析

编写一个完整的程序还有些早，但是了解一下典型的程序结构是有用的——它可以在任何时候使用，本次任务中不针对具体的加工对象，只是编写一个典型的程序结构，而且程序中的各程序段都要求写注释。

（2）ATC编程刀具分析

① 单刀工作　特殊情况下或数控铣床加工中只使用一把刀。这种情况下，在调试时直接将刀具安装在主轴上，而且程序中不需要换刀：

```
O0021                                  (开始时第一把刀已装在主轴上)
N10 G21                                   (米制模式)
N20 G17 G40 G80 G90                    (安全程序段)
N30 G54 G00 G43 Z‥H01 S  M03              (刀具Z向运动)
N40 G00 X‥ Y‥M08                       (趋近工件)
…
〈… T01刀工作…〉
…
N60 G00 Z M09                       (T01刀加工完成)
N70 G91 G28 Z0 M05                  (T01刀回到Z轴原点)
N80 G28 X0 Y0                       (刀具回到X、Y轴原点)
N90 M30                             (程序结束)
%
```

注意

除非刀具阻碍工件的装卸，否则工作过程中它会一直安装在主轴上。

② 多刀编程　本次任务程序结构实例中的机床刀具有随机刀具选择模式和典型的控制系统。一般按照操作者编程的惯例把程序中使用的第一把刀安装到主轴上，我们以这种方式编写程序结构。注意在编程时也可以按主轴上没有安装刀具编写。如果按照主轴上第一把刀编程，那么程序中的第一把刀一定要是被加工的同批工件的第一把。

任务实施

主轴上安装第一把刀，多刀加工编程结构见表3-5。

表3-5　程序结构

程序内容	说明
O0030;	程序号(开始第一把刀已装在主轴上)
(样本程序结构)	简要程序说明
(PETER ZHANG -03-20-11)	程序员和上次修改日期
N10 G21;	米制模式
N20 G90 G17 G40 G80 G49;	初始化加工环境设定与取消

续表

程序内容	说明
N30 G54 G00 G43 Z100 H01 S‥M03 T02;	抬刀，刀具长度偏置，T02 到等待位置
N40 G00 X‥Y‥M08;	刀具定位，趋近工件，冷却液开
N50 G00 Z30;	下刀到安全高度
N60 G01 Z-‥F‥;	进刀到工作（Z 向）深度
〈… 刀具 T01 的切削运动…〉	
…	
N100 G00 Z30 M09;	工件上方安全间隙，冷却液关
N110 G91 G28 Z0 M05;	Z 轴回零点，主轴停
N120 G28 X0 Y0;	刀具回到 X、Y 轴原点，安全位置
N130 M01;	可选择暂停
	…空行…
N140 T02;	重复调用 T02 刀到等待位置，只进行检查
N150 M06;	刀具 T02 安装到主轴
N160 G90 G54 G00 Z100 H02 S‥M03 T03;	T02 重新开始程序段，长度偏置，T03 刀等待位置
N170 G00 X‥Y‥M08;	刀具定位，趋近工件，冷却液开
N180 G00 Z30;	下刀到安全高度
N190 G01 Z-‥F‥;	进刀到工作（Z 向）深度
〈… 刀具 T02 的切削运动…〉	
…	
N300 G00 Z30 M09;	工件上方安全间隙，冷却液关
N310 G91 G28 Z0 M05;	Z 轴回零点，主轴停
N320 G28 X0 Y0;	刀具回到 X、Y 轴原点，安全位置
N230 M01;	可选择暂停
	…空行…
N340 T03;	重复调用 T03 刀到等待位置，只进行检查
N350 M06;	刀具 T03 安装到主轴
N360 G90 G54 G00 Z100 H03 S‥M03 T01;	T03 重新开始程序段，长度偏置，T01 刀等待位置
N370 G00 X‥Y‥M08;	刀具定位，趋近工件，冷却液开
N380 G00 Z30;	下刀到安全高度
N390 G01 Z-‥F‥;	进刀到工作（Z 向）深度
〈… 刀具 T03 的切削运动…〉	
…	
N500 G00 Z30 M09;	工件上方安全间隙，冷却液关
N510 G91 G28 Z0 M05;	Z 轴回零点，主轴停
N520 G28 X0 Y0;	刀具回到 X、Y 轴原点，安全位置
N530 M06;	T01 刀安装到主轴上
N540 M30;	程序结束
%	停止代码，程序传递结束

任务评价

① 本次任务是使用三把刀具加工，T01 在程序执行前，已安装在主轴上。这一方法不是没有缺点，因为主轴上始终有刀，很可能成为工件装卸时的障碍。解决的方法就是编写换刀程序，使得在工件安装时主轴上没有刀具（空主轴状态）。

② 加工中心加工时，如果需要重复使用刀具，不要对当前刀具进行换刀。如果换刀指令在刀库中找不到刀具，许多 CNC 系统将发出警告。上面的程序实例中，刀具重复程序段是 N30、

N16 和 N360。

③ 多刀加工时，刀具长度的偏置在后续任务中讲解。

拓展与提高

参考点返回方法：

（1）返回机床原点（机床第一参考点），CNC 操作人员可以使用的三种方法

① 手动 通过系统控制面板，使用“回零”操作方式选择按钮和各坐标轴的控制键。具体操作查阅机床操作说明书。

② 使用 MDI 手动数据输入模式，使用适当的指令（如 FANUC 系统 G92.1）见机床操作说明书。

③ 程序指令 跟机床原点参考位置相关的准备功能如 G27、G28、G29、G30；该功能用于接通电源已进行手动参考点返回后，在程序中需要返回参考点时。

（2）自动返回参考点指令

① G28 返回机床第一参考点位置，用于两轴或三轴 CNC 编程中，目的是将当前刀具返回机床原点。

a. 绝对模式下，如 G28 X40 Y50。

程序段轴 X40 Y50 坐标值表示中间点，该指令表示 *X* 轴、*Y* 轴以较快的速度通过中间点（40，50）移动到原点位置。G00 指令不起作用，到达参考点后，*X* 向、*Y* 向参考点的指示灯亮。

b. 增量模式下，如 G91 G28 Z0。

当程序员不知道刀具当前位置时，同时又不和工件发生干涉时，使用增量模式回机床参考点。该指令表示 *Z* 轴把当前位置当作中间点，*Z* 轴直接回机床原点。

注意

当使用增量模式回参后，如果不回到绝对模式，可能会付出惨重的代价。

② G27 参考点返回检查，用于加工过程中，坐标轴是否准确返回参考点（机床原点）。

如： G27 G40 X40.0 Y50.。

X40.0 Y50.0 表示参考点的坐标位置；这一程序段指示机床返回到位置 X40.0 Y50.0，并检查所到达的目标位置是否在机床原点上。如果是机床原点位置，则指示灯亮。

注意

使用 G27 时，要取消刀具半径偏置和刀具偏置。

③ G29 从参考点返回。G29 将刀具从机床原点返回到它的初始位置，需要通过 G28 的中间点。

如：G29 X40.0 Y50.0。

X40.0 Y50.0 表示返回点在工件坐标系的绝对的坐标位置，一般编程中，指令 G29 通常跟在 G28 指令后。该指令表示机床先从机床参考点到达 G28 制定的中间点，最后再到达 X40.Y50.0 目标点。

注意

程序使用 G29 指令前，先使用 G40 和 G80 取消刀具半径偏置和固定循环。

思考与练习

1. 机床坐标原点和机床参考点是否是同一个点，并解释说明。

2. 数控铣床编程的基本步骤是什么？

3. 在FANUC系统数铣编程中，G53与G54～G59的含义是什么？它们之间有何关系？G92与G54的区别？

4. 完成如图3-11所示零件的加工。

毛坯：45钢。

说明：根据图样技术要求，要保证凸台尺寸公差要求及表面质量。在安排工艺上如何保证。

要求：编写加工程序前，要填写数控加工工序卡片。

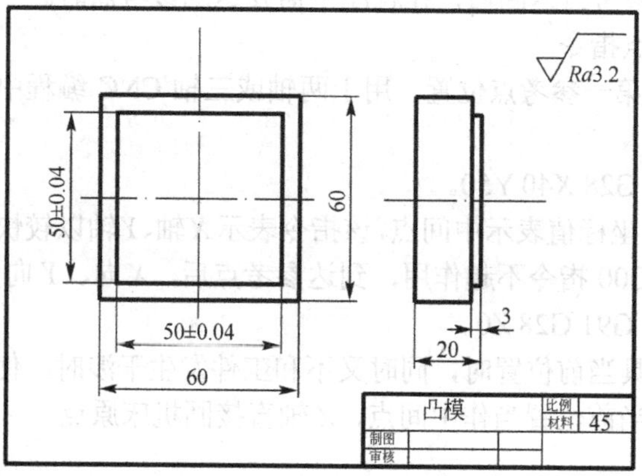

图3-11 凸模图样

情境 4

平面铣削编程与加工

【引言】

平面是组成机械零件的基本表面之一，其质量是用平面度和表面粗糙度来衡量的。平面大部分是在加工中心（或数控铣床）上加工的。平面铣削主要用于对工件的毛坯表面进行面加工，以便为后续工序的孔加工、型腔等加工操作提供基准面，同时平面铣削也是控制加工工件高度尺寸精度的主要操作。本单元通过两个具体铣削平面、台阶面的任务实施，让操作者掌握平面铣削方式及典型的平面铣刀的特点。在铣削加工中，平面铣削路线是相对比较简单的操作，因为它通常没有复杂的轮廓运动。在 CNC 编程中，程序编制比较单一，基本上为直线插补，但要注意加工工艺的合理选择。

【目标】

掌握平面铣削的加工方法；能够编制数控加工程序进行平面、垂直面、阶梯面、斜面等铣削加工；在平面铣削中会合理选择平面铣刀及切削参数；在平面铣削编程中要灵活运用主、子程序等编程技巧，以提高编程效率。

知识准备

1. 平面铣削特点

（1）平面类零件的特点

在各个方向上都成直线的面称为平面。平面类零件的特点表现在加工表面既可以平行水平面，又可以垂直于水平面，也可以与水平面的夹角成定角；目前在数控铣床上加工的绝大多数零件属于平面类零件，平面类零件是数控铣削加工中最简单的一类零件，一般只需要用三坐标数控铣床的两轴联动或三轴联动即可加工。在加工过程中，加工面与刀具为面接触，粗、精加工都可采用端铣刀或牛鼻刀。牛鼻刀顾名思义样子像牛鼻,是指过圆弧部分的长度要大于 1/4 圆。

（2）平面铣削的加工特点

平面铣削可以用于平面轮廓、平面区域或平面孤岛的一种铣削方式。它通过逐层（分层）切削工件来创建刀具路径。为了平面铣削的顺利进行，在开始铣削之前，应对粗、精加工有合理的安排。粗加工是以快速切除毛坯余量为目的，在粗加工时应选用大的进给量和尽可能大的背吃刀量。在精加工时主要考虑的是平面表面质量，通常采用小的背吃刀量，刀具的副切削刃经常会有专门的形状，比如修光刃。

（3）平面铣削常用的装夹方法（见图 4-1 和图 4-2）

图 4-1 精密虎钳安装工件

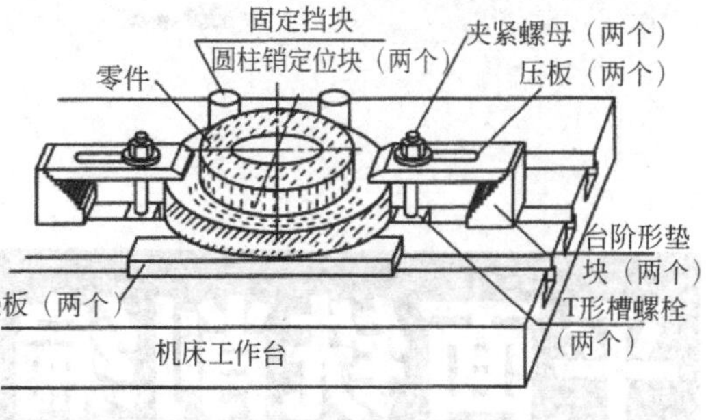

图 4-2 压板螺栓安装工件

2. 平面铣削方式

铣削加工平面时，可用圆柱铣刀周铣，也可以用端铣刀端铣。如图 4-3（a）所示，周铣是用铣刀圆周上的切削刃来铣削工件平面，周铣时应注意顺铣和逆铣的选择。如图 4-3（b）所示端铣是利用铣刀的端面刀齿加工工件的平面，端铣时应注意对称铣和非对称铣的选用。铣削平面时采用端铣比周铣的生产率高，表面质量好，故一般用端铣。

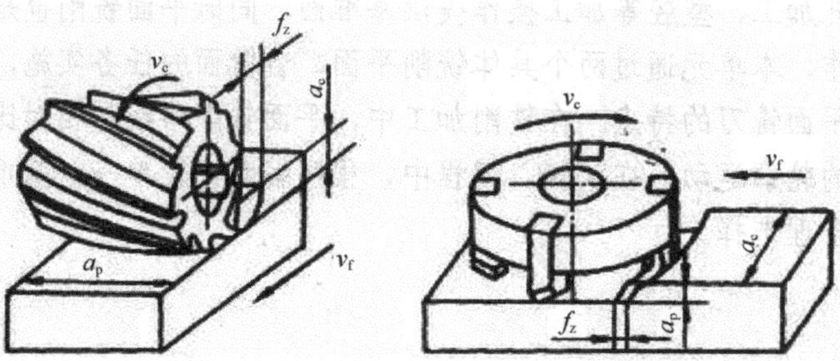

（a）周铣　　（b）端铣

图 4-3 周铣和端铣

（1）周铣与端铣比较

① 周铣时切削层厚度变化很大，切削力变化也大，使切削过程振动较大。端铣时每齿切下的切削层厚度变化较小，故切削力变化较小，不会使切削过程有较大的振动。

② 从刀齿的工作条件看，圆柱铣刀只有圆周刀刃切削，已加工表面实际是由许多圆弧组成，如图 4-4 所示，表面粗糙度值较大。端铣时形成已加工表面是靠主切削刃，而过渡刃和副切削刃有修光的作用，使已加工表面粗糙度数值小。

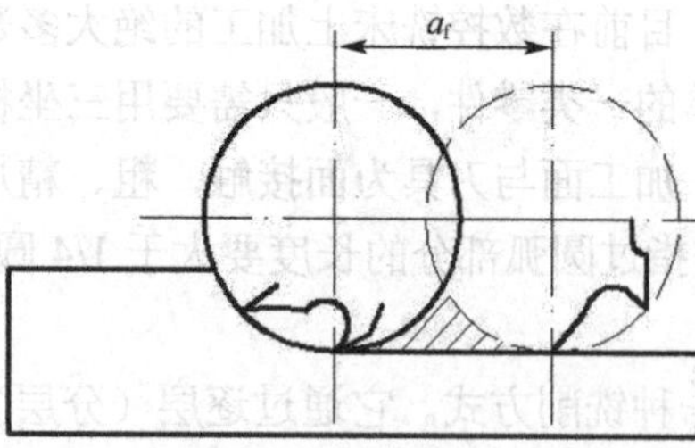

图 4-4 圆周铣削的加工表面留痕

（2）逆铣和顺铣对比

用圆柱铣刀（周铣）加工平面时，有顺铣和逆铣两种铣削方式。

① 逆铣时，在刀齿刚切入工件时由于与工件的挤压摩擦，垂直分力 F_{fN} 向下；当刀齿切离工件时 F_{fN} 向上，如图 4-5（a）所示，工件受到向上抬的切削力。在切削过程中，垂直分力方向时上时下，引起振动，从而影响加工精度。

顺铣时，在切削过程中垂直分力 F_{fN} 始终向下，如图 4-5（b）所示，把工件压在工作台上，不会产生振动，可获得较好的加工质量。

② 铣床工作台的纵向进给运动一般是依靠工作台下面的丝杠和螺母来实现的，螺母固定不动，丝杠一面转动，一面带动工作台移动。在逆铣时，产生的水平分力 F_f 与工作台运动方向

相反，使丝杠螺牙的左侧与螺母螺牙贴紧，如图 4-5（a）所示，即工作台不会发生窜动现象，铣削较平稳。顺铣时产生的水平分力 F_f 忽大忽小且与进给方向一致，如图 4-5（b）所示，切削是在“突然冲动—突然停止—突然冲动”的反复循环中进行，致使工作台颤动和进给不均匀，易造成啃刀、崩刃等现象。

大量的实践经验表明，顺铣可以提高铣削速度 30%左右，节省机床动力 3%～5%，降低工件表面粗糙度值 1～2 级。但采用顺铣时，必须满足一定条件。

重要条件

一是工件表面没有硬皮；二是走刀机构应具有消除间隙的机构；三是工艺许可。若不具备上述条件，则应采用逆铣。

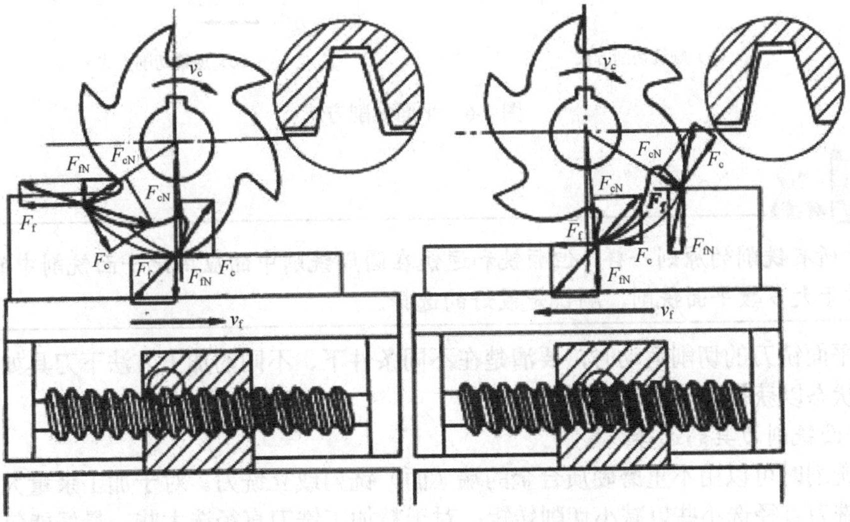

(a) 逆铣　　(b) 顺铣

图 4-5 逆铣和顺铣加工分析

（3）平面加工端面铣削方式

用端铣刀铣削时，由于铣刀与工件之间的相对位置的不同，有对称铣削和不对称铣削之分。

① 对称铣削　工件安装在端铣刀的对称位置上。铣削时铣刀轴线与工件上铣削宽度的中心线重合。在对称铣削方式中，刀具沿槽或表面的中心线运动。如图 4-6（a）所示是对称切削方式。

② 不对称铣削　当工件铣削宽度偏向端铣刀回转中心的一侧时，为不对称铣削。不对称铣削有不对称逆铣方式和不对称顺铣方式两种。在顺铣方式中刀具在工件中心线的一侧，如图 4-6（b）所示是顺铣切削方式也称为“向下”切削模式；而逆铣方式在中心线的另一侧，如图 4-6（c）所示是逆铣切削方式也称为“向上”切削模式。

实验证明，采用不对称铣削法可以调节铣刀切入边和切出边的切削厚度，以改善铣削过程，大大提高铣刀的耐用度。当铣削碳钢和一般合金钢时，例如铣削高强度低合金钢 9Cr2 时宜采用逆铣，使铣刀偏移量控制在 $K=(0.04\sim0.08)D$（D 为铣刀公称直径）的范围内。减少切入边的切削厚度，可以将硬质合金端铣刀的耐用度增加一倍以上，也可减少工件已加工表面粗糙度数值。

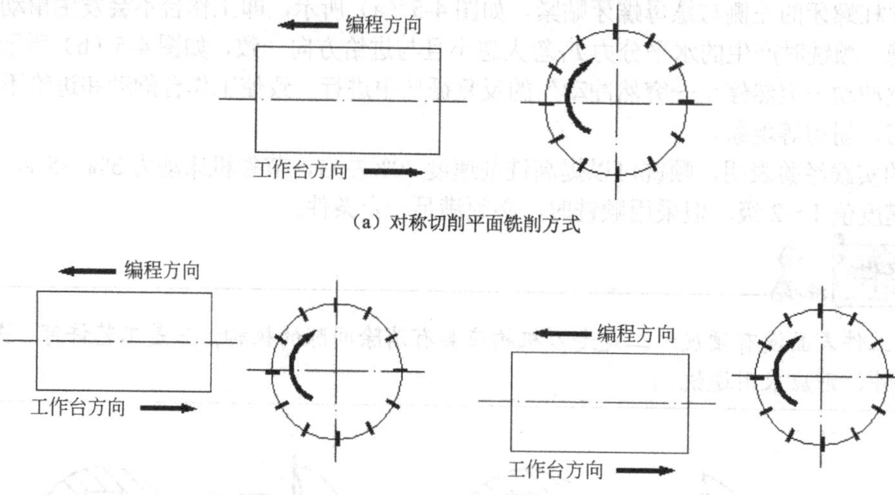

（a）对称切削平面铣削方式
（b）顺铣切削方式
（c）逆铣切削方式

图 4-6　平面铣削方式

说明

尽管所有铣削的原则一样，但顺铣和逆铣在圆周铣削中的应用比平面铣削中的应用更为常见。对于大多数平面铣削，顺铣是最好的选择。

编写平面铣刀的切削运动时，要清楚在不同条件下、不同的加工方法下刀具如何才能达到最佳工作状态以获得最佳的表面质量。

3. 平面铣削刀具的选择

平面铣削时可以用不重磨硬质合金的端（面）铣刀或立铣刀。对于加工余量大又不均匀的粗加工，铣刀直径选小些以减小切削转矩；对于精加工铣刀直径选大些，最好能包容待加工面的整个宽度。一般平面铣削都选用平面铣刀。

（1）平面铣刀

面铣刀的圆周表面和端面上都有切削刃，端部切削刃为副切削刃。平面铣削时，一般多选用具有可互换的硬质合金镶刀片的多齿刀具。

① 铣刀刀体的选择　在选择一把铣刀时，要考虑它的齿数。因为齿距的大小将决定铣削时同时参与切削的刀齿数目，影响到切削的平稳性和对机床功率的要求。

② 刀片的选择　粗加工时最好选用压制刀片，这可使加工成本降低。压制刀片的尺寸精度及刃口锋利程度比磨制刀片差，但压制刀片的刃口强度较好。精铣时最好选磨制刀片，可得到较好的加工精度和表面粗糙度。

平面铣削时，程序员需要指定工件表面所切除材料的多少，程序简单，但需要合理选择铣刀直径以及正确的镶刀片规格，它和工件的材料及被加工要素的结构和机床的要求与性能有关。

③ 铣刀主偏角　铣刀主偏角是指刀片刃口和工件的加工表面之间的夹角。主偏角会影响切削的厚度、切削力的大小和方向，从而影响刀具使用寿命。在相同的进给速度下，减小主偏角，则切削厚度变薄，切屑与切削刃的接触长度更长，较小的主偏角也可使刀具更为平缓地进入切口，这有助于减少径向压力和保护切削刃口。现在铣刀常用的主偏角是 90°、45°、10° 以及圆刀片，如图 4-7 所示。

例如：如图 4-8 所示，刀具主偏角为 90° 的面铣刀，其镶刀片的技术参数一定要参考切削刀片生产厂家提供的技术数据。d_c 表示的是该刀具的名义直径，名义直径通常表示切削总宽度，它不代表刀具本体直径。

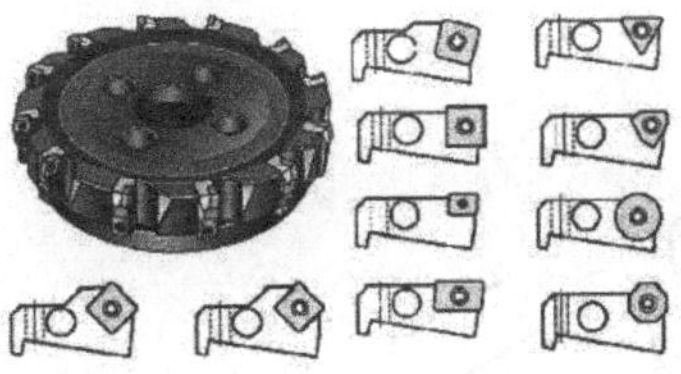

图 4-7　面铣刀主偏角

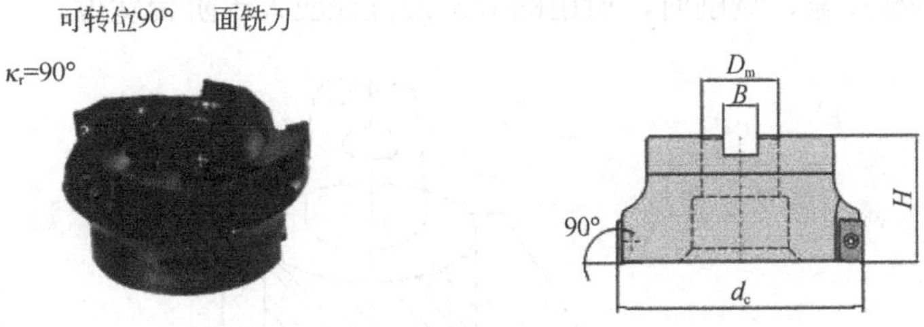

图 4-8　面铣刀

可转位 90° 面铣削刀主要进行平面的铣削，也可以完成侧面、浅槽的加工，其加工功能如图 4-9 所示。

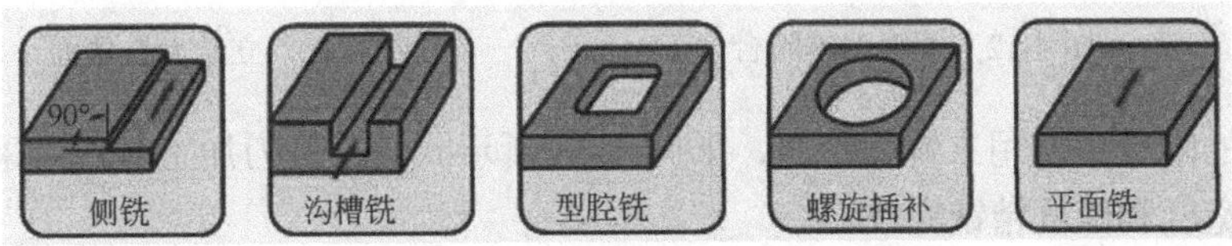

图 4-9　90° 面铣刀加工功能

如图 4-10 所示为 45° 直径为 63 的面铣刀，例如 d_c=63、d=76.36、H=40，具体查阅相关手册。45° 主偏角的刀具，加工时存在大小值接近的轴向和径向力，这会产生更为平稳的压力，并且对机床功率的要求相对较小。因此，主偏角的刀具为平面铣削的首选刀具，另外，还特别适合于铣削短切削材料的工件。

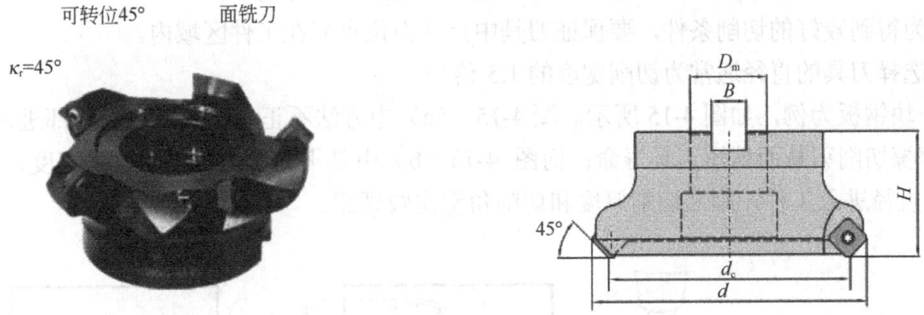

图 4-10　45° 面铣刀

45° 面铣刀的加工功能如图 4-11 所示。

图 4-11　45° 面铣刀加工功能

（2）用端铣刀和立铣刀铣阶台

宽度较宽、深度较浅的阶台适合用端铣刀加工，如图 4-12 所示，工件可用平口钳装夹或用压板压紧，铣削时，所用的端铣刀直径应大于阶台宽度。

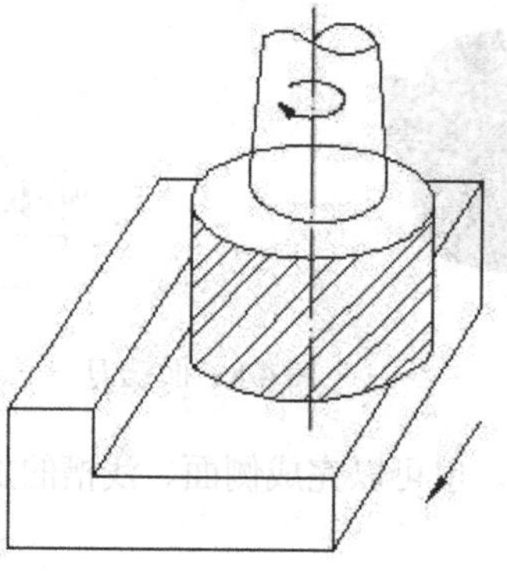

图 4-12 端铣刀铣阶台

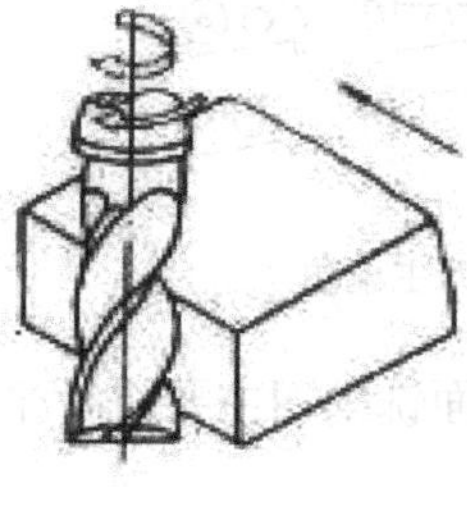

图 4-13 立铣刀铣侧面

深度较深的阶台适合用立铣刀加工，如图 4-13 所示。用立铣刀加工时，常采用分层铣削，最后将阶台的宽度和深度精铣完成。

（3）用圆柱铣刀和端铣刀铣削平面

如图 4-14 所示为用圆柱铣刀和端铣刀铣削平面。

4. 平面铣削加工与进给路线

尽管平面铣削操作简单，但对一些常识的了解有助于更好地编程。平面铣削编程中应考虑以下几点。

① 通常要在工件外（空中）移动刀具至所需的深度。

② 如果对表面质量要求高，在工件外（空中）改变刀具方向。

③ 为得到较好的切削条件，要保证刀具中点（刀位点）在工件区域内。

④ 选择刀具的直径通常为切削宽度的 1.5 倍。

以一块钢板为例，如图 4-15 所示。图 4-15 （a）中方法不正确，刀具直径全部进入工件，这样会摩擦切削刃从而缩短刀具寿命；而图 4-15（b）中是平面铣刀切削的正确宽度，只有大约 2/3 的直径进入工件，因而切削厚度和切削角都比较理想。

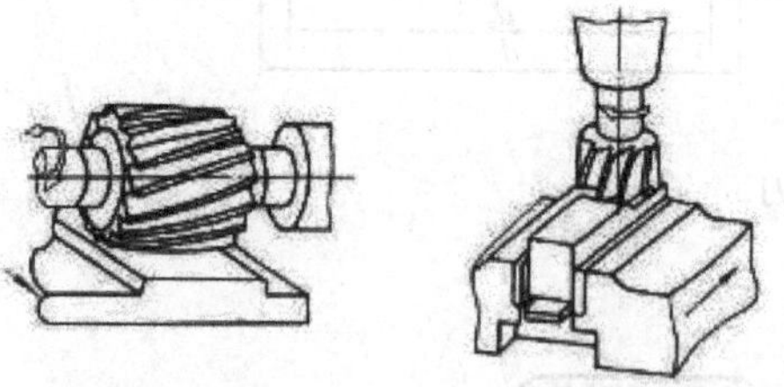

图 4-14 用圆柱铣刀和端铣刀铣削平面

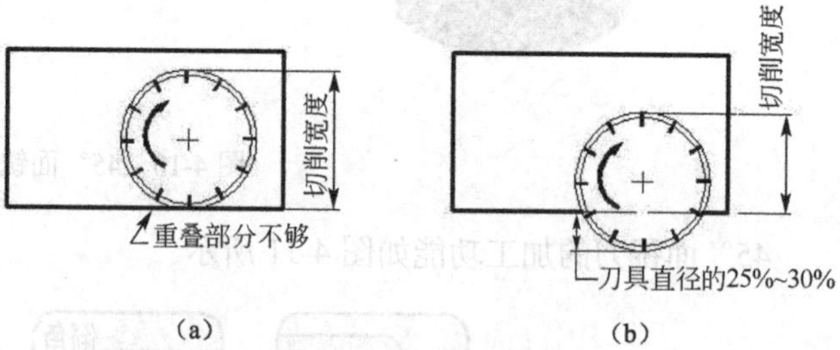

图 4-15 平面铣削的切削宽度

（1）单次平面铣削进给路线

在加工条件允许的情况下，可采用单次铣削完成平面的加工，如图 4-16 所示。

完成图 4-16 编程要注意以下两点。

① 平面铣刀直径 要选择一个比工件宽的面铣刀，刀具直径为切削宽度的 1.3～1.6 倍。

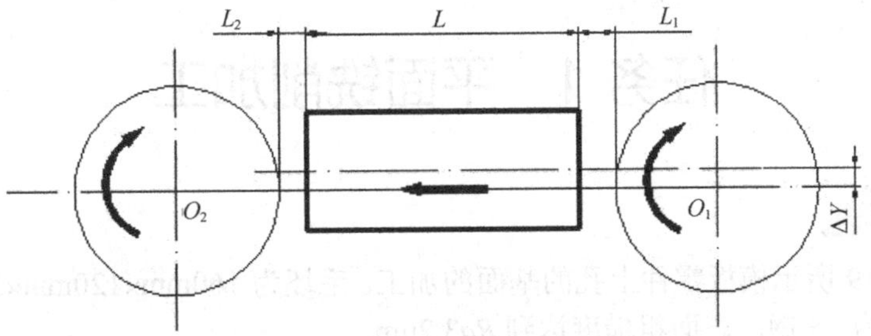

图 4-16　单次铣削中平面铣刀位置、进给路线图例

② 切削的起点和终点位置　如图 4-16 所示，直线 O_1O_2 为刀具进给路线，O_1 为刀具起点位置，O_2 为刀具终点位置，安全间隙为 L_1、L_2，编程距离为 $L+L_1+L_2+D$（刀具直径）。选用顺铣方式，实际上顺铣中通常含有一部分逆铣，这是平面铣削中正常现象。

（2）多次平面铣削进给路线

当平面加工的范围较大，由于平面铣刀直径通常太小而不能一次切除加工区域内的所有材料，因此在同一深度需要多次走刀。

铣削大面积的工件，常用的方法为同一深度上的单向多次切削和双向多次切削（平行往复走刀），每种方法在特定环境下都具有较好加工条件。

如图 4-17 所示为单向多次平面切削方法，如图 4-18 所示为双向多次平面切削方法。

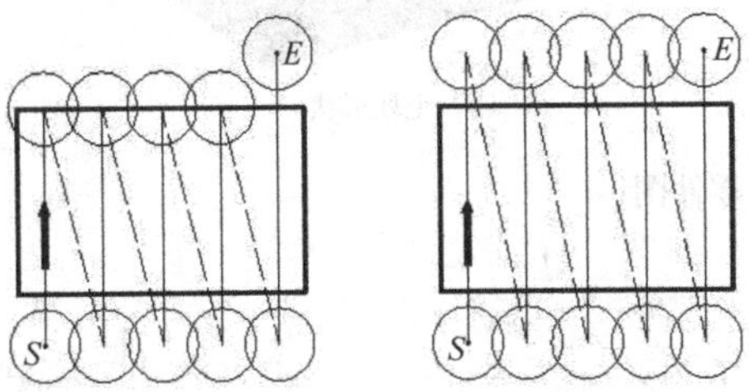

粗加工　　精加工

图 4-17　粗、精加工的单向多次平面切削

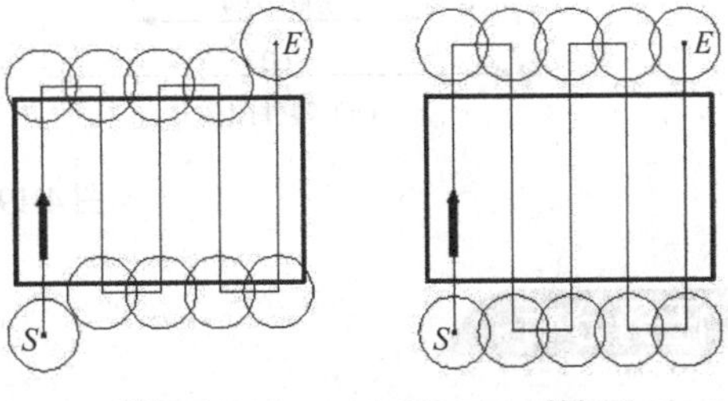

粗加工　　精加工

图 4-18　粗、精加工的双向多次平面切削

说明

单向多次切削的起点在一根轴的同一位置上，但在工件上方改变另一根轴的位置，如图 4-17 所示图中虚线为工件上方 G00 移动。这是平面铣削中常见的方法，但频繁的快速返回运动导致效率很低。

双向多次切削也称 Z 形切削，它的效率比单向多次切削要高，但它将面铣刀的顺铣改为逆铣，逆铣改为顺铣。这种方法比较适合某些工作，但通常并不推荐使用。

比较这两种方法的 X、Y 运动，以及粗加工与精加工刀具路径的差异。切削方向可以沿 X 轴或 Y 轴方向，它们的原理完全一样。

注意

两图中的起点位置（S）和终点位置（E），图中用刀具中心的粗圆点来表示它们。为了安全，不管使用哪种切削方法，起点和终点都在间隙位置。

任务 1　平面铣削加工

任务描述

完成如图 4-19 所示模板零件上孔的基面的加工。毛坯为 160mm×120mm×30mm，如图 4-19（b）所示，材料为 45 钢，表面粗糙度达到 *Ra*3.2μm。

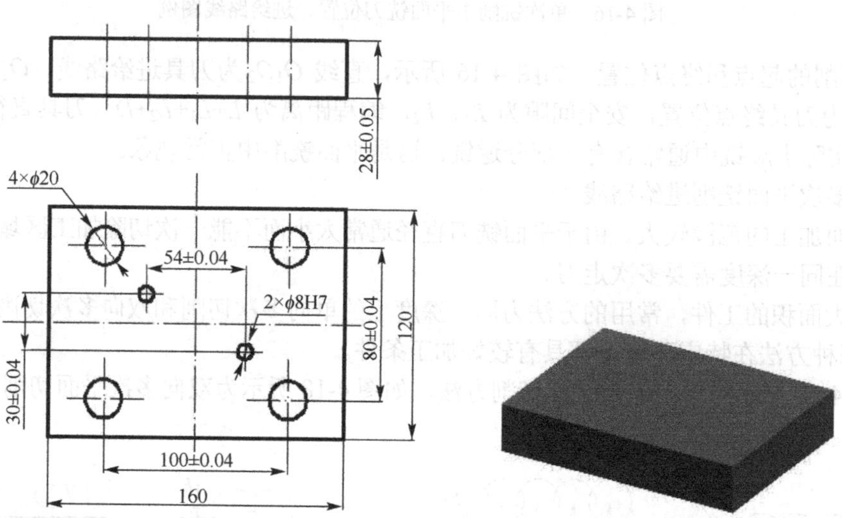

（a）零件图样　　（b）毛坯形状

图 4-19　模板零件图

任务分析

该任务属于平面铣削，毛坯为长方体，采用机用平口虎钳和两块等高平行垫铁夹紧。本任务只需完成上表面的加工即可，孔的加工由后工序完成。平面铣削操作比较简单，不过程序编制时需考虑以下两个问题：

① 刀具直径的选择；

② 刀具相对于工件的初始位置。

任务实施

1. 工艺分析

如图 4-20 所示，铣削平面可以采用ϕ63mm 面铣刀，采用分层下刀加工；每层粗加工采用双向多次切削走刀，精加工可采用单向多次切削。粗、精加工进给路线如图 4-20 所示。

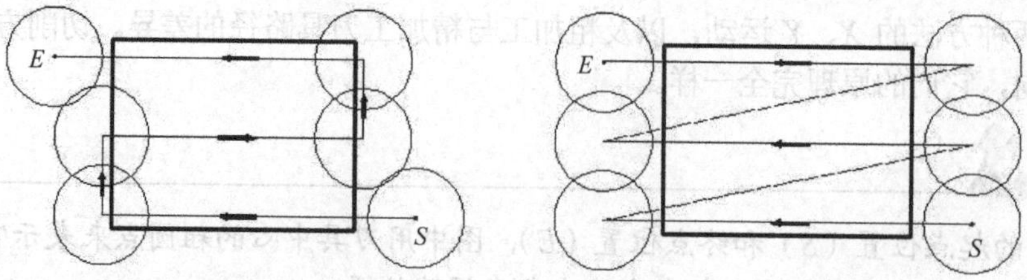

粗加工　　精加工

图 4-20　平面铣削进给路线

切削用量的确定：

① 主轴转速　根据工件材料、刀具材料查切削手册，切削速度 v_c 取 150～200 mm/min。根据 $v_c=\pi Dn/1000$，v_c=150 mm/min，D=63mm，求得 $n\approx750$ r/min。

② 背吃刀量　查刀具切削手册 a_p=0.5 mm。

③ 进给速度　查阅金属切削手册，每齿进给量 f_z=0.05～0.1 mm。

根据 $F=f_z zn$，刀具齿数 z=5，求得 $F\approx300$mm/min。

2. 数值计算

平面区域编程计算简单，粗、精加工编程时关键是计算刀具起始位置、终点位置坐标值及行距 L，一般情况 L=（0.8～0.85）D。

工件坐标原点位置如图 4-21 所示。

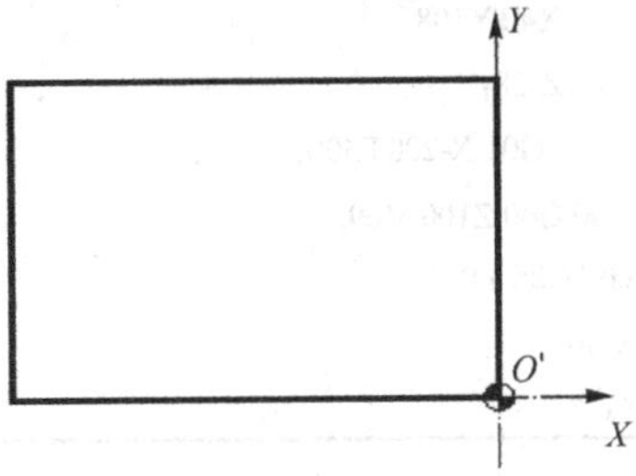

图 4-21　工件坐标原点位置

3. 程序编制

仅编写每一层粗加工程序。如粗加工时需加工余量为 1.5 mm，需分三层走刀，具体程序的实施可根据现场条件，采取不同的编程方法完成。另外，该工序的加工只需要用一把刀 T01 完成粗、精加工，可采用接触法试切对刀，H01=0.0 即可，这样 Z 方向可以不使用刀具长度补偿。使用数控铣床也可加工。

粗加工程序见表 4-1。

表 4-1　粗加工程序

程序内容	说明
O0040;	程序名　主轴刀具已安装好
G90 G17 G40 G80 ;	初始化加工环境设定
G54 G00 Z100 M03 S750;	选择坐标系 G54，主轴上移，正转
X40 Y8;	定位，要有空隙
Z10;	下刀至安全高度
G01 Z-0.5 F200 M08;	下刀至深度要求
G01 X-170 F400 ;	双向多次切削开始
Y58;	
X5;	
Y108;	
X-200;	粗加工外轮廓第一层结束，切出
G00 Z100 M09;	抬刀至起始高度
M30;	程序结束
%	

精加工程序见表 4-2。

表 4-2　精加工程序

程序内容	说明
O0041;	程序名　刀具已装到主轴上
G90 G17 G40 G80 ;	初始化加工环境设定
G54 G00 G43 Z100 H01 M03 S1000;	选择坐标系 G54，刀具长度正补偿
X40 Y8;	定位，要有空隙
Z10;	下刀至安全高度
G01 Z-28 F200 M08;	下刀至深度要求
G01 X-200 F300 ;	单向多次切削开始

续表

程序内容	说明
G00 Z10;	快速抬刀
X40 Y58;	斜线返回
Z-28;	下刀
G01 X-200 F300;	二次单向切削
G00 Z10;	
X40 Y108;	
Z-28;	
G01 X-200 F300;	三次单向切削
G00 G40 Z100 M09;	抬刀至起始高度
G91G28 Y0;	*Y* 轴回参考点
M30;	程序结束
%	

任务评价

① 对于粗加工时，可以选择不同的走刀路线，可安排不同的小组采用不同的加工方案，也可采用往复环形走刀路线，由外至里铣削。

② 面铣削时，切削参数的合理确定要根据现场条件，及刀片厂家提供的技术手册综合选择，同时要考虑刀具的耐用度等因素。

③ 面铣削时，单件加工和小批量生产，工件高度方向尺寸精度如何保证要合理安排工艺。

任务 2　台阶面铣削加工

任务描述

应用数控铣床完成如图 4-22 所示某台阶平面的铣削，工件材料为 45 钢，生产规模为单件。

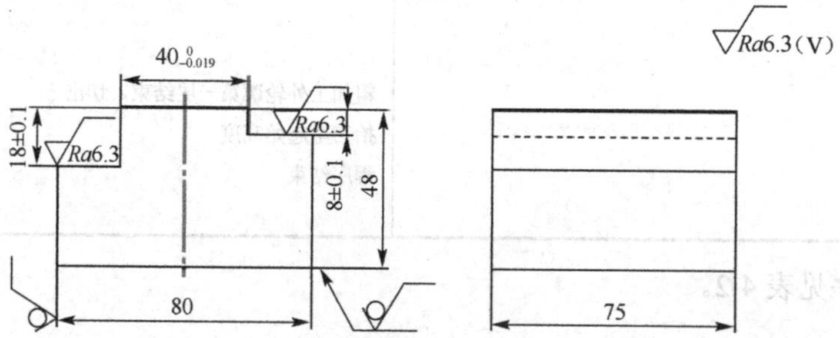

图 4-22　台阶面零件简图

任务分析

1. 一次铣削台阶面

当台阶面深度不大时，在刀具及机床功率允许的前提下，可以一次完成台阶面铣削，刀具进给路线见图 4-23。如台阶底面及侧面加工精度要求高时，可在粗铣后留 0.3～1mm 余量进行精铣。

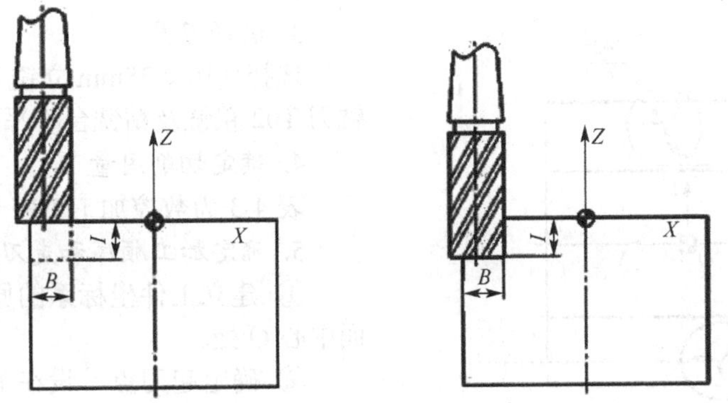

（a）刀具到达台阶侧面　　（b）刀具到达台阶底面

图 4-23　一次铣削台阶面的进刀路线

2. 在宽度方向分层铣削台阶面

当宽度较大、不能一次完成台阶面铣削时，可采取如图 4-24 所示进刀路线，在宽度方向分层铣削台阶面，但这种铣削方式存在“让刀”现象，将影响台阶侧面相对于底面的垂直度。

3. 在深度方向分层铣削台阶面

当台阶面深度很大时，也可采取如图 4-25 所示进刀路线，在深度方向分层铣削台阶面。这种铣削方式会使台阶侧面产生“接刀痕”。在生产中，通常采用高精度且耐磨性能好的刀片来消除侧面“接刀痕”或台阶的侧面留 0.2～0.5mm 余量作一次精铣。

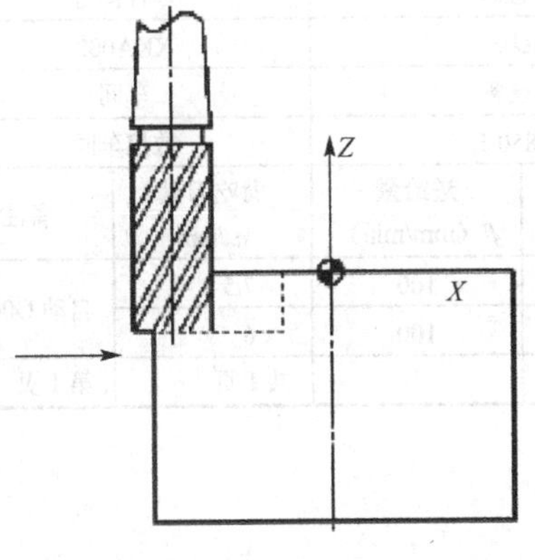

图 4-24　在宽度方向分层铣削台阶面的进刀路线

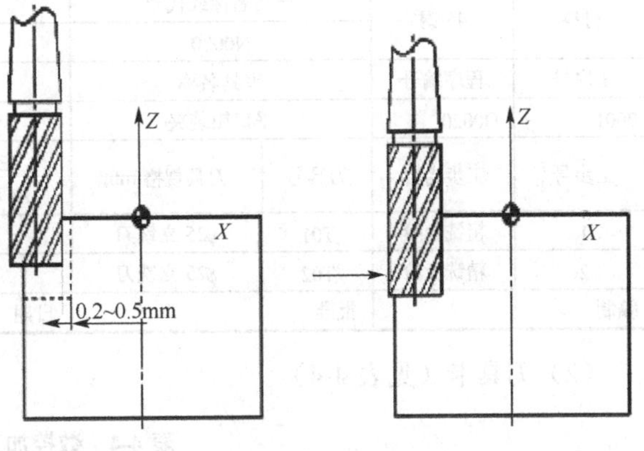

图 4-25　在深度方向分层铣削台阶面的进刀路线

任务实施

1. 零件图和毛坯的工艺分析

① 图 4-22 零件的加工部位为台阶表面及侧面，该零件可用普通铣床或数控铣床等机床加工，铣台阶面是在上一道铣平面基础上进行的后续加工，在此选用数控铣床加工该零件，三个有公差要求的尺寸为重点保证尺寸。

② 加工表面要求的表面粗糙度为 *Ra*3.2μm、*Ra*6.3μm，加工中安排粗铣加工和精铣加工。

2. 确定装夹方式和加工方案

① 装夹方式　采用机用平口钳装夹，底部用等高垫块垫起，使加工平面高于钳口 15mm。

② 加工方案　采用不对称顺铣方式铣削工件的台阶面。

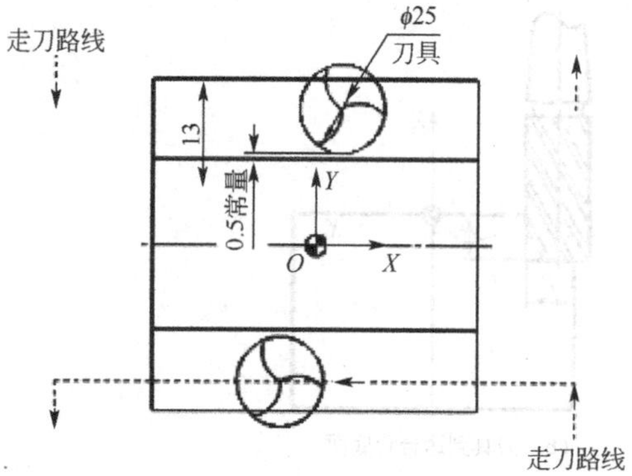

图 4-26 台阶面铣削刀路示意图

3. 选择刀具

选择使用 ϕ25mm 立铣刀 T01 及 ϕ25mm 立铣刀 T02 粗铣及精铣台阶平面。

4. 确定切削用量

表 4-3 为数控加工工序卡。

5. 确定加工顺序和走刀路线

① 建立工件坐标系的原点　设在工件上表面中心 *O* 处。

② 确定起刀点　设在工作坐标系原点的上方 100mm 处。

③ 确定下刀点　加工深 8mm 的阶台平面时，下刀点设在（*X*-60 *Y*40 *Z*100）处，加工深 18mm 的阶台平面下刀点设在（*X*60 *Y*-40 *Z*100）处。

④ 确定走刀路线　从零件图可以看出，两台阶面虽然宽度相等，但一侧台阶深 18mm，一侧台阶深 8mm，深度相差较大，因此，深 8mm 的台阶面采用一次粗铣，深 18mm 的台阶面采用在深度方向分层粗铣，两台阶底面、侧面各留 0.5mm 余量进行精加工，如图 4-26 所示。

6. 编写数控加工技术文件

（1）工序卡（见表 4-3）

表 4-3　数控加工工序卡

材料	45 钢	产品名称或代号		零件名称		零件图号	
		N0020		定位块		XKA002	
工序号	程序编号	夹具名称		使用设备		车间	
0001	O0020	平口钳装夹		VMC850-E		数控车间	
工步号	工步内容	刀具号	刀具规格/mm	主轴转速 *n*/（r/min）	进给量 *f*/（mm/min）	背吃刀量 a_p/mm	备注
1	粗铣台阶	T01	ϕ25 立铣刀	250	100	7.5	自动 O0020
2	精铣台阶	T02	ϕ25 立铣刀	250	100	6	
编制		批准		日期		共 1 页	第 1 页

（2）刀具卡（见表 4-4）

表 4-4　数控加工刀具卡

产品名称或代号		N0020	零件名称	定位块		零件图号		XKA002
刀具号	刀具名称	刀具规格/mm	加工表面	刀具半径补偿号 D	补偿值/mm	刀具长度补偿 H	补偿值/mm	备注
T01	立铣刀	ϕ25	粗铣台阶	D01	10.5	H01	0	
T02	立铣刀	ϕ25	精铣台阶	D02	10	H02	0	
编制		批准		日期			共 1 页	第 1 页

（3）编写参考程序

① 粗加工深 8mm 的阶台平面的 NC 程序见表 4-5。

表 4-5　粗加工深 8mm 的阶台平面 NC 程序

程序号：O0021		
程序段号	程序内容	说明
N10	G54 G90 G40 G17 G64 G21；	程序初始化
N20	M03 S250；	主轴正转，250r/min

续表

程序段号	程序内容	说明
N30	M08；	开冷却液
N40	G00 Z100；	Z 轴快速定位
N50	X-60 Y45；	X、Y 快速定位
N60	Z5；	快速下刀
N70	G01 Z-7.5 F100；	Z 轴定位到加工深度 Z-7.5（留 0.5mm 余量）
N80	Y33；	Y 方向进刀（留 0.5mm 余量）
N90	X60；	X 方向进给
N100	Y45；	Y 方向退刀
N110	G00 Z100 M09；	快速提刀至安全高度，关冷却液
N120	M30；	程序结束

② 粗加工深 18mm 的阶台平面的 NC 程序见表 4-6。

表 4-6　粗加工深 18mm 的阶台平面 NC 程序

程序号：O0022		
程序段号	程序内容	说明
N10	G54 G90 G40 G17 G64 G21；	程序初始化
N20	M03 S250；	主轴正转，250r/min
N30	M08；	开冷却液
N40	G00 Z100；	Z 轴快速定位
N50	X60 Y-60；	X、Y 快速定位
N60	Z5；	快速下刀
N70	G01 Z0.5 F100；	Z 轴定位到 Z0.5（留 0.5mm 余量）
N80	M98P30010；	重复调用子程序 3 次
N90	G00 Z100 M09；	快速提刀至安全高度，关冷却液
N100	M30；	程序结束
N110	G00 Z100 M09；	快速提刀至安全高度，关冷却液
N120	M30；	程序结束
段号	O0010；	子程序名
N10	G91 G01 Z-6；	增量 Z 轴下刀一个加工深度-6
N20	X60 Y-33；	绝对 Y 方向进刀（留 0.5mm 余量）
N30	X-60；	X 方向进给
N40	Y-60；	Y 方向退刀
N50	X60 Y-60；	XY 快速定位
	M99；	子程序结束

③ 精铣深 8mm 阶台凸台平面及侧面 NC 程序见表 4-7。

表 4-7　精铣深 8mm 阶台凸台平面及侧面 NC 程序

程序号：O0023		
程序段号	程序内容	说明
N10	G55 G90 G40 G17 G64 G21；	程序初始化
N20	M03 S250；	主轴正转，250r/min
N30	M08；	开冷却液
N40	G00 Z100；	Z 轴快速定位

续表

程序段号	程序内容	说明
N50	X-60 Y45；	X、Y快速定位
N60	Z5；	快速下刀
N70	G01 Z-8 F100；	Z轴定位到加工深度Z-8
N80	Y32.5；	Y方向进刀
N90	X60；	X方向进给
N100	Y45；	Y方向退刀
N110	G00 Z100 M09；	快速提刀至安全高度，关冷却液
N120	M30；	程序结束

④ 精铣深18mm阶台凸台平面及侧面NC程序见表4-8。

表4-8 精铣18mm阶台凸台平面及侧面NC程序

程序号：O0024		
程序段号	程序内容	说明
N10	G55 G90 G40 G17 G64 G21；	程序初始化
N20	M03 S250；	主轴正转，250r/min
N30	M08；	开冷却液
N40	G00 Z100；	Z轴快速定位
N50	X60 Y-45；	X、Y快速定位
N60	Z5；	快速下刀
N70	G01 Z-18 F100；	Z轴定位到加工深度Z-18
N80	Y-32.5；	Y方向进刀
N90	X-60；	X方向进给
N100	Y45；	Y方向退刀
N110	G00 Z100 M09；	快速提刀至安全高度，关冷却液
N120	M30；	程序结束

任务评价

该任务实施最好采用分小组形式进行，每组可以采用不同加工方法和编程方法，关键是最后的测量，既要保证侧面和底面互相垂直，又要保证各表面的表面质量。同时还要注意刀具和切削参数的合理选择。

拓展与提高

1. 主、子程序编制

CNC编程中常出现多个重复指令段，如重复加工运动、孔的分布模式、凹槽加工和螺纹加工、与换刀相关的功能等，那么程序员在编程时，其程序结构应从单一的长程序变为两个或多个独立的程序，每个重复指令段只编写一次，而且在需要的时候调用，这就是子程序的主要概念。

（1）子程序结构

子程序的结构与主程序相似，它们使用相同的语法规则，因此在外观上基本一样。但是CNC系统必须将子程序作为独特的程序类型（而不是主程序）进行识别，这一区分可通过两个辅助功能完成，它们通常只用于子程序：

M98　　　　子程序调用功能

M99　　　　子程序结束功能

① 调用子程序的格式：

M98　P××××　L××××；

其中，M98 是调用子程序指令，地址 P 后面的 4 位数字为子程序号，地址 L 为重复调用次数，若调用次数为“1”可省略不写，系统允许调用次数为 9999 次。

② 子程序结构：

```
  O0004;          子程序名
…
…
M99;              子程序结束
%
```

FANUC 系统使用 M99 终止子程序，SIEMENS 802D 系统使用 M02 或 RET 终止子程序。子程序终止很重要，必须正确使用，因为它要将两个重要指令传送到控制系统：① 终止子程序；② 返回到子程序调用的下一个程序段。

（2）主、子程序结构

```
O---;           （主程序）
…
M98 P0041;      （调子程序 0041）
…
M30;            （主程序结束）
%
O0041;          （子程序）
…
M99;            （子程序结束）
%
```

说明

① 在程序输入时，对于先输入主程序，还是先输入子程序，对程序的正确执行没有影响。

② 在主、子程序使用时，主程序的所有模态循环数据会传递到子程序，同理子程序中的所有模态循环数据会传递到主程序。如子程序中使用相对编程，当返回主程序时要注意取消相对模式。

③ 现代控制器允许最大四级嵌套，但实际使用中最多的是二级嵌套。

2. 在卧式加工中心上加工大型平面

在卧式加工中心上进行大型平面铣削加工的关键是工件的装夹方式。另外，主轴箱、工作台纵向横向移动形式的选定对加工质量也有很大的影响。

① 借助回转工作台进行铣削。如果同一工件上需要加工带角度的平面，这时就可利用回转工作台来进行分度，如图 4-27 所示。首先，将工件装在镗床回转工作台上，校正其中一个平面作为加工基准，要求基准平面与机床主轴轴线垂直。压紧工件，启动机床，对该平面进行粗、精加工至尺寸要求。这个平面铣削完成后，按图纸规定将工作台回转一个角度，再对第二平面进行铣削加工，依次类推，加工各个平面。

② 平面的铣削编程也可利用计算机辅助编程来完成，可以使用 Mastercam、CAXA 制造工

程师等软件来实现。

图 4-27 数控回转工作台

思考与练习

1. 完成如图 4-28 所示长方体的加工，毛坯尺寸为 135mm×100mm×45mm、材料 45 钢。

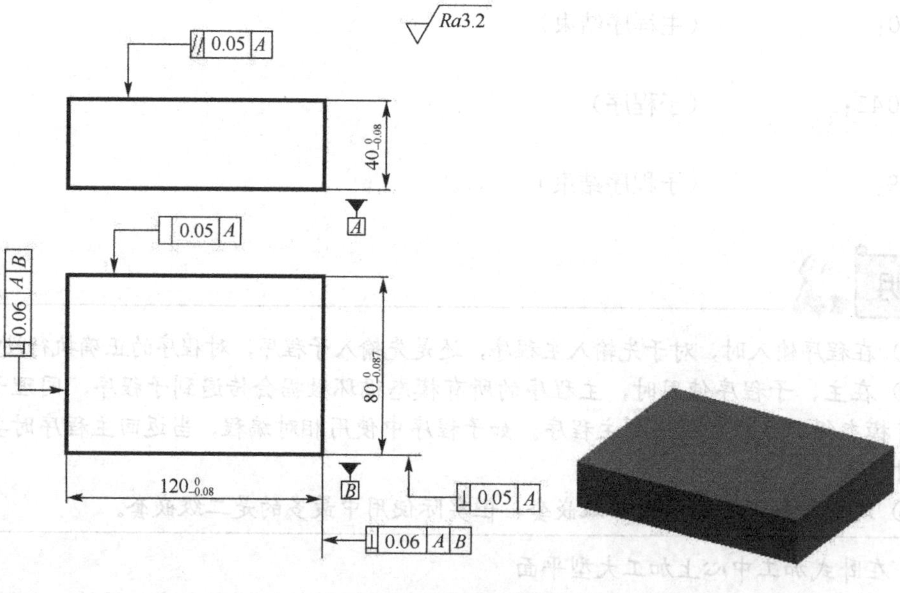

图 4-28 长方体零件图

技术要求：

① 保证零件的加工质量。

② 该零件的铣削需要多次装夹，要合理地安排工步顺序。

③ 平面铣削时，在对大平面进行程序编写时，要尽量应用编程技巧，如子程序的使用。

情境 5

圆弧零件程序编制与加工

【引言】

在大部分的 CNC 编程应用中，只有两类跟轮廓加工相关的刀具运动：一种是前面单元介绍的直线插补；另一种就是本单元将要介绍的圆弧插补，通常用在 CNC 立式或卧式加工中心的轮廓加工操作上。本单元是以两个具体的任务为导向，讲解圆弧插补指令的具体应用。圆弧插补可以用来编写圆弧和完整的圆，主要在外部和内部半径、圆柱型腔、圆弧拐角、螺旋切削甚至大的平底沉头孔等操作中应用较多。

【目标】

掌握圆弧插补指令的格式和用法及其编程的注意事项；掌握圆弧程序的编制方法与技巧；培养学员良好的编程习惯及分析与解决问题的能力。

知识准备

1. 圆弧插补

(1) 圆的几何要素

圆定义为平面上的一段封闭曲线，它上面的所有点到它的圆心的距离都相等，如图 5-1 所示。编程中使用的最重要的元素是圆的圆心、半径和直径。

一个象限就是由直角坐标系形成的平面四个部分中的任何一个。如图 5-1 所示，在 0°～90°之间为 I 象限。象限是一个圆的主要特征，有时圆弧跨越不止一个象限，但在现代控制系统中可以实现在一个程序段中加工任意长度的圆弧，它几乎没有任何限制。

(2) 圆弧插补编程格式

圆弧插补的编程格式包括以下几个参数，没有这几个参数几乎不可能完成圆弧的切削，这几个重要参数是：圆弧加工方向（CW 或 CCW）;圆弧起点和终点；圆弧的圆心和半径。

① 圆弧加工方向　刀具可沿圆弧的两个方向运动——顺时针（CW）和逆时针（CCW），如图 5-2 所示，这是两个约定俗成的术语。在大多数机床上，通过垂直观看平面内编程运动来定义运动方向，也可采用右手螺旋法则，大拇指指向第三根轴的正方向，四指旋转的方向为正方向（逆时针）。

② 圆弧插补指令

G02 为顺时针方向圆弧插补 CW，模态代码。

G03 为逆时针方向圆弧插补 CCW，模态代码。

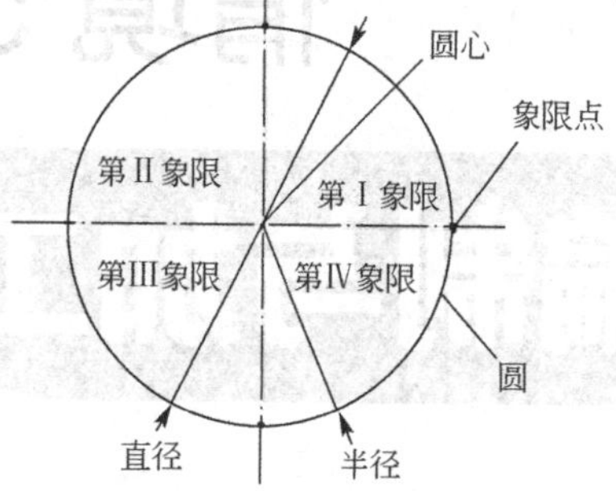

图 5-1 圆的基本元素

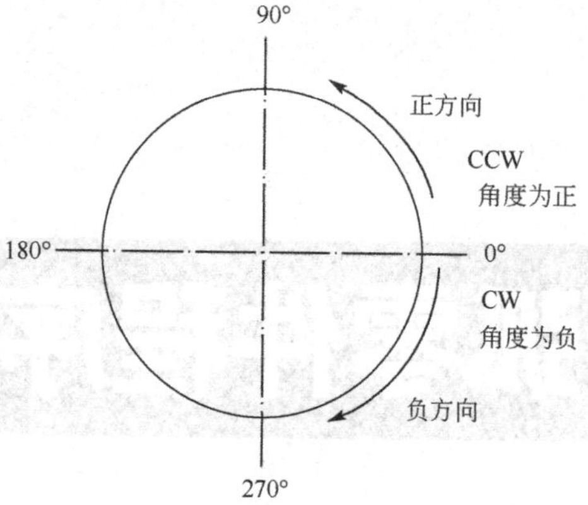

图 5-2 圆弧方向的定义

判断方法

逆着第三轴的方向观察，加工方向为顺时针就使用 G02 指令，逆时针就用 G03 指令。

各平面内圆弧顺逆的判断如图 5-3 所示。

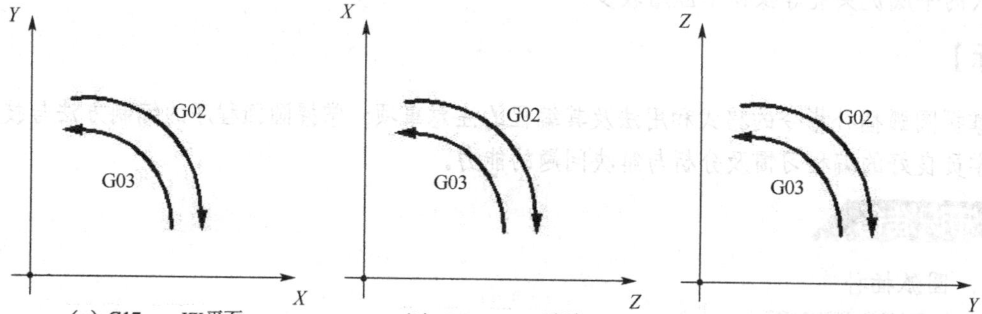

（a）G17——*XY* 平面　（b）G18——*ZX* 平面　（a）G19——*YZ* 平面

图 5-3 三个平面内的圆弧加工方向

重要提示

在判断圆弧插补指令前，一定要先判断第三轴的方向，轴的定位基于数学平面。

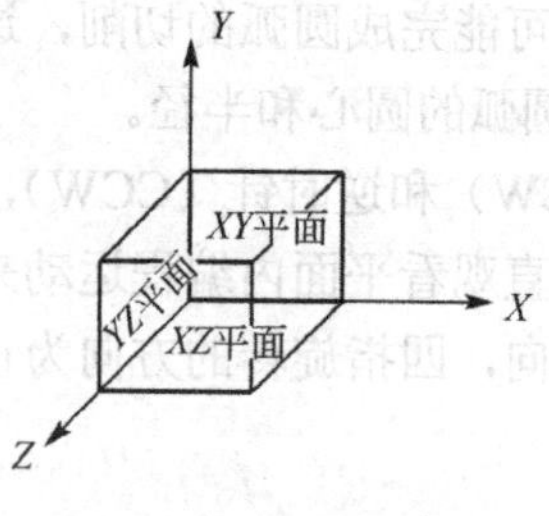

图 5-4 坐标平面选择

G02 和 G03 都是模态指令，因此它们一直有效，直到程序结束或由同组的另一指令（G00、G01）所代替。

③ 平面选择指令　在右手笛卡儿坐标系中，三个相互垂直的坐标轴构成三个坐标平面，即 *XY* 平面、*XZ* 平面和 *YZ* 平面。平面选择指令一般用于选择圆弧插补的插补平面或刀具半径补偿时的补偿平面，如图 5-4 所示。其中：

G17——*XY* 平面选择；

G18——*XZ* 平面选择；

G19——*YZ* 平面选择。

重要提示

机床启动时默认的加工平面是 G17。如果程序中刚开始时所加工的圆弧属于 *XY* 平面，则 G17 可省略，一直到有其他平面内的圆弧加工时才指定相应的平面设置指令；再返回到 *XY* 平面内加工圆弧时，则必须重新指定 G17。

④ 编程格式　圆弧插补既可用圆弧半径 R 指令编程，也可用 I、J、K 指令编程。在同一程序段中，I、J、K、R 同时使用时，R 优先，I、J、K 指令无效。

$$\left\{\begin{matrix} \text{G17} \\ \text{G18} \\ \text{G19} \end{matrix}\right\} \left\{\begin{matrix} \text{G02} \\ \text{G03} \end{matrix}\right\} \left\{\begin{matrix} \text{X\_\_Y\_\_} \\ \text{X\_\_Z\_\_} \\ \text{Y\_\_Z\_\_} \end{matrix}\right\} \text{R\_\_F\_\_}$$

一些老式控制系统不能直接制定地址 R，而必须使用圆心向量 ***I***、***J***、***K***：

$$\left\{\begin{matrix} \text{G17} \\ \text{G18} \\ \text{G19} \end{matrix}\right\} \left\{\begin{matrix} \text{G02} \\ \text{G03} \end{matrix}\right\} \left\{\begin{matrix} \text{X\_\_Y\_\_I\_\_J\_\_} \\ \text{X\_\_Z\_\_I\_\_K\_\_} \\ \text{Y\_\_Z\_\_J\_\_K\_\_} \end{matrix}\right\} \text{F\_\_}$$

解释

（1）圆弧的起点和终点

圆弧的起点必须在圆弧上，它与切削运动方向有关，在程序中由圆弧运动前一个程序段中的坐标给出，也就是说圆弧起点为切削刀具在圆弧插补指令前的最后位置。

例如：N50 G01 X30 Y30 F150;

N60 G02 X-42.42 Y0 R42.42;

N70 G01 X__ Y__;

在这个例子中，程序段 N50 表示某一轮廓的终点，比如直线插补，同时它也表示后一圆弧的起点。程序段 N60 中加工圆弧，所以其坐标表示圆弧的终点。

圆弧的终点是圆弧运动的目标点，也是圆弧插补指令中的坐标位置如：G03　X__Y__R，如图 5-5 所示。

（2）圆弧半径 *R*

圆弧的半径可以用地址 *R* 或圆心向量 ***I***、***J***、***K*** 来制定。当用 R 指令编程时，如果加工圆弧段所对的圆心角为 0°　~180°（包含 180°），*R* 取正值；如果圆心角为 180°　~360°（大于 180°），*R* 则取负值。如图 5-6 所示的两段圆弧，其半径、端点、走向都相同，但所对的圆心角却不同，在程序上则仅表现为 *R* 值的正负区别。

小圆弧段：G90 G03 X 0 Y 25.0 R 25.0　　　或：G91 G03 X−25.0 Y 25.0 R 25.0

大圆弧段：G90 G03 X 0 Y 25.0 R−25.0　　　或：G91 G03 X−25.0 Y 25.0 R−25.0

（3）圆心向量

圆弧起点到圆心之间的距离由 ***I***、***J***、***K*** 向量指定，通常以增量形式表示，如图 5-5 所示。无论用绝对还是用相对编程方式，向量 ***I***、***J***、***K*** 都为圆心相对于圆弧起点的坐标增量，为零时可省略。没有符号表示正方向，负号表示负方向且一定要写出来，如图 5-6 所示。使用增量编程如下。

小圆弧段：G90 G03 X 0 Y 25.0 I-25 J0

大圆弧段：G90 G03 X 0 Y 25.0 I0 J25

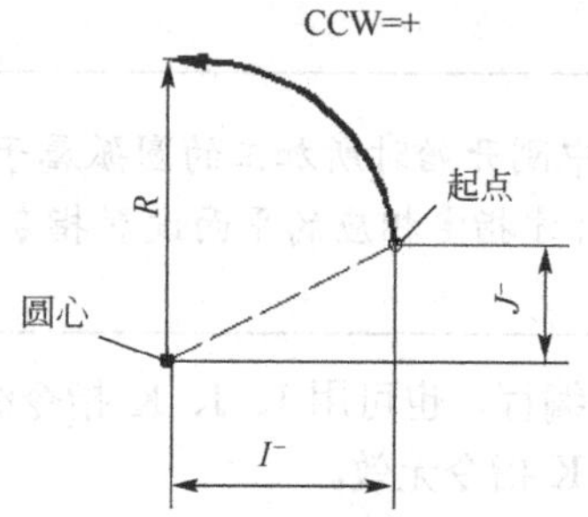

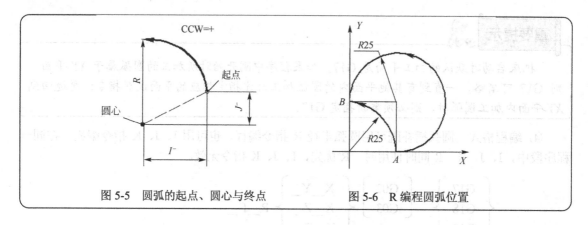

图 5-5 圆弧的起点、圆心与终点

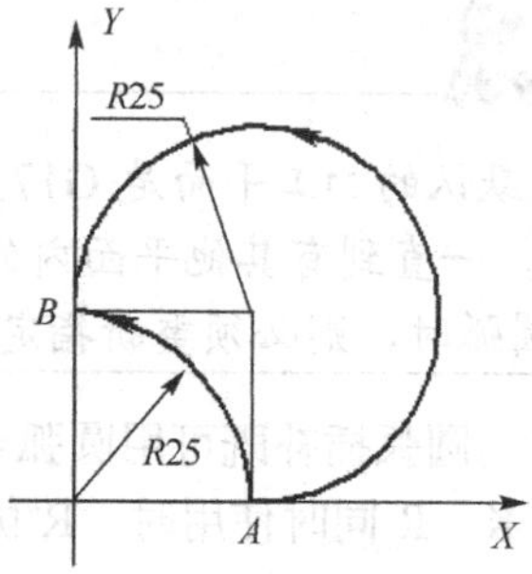

图 5-6 R 编程圆弧位置

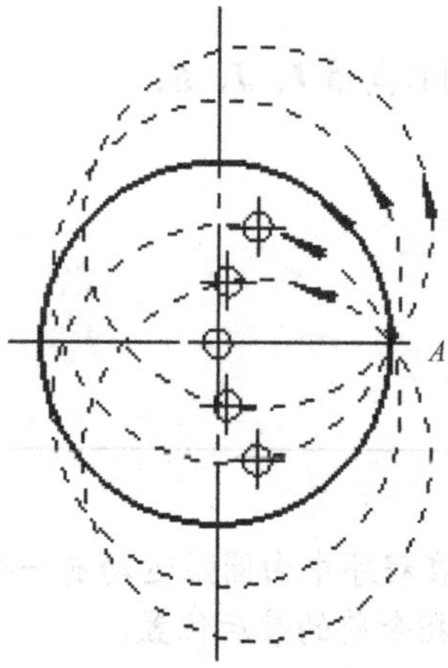

图 5-7 使用 *R* 进行整圆铣削时存在的许多数学可能性

（3）整圆铣削

如图 5-7 所示，假设 *A* 点坐标为（50，30），加工半径为 10 的整圆，则图中的几个圆弧都符合程序段 G03 X50 Y30 R10 的要求，相同的加工方向，相同的起点和终点，相同的半径，用半径 *R* 可能会引起混淆。

铣削整圆时不能用 *R* 值编程，只能使用 I__ J__ K__代替指定圆心位置。

程序段如下：

G03 X50 Y30 I-10 J0;

（4）螺旋线的铣削

螺旋线插补指令与圆弧插补指令的指令字相同，插补方向的定义也相同。但在进行螺旋线插补时，刀具在进行圆弧插补的同时，在第三轴的方向上也在同步运动，构成螺旋线插补运动，如图 5-8 所示。

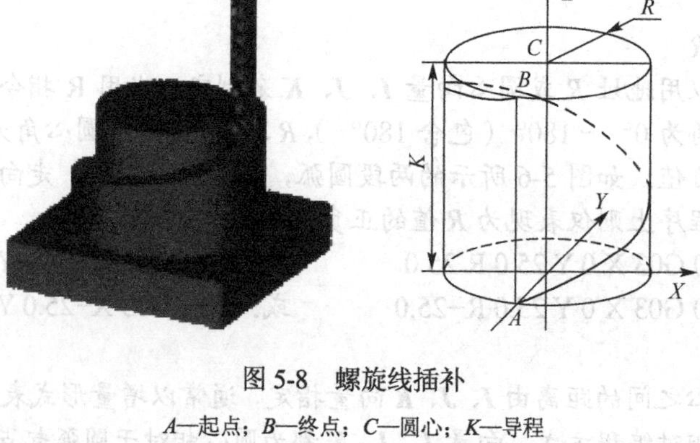

图 5-8 螺旋线插补

A—起点；*B*—终点；*C*—圆心；*K*—导程

如 G17 平面内指令格式：

G17 G02（G03）X__ Y__ Z__ R__ K__ F__;

或 G17 G02（G03）X__ Y__ Z__ I__ J__ K__ F__;

说明如下（以 G17 为例）

① X、Y和 Z是螺旋线的终点坐标。

② I和 J是圆心在 XY平面上相对于螺旋线起点的增量。

③ R 为螺旋线在 XY 平面上的投影半径。当螺旋线的终点在 XY 平面上的投影与起点重合时，不能使用 R 指定圆心位置。

④ K是螺旋线的导程，为正值。

重要提示

虽然螺旋插补不是常用的编程方法，但它可能是大量非常复杂的加工应用中使用的唯一方法：螺纹铣削、螺旋轮廓、螺旋斜面加工。

2. 圆弧插补进给速度

在编程中，直线插补的进给速度也用于圆弧插补中，它由刀具材料、工件材料的切削性能等级决定。直线插补进给速度公式：

$$F=f_t nz$$

式中 F——进给速度，mm/min；

f_t——每齿进给量, mm；

n——主轴转速, r/min；

z——切削刃的齿数。

注意

在实际加工过程中，根据刀具中心点的轨迹与零件图中的轮廓轨迹是否接近及是否选用较大刀具的直径，为得到较好的表面质量，需要上下调整直线插补的进给速度使其适合圆弧插补。

圆弧进给速度的调整基本规则是：外圆弧增大，内圆弧减小，如图 5-9 所示。

① 外圆加工的进给速度 加工外圆时需要提高进给速度：

$$F_0=F(R+r)/R$$

式中 F_0——外圆弧的进给速度，mm/min；

R——工件外半径，mm；

F——直线插补进给速度，mm/min；

r——刀具半径，mm。

如果直线插补进给速度为 120 mm/min，R=15mm，那么用直径为ϕ20mm 的刀具上调后的进给速度为：

F_0=120×（15+10）/15=200

刀具路径的外圆弧比图纸上的圆弧大。

② 内圆弧加工的进给速度

$F_0=F(R-r)/R$

如果直线插补进给速度为 120 mm/min，R=15mm，那么用直径为ϕ20 mm 的刀具下调整后的进给速度为：

F_0=120×（15–10）/15=40

刀具路径的内圆弧比图纸上的圆弧小。

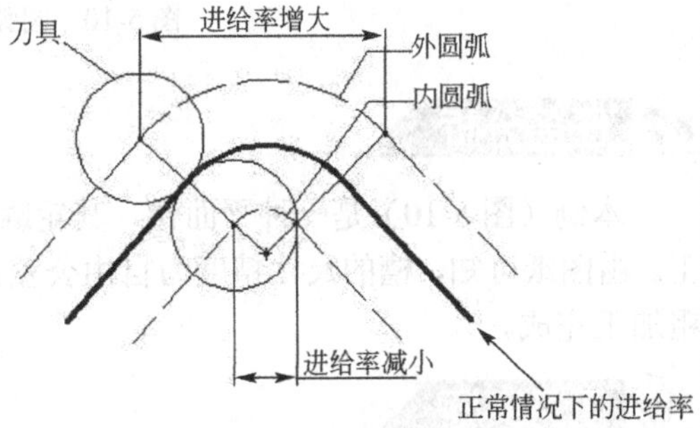

图 5-9 圆弧刀具运动进给率调整

重要提示

由 F_0 指定的进给速度是所铣削圆弧的切向进给速度。

任务 1　圆弧沟槽加工

任务描述

现有一毛坯为六面已经加工过的 100mm×100mm×20mm 的塑料板，试铣削成如图 5-10 所示的零件。

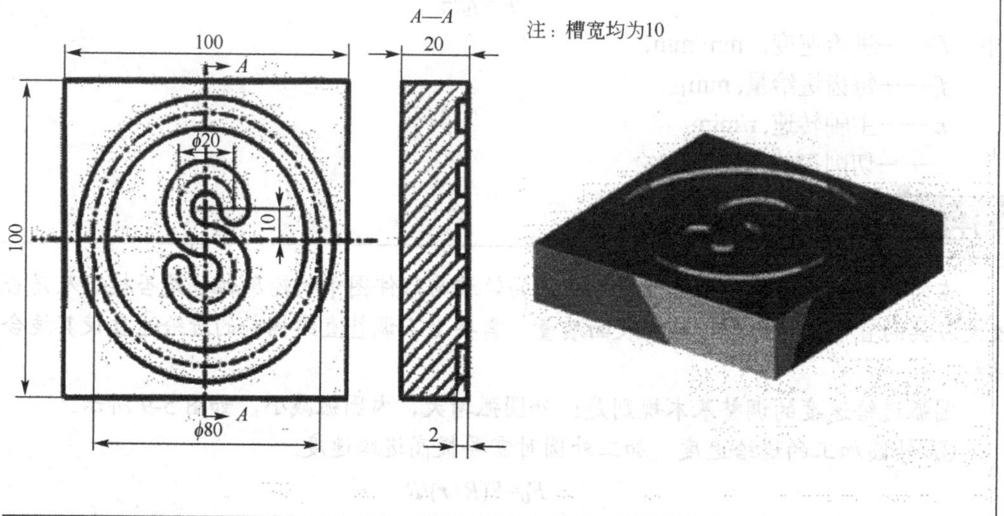

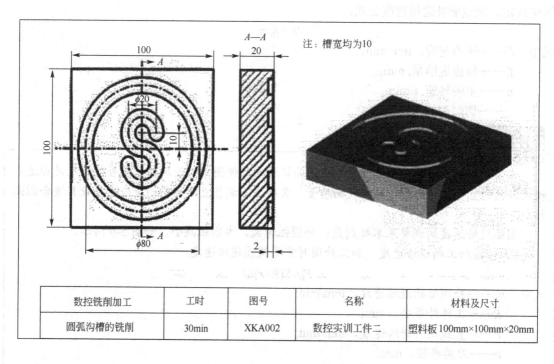

数控铣削加工	工时	图号	名称	材料及尺寸
圆弧沟槽的铣削	30min	XKA002	数控实训工件二	塑料板 100mm×100mm×20mm

图 5-10　圆弧沟槽工件的加工示例

任务分析

本例（图 5-10）是一种平面槽，其轮廓由圆弧曲线构成。只需要两轴联动数控铣床即可加工。由图纸可知，槽的尺寸精度为自由公差，可直接用直径为 ϕ10mm 的立铣刀沿槽的中心轨迹粗加工完成。

任务实施

1. 分析加工工艺

（1）零件图和毛坯的工艺分析

① 圆弧沟槽中心线由一个 R40mm 的整圆、两个 R10mm 的 3/4 圆弧组成，沟槽宽 10mm、深 2mm。

② 零件外界没有与圆弧沟槽相通的沟槽。

（2）确定装夹方式和加工方案

① 装夹方式：采用机用平口钳装夹，底部用等高垫块垫起。

② 加工方案：一次装夹完成所有内容的加工。

（3）选择刀具

选择使用ϕ10mm 的键槽铣刀。

（4）确定加工顺序和走刀路线

① 建立工件坐标系的原点　设在工件上底面的对称中心处。

② 确定起刀点　设在工件上底面对称中心的上方 100mm 处。

③ 确定下刀点　设在 *c* 点上方 100mm （*X*0 *Y*-40 *Z*100）处。

④ 确定走刀路线　*O*—*c*—*a*—*O*—*b*—*O*,如图 5-11 所示。

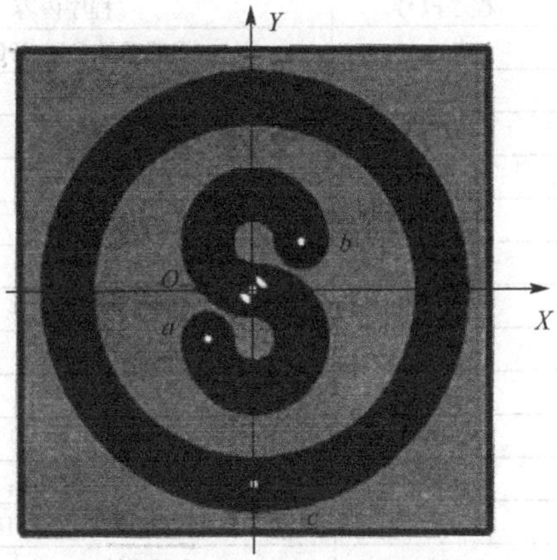

图 5-11　走刀路线示意图

（5）选定切削用量

① 背吃刀量：a_p=2mm。

② 主轴转速：$n=1000v/(\pi D)=1194\approx1200$r/min($v$=30m/min)。

③ 进给量：$f=nzf_z=108\approx120$mm/min(n=1200r/min,z=2, f_z=0.05mm/z)。

2. 编写加工技术文件

（1）工序卡（见表 5-1）

表 5-1　数控实训工件四的工序卡

材料	塑料板	产品名称或代号		零件名称		零件图号	
		N0040		圆弧沟槽		XKA004	
工序号	程序编号	夹具名称		使用设备		车间	
0001	O0040	机用平口钳		VMC850-E		数控车间	
工步号	工步内容	刀具号	刀具规格/mm	主轴转速 n/(r/min)	进给量 f/(mm/min)	背吃刀量 a_p/mm	备注
1	铣沟槽		ϕ10 键槽铣刀	1200	120	2	自动O0040
编制		批准		日期		共 1 页	第 1 页

（2）刀具卡（见表 5-2）

表 5-2　数控实训工件四的刀具卡

产品名称或代号		N0040	零件名称	圆弧沟槽		零件图号		XKA004
刀具号	刀具名称	刀具规格 ϕ/mm	加工表面	刀具半径补偿号 D	补偿值 /mm	刀具长度补偿 H	补偿值 /mm	备注
	键槽铣刀	10	圆弧沟槽					基准刀
编制		批准		日期			共 1 页	第 1 页

（3）编写参考程序（毛坯 100mm×100mm×20mm）

① 计算节点坐标（见表 5-3）。

表 5-3　节点坐标

节点	*X* 坐标值	*Y* 坐标值	节点	*X* 坐标值	*Y* 坐标值
O	0	0	*b*	10	10
a	–10	–10	*c*	0	–40

② 编制加工程序（见表 5-4）。

表 5-4　数控实训工件四的编制加工程序

程序号：O0040		
程序段号	程序内容	说明
N10	G17 G21 G54 G90 G94；	调用工件坐标系，绝对坐标编程
N20	S1200 M03；	开启主轴
N30	G00 Z100；	将刀具快速定位到初始平面
N40	X0 Y-40；	快速定位到下刀点
N50	Z5；	快速定位到 *R* 平面
N60	G01 Z-2 F120；	进刀到 *c* 点
N70	G03 J40；	铣削 *R*40 整圆
N80	G00 Z5；	快速定位到 *R* 平面
N90	X-10 Y-10；	铣削工件到 *a* 点
N100	G01 Z-2 F120；	进刀到 *a* 点
N110	G03 X0 Y0 R-10；	铣削到 *O* 点
N120	G02 X10 Y10 R-10；	铣削到 *b* 点
N130	G00 Z100；	返回到安全高度
N140	X0 Y0；	返回到工件原点
N150	M05；	主轴停止
N160	M30；	程序结束

3. 加工工件

① 底部用等高垫块垫起，使加工表面高于钳口 5mm 左右，将工件的装夹基准面贴紧平口钳的固定钳口，找正后夹紧工件。

② 在主轴上安装ϕ10mm 的键槽铣刀。

③ 对刀，设定工件坐标系 G54。

④ 在编辑模式下输入并编辑程序，编辑完毕后将光标移动至程序的开始。

⑤ 将工件坐标系的 *Z* 值朝正方向平移 50mm，将机床置于自动运行模式，按下启动运行键，控制进给倍率，检验刀具的运动是否正确。

⑥ 把工件坐标系 *Z* 值恢复原值，将机床置于自动运行模式，按下“单步”按钮，将倍率旋钮置于 10%，按下“循环启动”按钮。

⑦ 用眼睛观察刀位点的运动轨迹，调整“进给倍率”旋钮，右手控制“循环启动”和“进给保持”按钮。

任务评价

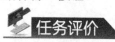

本次任务的实施可以作为考查学生程序输入、编辑、调试及模拟显示基本能力练习的课题。通过模拟仿真，观察刀位点的移动轨迹，来评价程序编制是否有错误，另外可以通过机床报警显示来查看是否存在语法、格式错误。

通过学生分组实施及教师的指导与监督，目的是培养学生的手工编程能力及圆弧插补的使用。

任务 2　祥云图案加工

任务描述

① 在零件平面上用雕刻刀完成如图 5-12 所示图案的加工，刻线深度为 0.5mm。

② 毛坯零件为 50mm×50mm×20mm 方体。

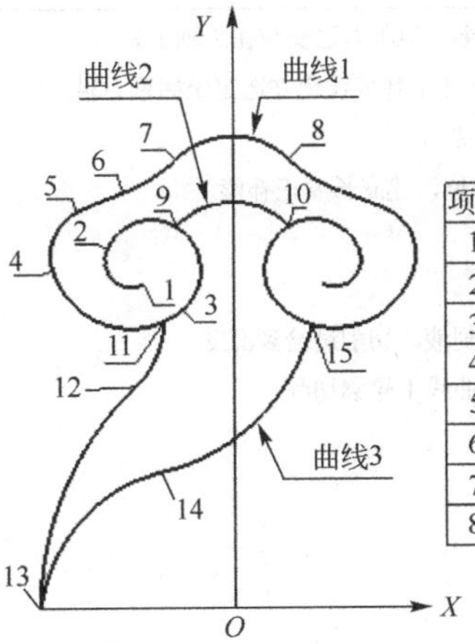

曲线1：

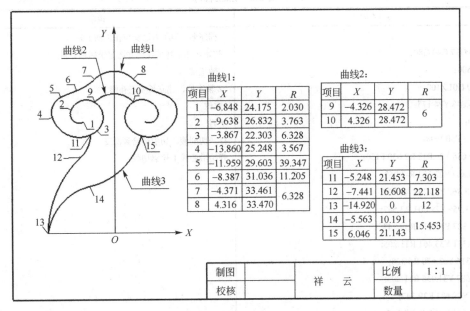

项目	X	Y	R
1	−6.848	24.175	2.030
2	−9.638	26.832	3.763
3	−3.867	22.303	6.328
4	−13.860	25.248	3.567
5	−11.959	29.603	39.347
6	−8.387	31.036	11.205
7	−4.371	33.461	6.328
8	4.316	33.470	

曲线2：

项目	X	Y	R
9	−4.326	28.472	6
10	4.326	28.472	

曲线3：

项目	X	Y	R
11	−5.248	21.453	7.303
12	−7.441	16.608	22.118
13	−14.920	0	12
14	−5.563	10.191	15.453
15	6.046	21.143	

制图		祥　云	比例	1∶1
校核			数量	

图 5-12　祥云图案加工图

任务分析

本任务要求按照图形轮廓加工。轮廓轨迹就是刀心运动轨迹，所以程序编制只需要计算出基点坐标即可。工艺分析简单，只需要考虑合理选择刀具和切削参数。那么，通过任务实施达到掌握圆弧插补指令的目的。

任务实施

依据数控铣削加工工艺规程的制定原则完成以下内容。

① 图样分析　零件图已直接给定各基点坐标。工件材料为 45 钢。

② 确定装夹方案　采用机用平口虎钳和等高垫铁装夹。

③ 选择刀具及切削用量　选用 ϕ0.5mm 高速钢雕刻刀如图 5-13 所示，a_p=0.3mm，v_c=10m/min，F=600mm/min。

重要提示

对于刻线或二维图案的加工常采用数控雕刻刀具，其切削参数可查阅厂家提供的刀具切削手册。

④ 进给路线的制定　如图 5-12 所示，首先加工曲线 1，从 1 点 Z 向直接下刀，沿轮廓加工。然后提刀，定位到 9 点，下刀加工曲线 2，再提刀定位到 11 点，下刀加工曲线 3，再提刀，完成加工。

图 5-13　高速钢雕刻刀

⑤ 基点计算　采用 CAD/CAM 软件自动捕捉完成。

⑥ 编写参考程序（见表 5-5）根据以上所学知识，可编写出加工任务要求的程序，参考如下。

表 5-5　加工程序

程序内容	说明
O0011;	程序名（T01 刀已安装在主轴上）
G54G90 G17 G40 G80;	初始化加工环境设定并选定坐标系 G54
M03 S6500;	主轴正转
G43 G00 H01 Z100;	*Z* 轴定位，建立长度正补偿
X-6.848 Y24.175;	定位
Z10;	下刀
G01 Z-0.3 F50 M08;	打开切削液，切削进给到深度
G02 X-9.638 Y26.832 R2.030 F150;	开始沿曲线 1 轮廓切削
X-3.867 Y22.303 R-3.763;	
X-13.860 Y25.248 R6.328;	
X-11.959 Y29.603 R3.567;	
G03 X-8.387 Y31.036 R39.347;	
X-4.371 Y33.461 R11.205;	
G02 X4.316 Y33.470 R6.328;	
G03 X8.687 Y31.036 R11.205;	
X11.959 Y29.603 R39.347;	
G02 X13.860 Y25.248 R3.567;	
X3.867 Y22.303 R6.328;	
X9.638 Y26.832 R3.763;	
X6.848 Y24.175 R2.030;	曲线 1 加工完毕
G00 Z5;	抬刀
X-4.326 Y28.472;	准备加工曲线 2
G01 Z-0.3 F50;	下刀
G02 X4.326 R6F150;	曲线 2 加工完毕
G00 Z5;	抬刀
X-5.248 Y21.453;	准备加工曲线 3
G01 Z-0.3F50	下刀
G02 X-7.441 Y16.608 R7.303 F150;	
G03 X-14.920 Y0 R22.118;	
G02 X-5.563 Y10.191 R12;	曲线 3 加工完毕
G03 X6.046 Y21.143 R15.453;	
G43 G00 Z100 H01 M09;	抬刀到起始高度，取消长度补偿
M30;	程序结束
%	

任务评价

本次任务主要练习圆弧插补指令的编程，同时也要求学生掌握计算机绘图能力，该曲线上多处基点的计算，如用手工求解，是很复杂的。另外，通过本次任务的实施，也让学生了解数控加工所用刀具的一些基本知识。

通过本次任务的操作还要掌握系统的图形模拟功能及常用程序校验方法。

拓展与提高

1. G18 平面上加工圆弧

如图 5-14 所示：要在 *XZ* 平面内铣削一圆弧，刀具起点坐标（10,0,15），终点坐标（25,0,5），

顺时针铣削 *R*16 的圆弧。

如直接编写程序：

```
…
G01  Z15 F200;
     X10.0;
G18 G02 X25 Z5 R16 F100;
…
```

2. 工件加工时的下刀方式

加工外轮廓时，一般从零件轮廓空隙处下刀（工件外围）。加工封闭内轮廓时刀具必须从工件上方切入材料。常用加工方法可先加工预钻孔（落刀孔），然后刀具沿预钻孔下刀；如果没有预钻孔，在加工中心或数控铣床上可采用以下三种方法。

① 垂直下刀　在使用键槽铣刀时，由于铣刀有端刃，可在编写加工程序时直接 *Z* 向下刀加工。

② 斜线下刀　铣刀在径向沿直线进给的同时，切削深度 a_p 不断增大，加工后的表面为斜面。刀具局部受力，即当执行 G01 X___Y___Z___指令时，实现的是三坐标联动。加工如图 5-15 所示直线 *AB*，可编写如下程序：

```
…
G00 Z10 ;  /刀具 Z 轴快速定位；
X20 Y30 ;  /刀具快速定位到 A 点；
G01 X10 Z-5 F100；/斜线下刀到 B 点；
…
```

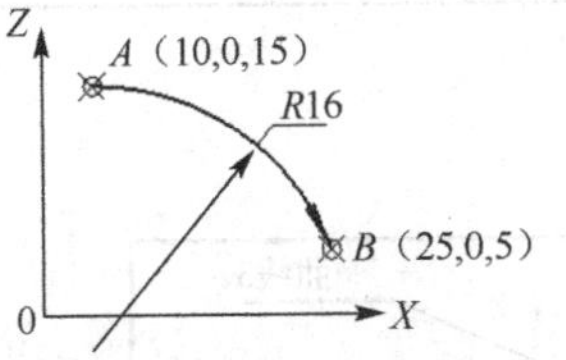

图 5-14　*XZ* 平面铣削圆弧

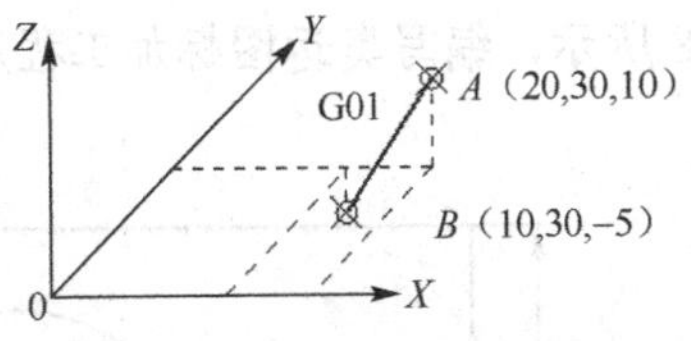

图 5-15　斜线下刀方式

③ 螺旋下刀　铣刀在径向沿圆周（大于铣刀直径）进给的同时，切削深度 a_p 不断增大，因此刀具轨迹呈螺旋状。一般用于大于铣刀直径的孔加工、型腔加工。

如图 5-16 所示，走刀轨迹欲为从 *A* 点到 *B* 点的螺旋线，可如下编写程序：

```
…
G00 Z10;    /刀具 Z 轴快速定位
     X50 Y0;     /刀具快速定位到 A 点
G03 Z-5 I-10 F100；/螺旋下刀到 B 点
```

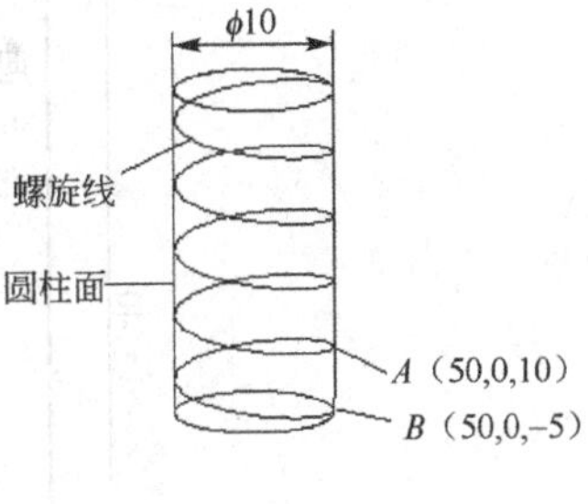

图 5-16　螺旋线

思考与练习

1. 如图 5-17 所示为两个平面曲线图形，要求在某零件表面试用雕刻铣刀加工图案，请采用直线插补指令和圆弧插补指令，并按绝对坐标编程与增量坐标编程方式分别编写它们的精加工程序。

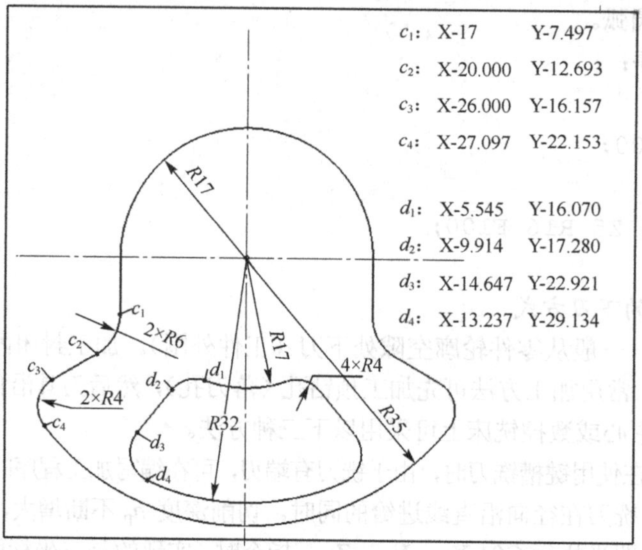

图 5-17 平面曲线零件

2. 如果采用直径为 10mm 的立铣刀加工如图 5-18 所示的图案，外轮廓凸台和内轮廓型腔深度各为 5mm，请思考精加工程序如何编写。

重要提示

如果用直径为 10mm 的立铣刀加工内外轮廓，编程轨迹和实际轮廓轨迹存在怎样关系？

3. 如图 5-18 所示，编写奥运图标加工程序。

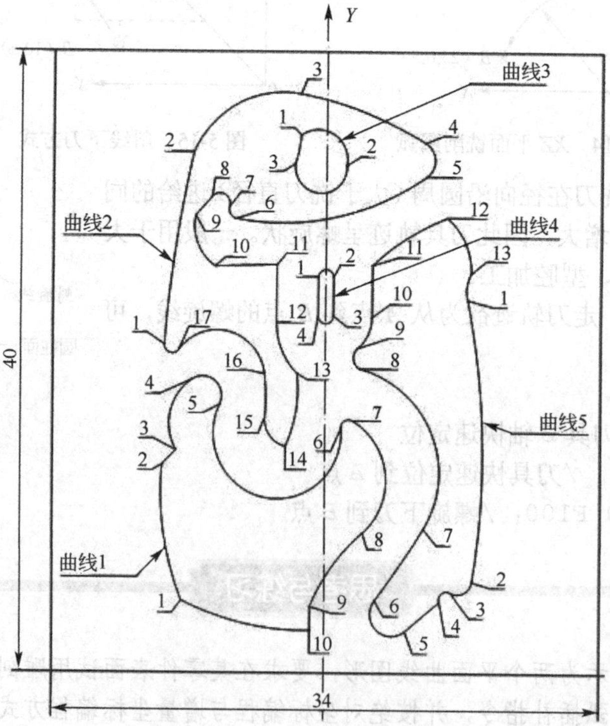

图 5-18 奥运图标

要求：使用雕刻刀加工轮廓。刻线深度为 0.3mm，首先在机床上模拟完成，然后实际加工出图案。基点坐标如图 5-19 所示。

项目	X	Y	属性	参数
1	−9.474	4.652	圆弧	R=18.766
2	−10.761	13.407	直线	
3	−9.846	14.313	圆弧	R=3.434
4	−8.823	18.879	圆弧	R=1.263
5	−6.972	17.289	圆弧	R=4.231
6	1.057	15.779	圆弧	R=0.5
7	1.801	16.253	圆弧	R=4.419
8	2.505	9.049	圆弧	R=12.877
9	−0.974	4.294	直线	
10	−0.974	2.751	圆弧	R=18.533
1	−9.474	4.652		

（a）曲线 1

项目	X	Y	属性	参数
1	−10.636	21.13	圆弧	R=79.945
2	−8.77	33.529	圆弧	R=6.420
3	−1.763	37.302	圆弧	R=23.333
4	6.487	34.15	圆弧	R=1.300
5	6.548	31.981	圆弧	R=16.569
6	−5.953	29.254	圆弧	R=0.60
7	−6.42	30.017	圆弧	R=0.677
8	−7.583	30.652	直线	
9	−8.647	29.449	圆弧	R=3.158
10	−7.358	26.192	直线	
11	−3.224	26.309	直线	
12	−3.224	22.567	圆弧	R=4.621
13	−1.874	19.302	圆弧	R=8.843
14	−2.607	14.595	圆弧	R=1.752
15	−3.968	16.453	圆弧	R=14.234
16	−4.006	19.265	圆弧	R=3.157
17	−9.687	20.78	圆弧	R=0.527
1	−10.636	21.13		

（b）曲线 2

项目	X	Y	属性	参数
1	−1.71	34.658	圆弧	R=1.955
2	1.32	32.692	圆弧	R=1.704
3	−2.074	32.802	直线	
1	−1.71	34.658		

（c）曲线 3

项目	X	Y	属性	参数
1	−0.5	25.5	圆弧	R=0.500
2	0.5	25.5	直线	
3	0.5	23	圆弧	R=0.500
4	−0.5	23	直线	
1	−0.5	25.5		

（d）曲线 4

项目	X	Y	属性	参数
1	9.326	24.052	圆弧	R=49.334
2	9.689	5.9	圆弧	R=0.971
3	8.276	5.202	圆弧	R=0.510
4	7.526	4.602	直线	
5	5.323	2.718	圆弧	R=1.411
6	3.324	4.677	圆弧	R=55.911
7	6.482	9.319	圆弧	R=6.907
8	2.29	19.606	圆弧	R=0.800
9	2.142	20.933	圆弧	R=2.600
10	3.076	22.929	直线	
11	3.076	26.286	直线	R=15.082
12	7.921	29.356	圆弧	R=4.503
13	9.526	25.752	圆弧	R=2.305
1	9.326	24.052		

（e）曲线 5

图 5-19 基点坐标

情境 6

零件轮廓铣削编程与加工

【引言】

编制零件二维轮廓程序，是手工编程的一项重要内容。轮廓零件的加工，是数控铣削/加工中心加工的重要环节。

本单元通过两个具体的任务，讲述轮廓编程的基本方法及注意事项。关键是通过加工零件的内、外轮廓表面，并在保证图纸技术要求的前提下，重点讲述刀具半径补偿功能在程序编制中的应用。任务 1 是加工方形凸模，通过任务的实施过程，我们引出刀具半径补偿功能在数控铣削编程中的应用；任务 2 是完成平面内轮廓的加工，通过该任务的实施，目的是讲述在凹圆弧加工中应用刀具半径补偿的注意事项及刀具路径的合理选择；重点是阐述在编制程序中如何合理地确定走刀路线，既不产生过切或欠切，又能使生产效率最优。

【目标】

能够手工编制二维轮廓铣削程序；掌握较复杂内、外轮廓编制的基点计算；重点掌握使用刀具半径补偿功能对内、外轮廓进行编程和铣削。掌握刀具半径偏置功能在数控铣床/加工中心上的应用。

知识准备

1. 刀具半径补偿的概念

在数控铣床/加工中心上进行轮廓的铣削加工时，刀具切削刃总是与工件轮廓相切，由于刀具半径的存在，刀具刀位点（刀具中心）的轨迹和工件轮廓不重合，这就意味着刀具运动形成的轨迹中，刀具中心轨迹与实际轮廓之间存在一个等距刀具半径，如图 6-1 所示。用户编写程序时，为了避免计算刀具中心轨迹，数控编程只需按工件轮廓进行，数控系统自动计算刀具中心轨迹，使刀具偏离工件轮廓一个半径值，即进行刀具半径补偿。刀具半径补偿是控制系统的一个功能。

（1）刀具半径补偿类型

随着 CNC 技术不断发展，刀具半径补偿方法也在不断发展，有三种补偿类型：A 型刀补、B 型刀补、C 型刀补。当前所有 CNC 系统使用的是 C 型刀补的方法，它具有预览功能，可以避免过切。

刀具半径偏置是控制系统的一个功能，它可以在不知道刀具确切半径的情况下，对轮廓进行编程。

（2）刀具半径补偿的应用

从实际情况看，使用刀具半径偏置有如下各种原因。

① 不同刀具半径的相同编程。

② 利用同一个程序、同一把刀具，通过设置不同大小的刀具补偿半径值而逐步减少切削余量的方法来达到粗、精加工的目的。运动情况如图 6-2 所示。

③ 当刀具磨损或刀具重磨后，刀具半径变小，只需在刀具补偿值中输入改变后的刀具半径，而不必修改程序。

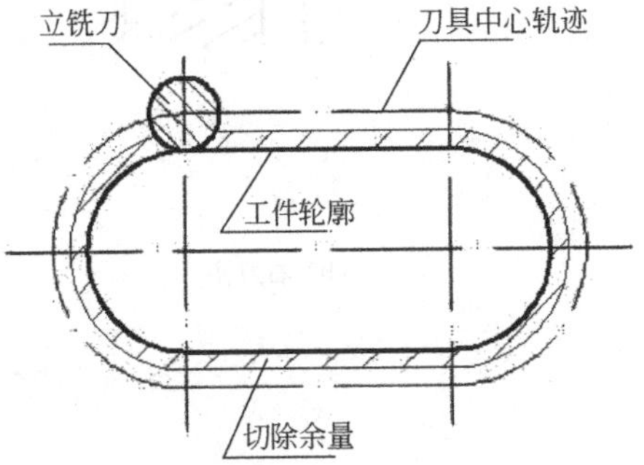

图 6-1　刀具半径补偿

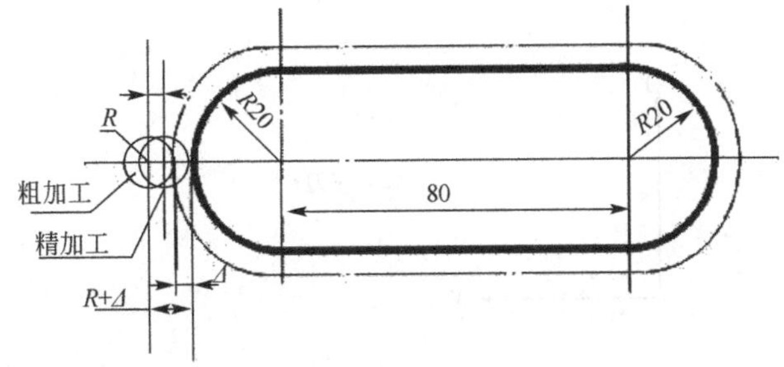

图 6-2　粗、精加工编程轨迹

编程技巧

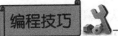

在补偿模式下对刀具半径进行编程，必须要清楚三项内容：图纸中的轮廓点；指定刀具运动方向；存储在控制系统中的刀具半径。

（3）指令格式

刀具半径补偿指令：G41，G42，G40，都是模态代码。

执行刀补 {G17 / G18 / G19} {G41 / G42} {G00 / G01} {X__Y__ / X__Z__ / Y__Z__} D__

取消刀补 G40 {G00 / G01} {X__Y__ / X__Z__ / Y__Z__}

指令说明

① 在进行刀具补偿前，必须用 G17、G18、G19 指定半径补偿计算平面，开机默认是 G17 工作平面；指令中 *X*、*Y*、*Z* 值是建立补偿直线段的终点坐标值；D 为刀补号地址，用 D00～D99 来指定，它用来调用内存中刀具半径补偿的数值。

② 指令解读。

a. 在机床主轴为顺时针旋转（M03）且使用右旋刀具的前提下：G41 指令为左径补偿，用于顺铣模式；G42 指令为右径补偿，用于逆铣模式。

判定方法：如图 6-3 所示，先确定所在坐标系，沿刀具运动方向向前看，刀具在零件左侧，即为左补；刀具在零件右侧，即为右补。

b. G40 为刀具半径偏置模式取消。

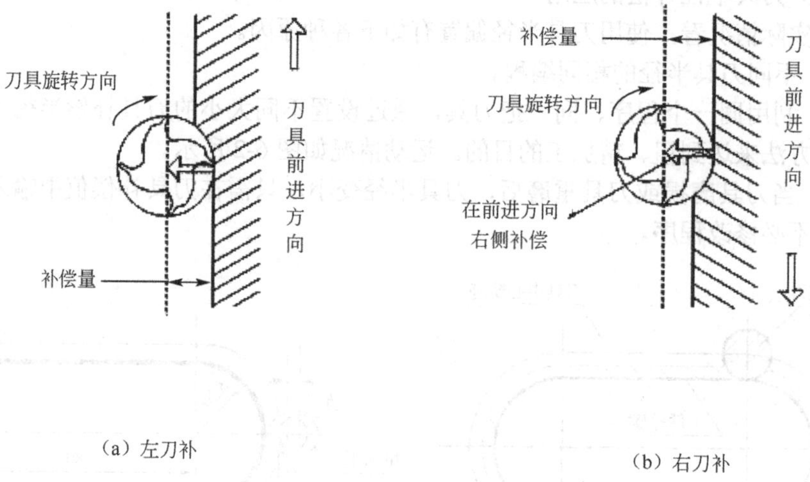

图 6-3　刀具补偿方向

(4) 刀具半径补偿的建立过程

① 刀补的建立　在刀具从起点接近工件（目标点）时，刀心轨迹从与编程轨迹重合过渡到与编程轨迹偏离一个偏置量的过程。刀补的建立一般可理解为刀具进入切削加工前的一个辅助程序段，“核心”是程序员一般需要自己建立刀补直线段的起点和终点坐标。

如图 6-4 所示，*OA* 直线段为刀补建立阶段。

如：`G90G00 X0Y0;`　　　　　　　　定义起点

　　`G41G01 X20 Y10 D01 F100;`　　到达目标点

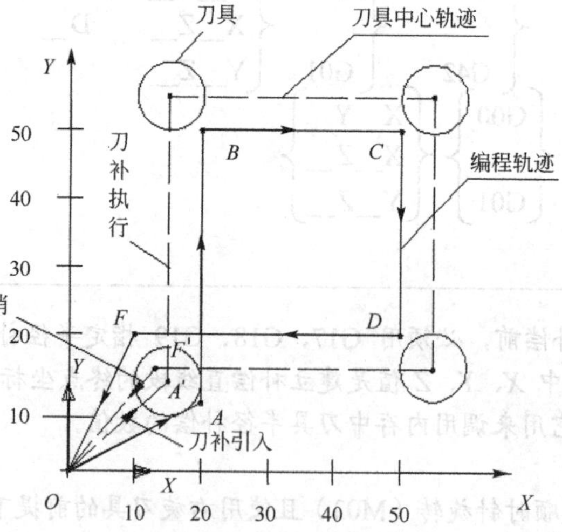

图 6-4　刀具补偿建立过程

a. 刀补的启动要遵循以下主要原则

- 通常在工件轮廓的空隙中选择刀具的起始位置，如图 6-4 所示 *O* 点位置。

• 一定要将刀具半径偏置与刀具运动同时使用。也就是说必须在 G00 或 G01 程序段（直线段）内完成，而且移动的距离要大于偏置量，如图 6-4 所示 *OA* 直线段。

• 刀具半径偏置启动一定和后续程序段的运动方向有关，如图 6-5（a）、(b）所示 *AB* 的运动方向。

b. 刀具半径偏置常用的导入运动　如图 6-5 所示，刀具都正确且最终到达 X0 Y50 位置，常由以下两种方法实现。

• 如图 6-5（a）所示方法最简单，刀具首先朝 X0 运动，在这个过程中刀具半径偏置开始有效，然后在补偿模式下向第一个目标点运动。

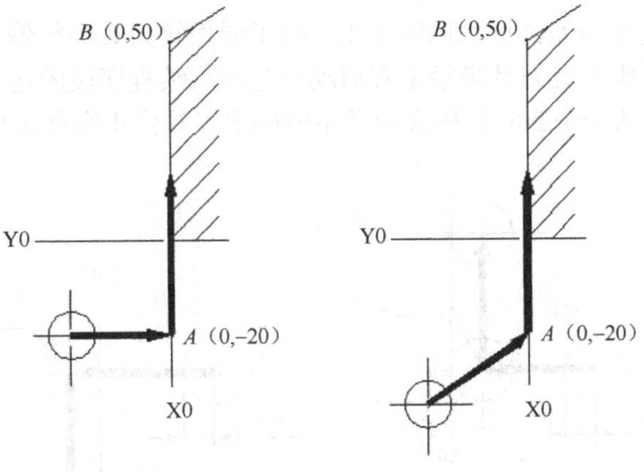

图 6-5　应用刀具半径偏置的几种导入运动

以上两个运动的程序编写如下：

```
N50 G01 G41 X0 D01 F100;
N60 Y50;
…
```

• 如图 6-5（b）所示，也需两个运动，程序编写如下：

```
N50 G01 G41 X0 Y-20 D01 F100;
N60 Y50;
…
```

重要提示

建立刀补的 *Z* 向位置：可以在安全高度位置的平面上加刀补，再下刀；或者下刀到切削平面位置上再建立刀补。由于 CNC 控制系统的差异，可能会出现错误，请详见具体编程说明书。

② 刀补执行　刀具中心始终与编程轨迹相距一个偏置量，如图 6-4 所示。刀偏置量的计算是由 CNC 控制系统完成，路径可以是直线或圆弧。如图 6-4 所示,一旦偏置生效，便可以沿工件编写轮廓拐点，控制器将自动计算刀具中心路径。

③ 刀补取消　刀具离开工件，刀心轨迹要过渡到与编程轨迹重合的过程。

特别注意

① 刀具半径取消偏置时也需要导出运动，导出运动的长度必须大于刀具半径，至少应该与它相等，导入和导出运动也称为切入和切出运动。

② 刀补的取消必须在 G00 或 G01 程序段。一般是先抬刀到高度位置的平面上，再取消刀补。

如：
```
G00 Z150;
G40 X0 Y0 ;
```

（5）刀具半径补偿预览功能

刀具半径偏置一定要与刀具运动同时使用，除了要理解刀具半径偏置的启动程序段一定是运动直线段外；还要正确理解刀具半径偏置启动一定和后续程序段的运动方向有关。

如图 6-6 所示，单从一个 N6 程序段中并不能确定刀具停止在什么位置。

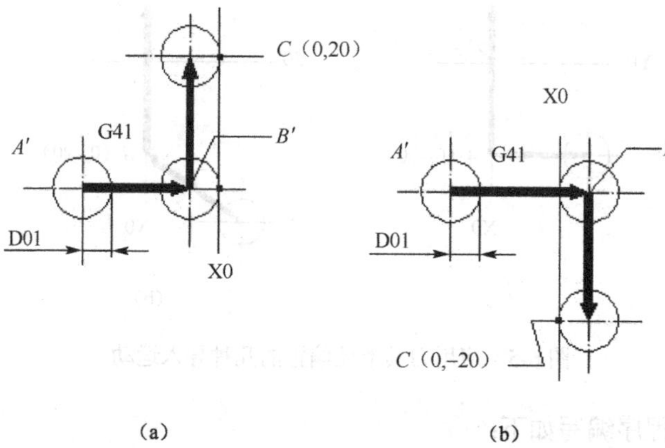

图 6-6 刀具半径偏置中下一刀具运动的重要性

（a）、（b）的下一方向分别为 *Y* 轴的正、负方向

N6 后的目标位置为 *Y* 轴正方向，如图 6-6（a）所示，其程序如下：

```
…
N5 G90 G54 G00 X-20 Y0 ;
N6 G01 X0 D01 F150;          （偏置开始）
N7 Y20;                      （Y轴正方向运动）
…
```

N6 后的目标位置为 *Y* 轴负方向，如图 6-6（b）所示，其程序如下：

```
…
N5 G90 G54 G00 X-20 Y0 ;
N6 G01 X0 D01 F150;          （偏置开始）
N7 Y-20;                     （Y轴负方向运动）
…
```

两种情况下程序段 N6 的内容相同，但是 N6 之后的运动不一样，这就决定了刀具偏置启动直线段的终点 *B*′ 机械坐标值位置不同。也就是说程序段 N6 中并不包含使用刀具偏置所需的足够数据，控制系统始终要知道下一运动的方向。

特别注意

执行C型刀补的控制器一般都具有预读功能，一般只能预读几个程序段。后续程序段刀具路径的运动方向直接影响刀补直线段的正确建立。

以 FANUC 0iMC 系统为例，分析以下例子。

两个没有运动的程序段：

```
N10 G54 G90 G00 Z50 S800 M03;
N20             X-100 Y-100;
N30 G41          X0 Y0 D01;            (偏置开始)
N50             M08;                   (没有运动的程序段)
N60 G01          Z-5 F200;             (没有 X、Y 运动的程序段)
N70             Y10 F100;              (运动程序段)
...
```

这个例子在刀具半径偏置后跟有两个不包括任何 *X*、*Y* 运动的程序段。如果不使用刀具偏置，这个程序没有问题；使用刀具偏置时，这样的程序结构就可能产生问题。具有“预览”功能的控制器只能预览有限的几个程序段，如 FANUC 0iMC 系统只能预览一个或两个程序段，这由控制器的功能决定，但并不是所有的控制器都一样。如 SIEMENS 802D 控制器可以预览两个以上程序段。

如果刀具半径偏置的程序出现错误，会产生严重的后果，可能会使工件报废。具体情况请查阅有关编程说明书。

(6) 刀具半径补偿注意事项

① 在进行刀径补偿前，必须用 G17 或 G18、G19 指定刀径补偿是在哪个平面上进行。平面选择的切换必须在补偿取消的方式下进行，否则将产生报警。

② 无论是内、外轮廓在加工凹圆弧时，刀补值一定要小于或等于凹圆弧半径，否则补偿时会产生干涉，系统会显示错误报告，并停止执行，如图 6-7 (a) 所示。

③ G41、G42 指令不要重复规定，补偿量的变更一般要在取消模式下进行。

④ 当刀补数据为负值时，则 G41、G42 功效互换。

⑤ 建立刀补或取消刀补，都要注意路径的合理选择，以防过切或欠切。

通常过切有以下两种情况。

a. 刀具半径大于所加工工件内轮廓转角时产生的过切，如图 6-7 (a) 所示。要求内侧圆弧半径 $R \geq$ 刀具半径 r+剩余余量。

b. 刀具半径大于所加工沟槽时产生的过切，因为刀具半径补偿强制刀具中心路径向程序路径反方向移动，刀心轨迹产生自相交，如图 6-7 (b) 所示。

⑥ 如果在主、子程序中使用刀补，一般情况是在子程序中建立、取消刀补。

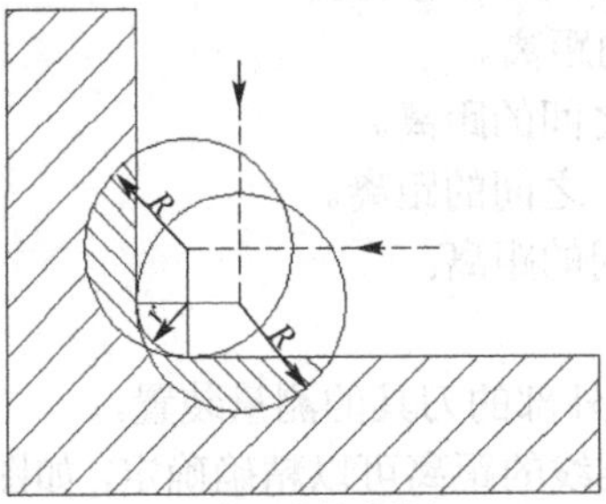

(a) 加工内轮廓转角

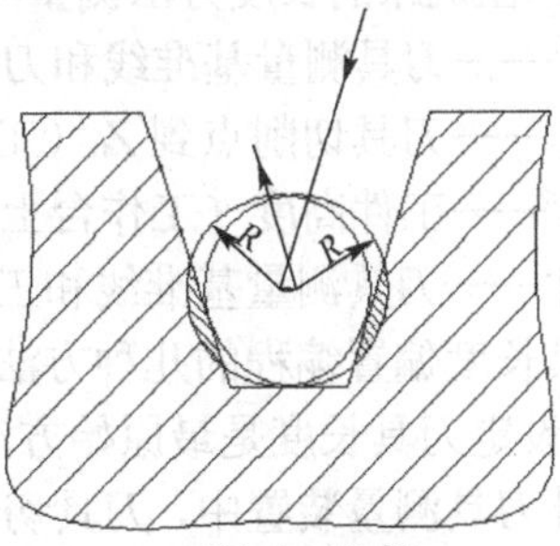

(b) 加工沟槽

图 6-7 过切的两种情况

2. 加工中心刀具长度补偿功能

当在加工中心上用多把刀完成一道工序或几道工序的加工时（工件一次装夹），所有刀具测得的 *XY* 值均不改变，但测得的 *Z* 值是变化的，原因是每把刀的长度都不相同，刀柄的长度也不相同，如 HSK63、HSK100、BT40 以及 JT40 等，都是已经确定的欧洲、日本和美国标准。

刀具长度偏置是纠正刀具编程长度和刀具实际长度差异的过程。

在 CNC 编程中使用刀具长度偏置的最大优点是编程人员在设计一个完整程序时，可尽可能多地使用刀具，而不必知道任何刀具的实际长度。

（1）指令格式

G43 /G44 Z_ H_;

指令说明：

G43 刀具长度补偿“+”指令；G44 刀具长度补偿“–”指令；二者区别的“奥秘”只不过是符号的改变。

H 指定的是刀具长度偏置号，H 偏置号表示的是长度方向偏置寄存器的地址，存放的是长度方向的偏置值。

如以下语句段：

N40 G43 Z200 H01； H01 的测量值（补偿值）为 153.126，则 *Z* 轴的实际行进运动为：G43，Z+H01 =200+153.126=353.126;

N50 G44 Z200 H01； H01 的测量值（补偿值）为 153.126，则 *Z* 轴的实际行进运动为：G44，Z+H01=200-153.126=46.874;

G49；刀具长度偏置的取消

使用 G49 指令的方法在于它本身（在一个程序段中）位于机床回 *Z* 轴原点程序段前，例如：

```
N260 G49
N262 G91 G28 Z0
...
```

或还有一种取消刀具长度偏置的方法，那就是根本不写 G49,但每一把刀最终情况都使用 G28 或 G30 指令使刀具回到机床原点，因为 FANUC 规则——任何 G28 或 G30 指令将自动取消刀具长度偏置。

（2）刀具长度偏置的 *Z* 轴方向尺寸

① 测量基准线　将装有切削刀具的刀套安装到主轴上时，它的锥度与主轴锥度相同，并通过拉钉拉紧。在主轴 *Z* 向回机床第一参考点时，使得刀柄在主轴上有一个固定位置，这一位置用作参考，通常称为测量基准线。

② 刀具长度偏置的 *Z* 轴关系　如图 6-8 所示，从操作人员的角度看（立式机床主视图），图示中的四个尺寸均可以通过测量方法和查阅机床用户手册获得，它们通常是已知或给定尺寸，即 $A=Z-B-C$，在机床的长度方法测量与机床的精密调试中相当关键。

a. *A* 尺寸——刀具测量基准线和刀具切削点之间的距离。

b. *B* 尺寸——刀具切削点到 Z_0（工件程序原点）之间的距离。

c. *C* 尺寸——工件高度（工作台上表面到工件 Z_0）之间的距离。

d. *D* 尺寸——刀具测量基准线和工作台上表面之间的距离。

（3）刀具长度偏置编程的几种方法

① 预先设定刀具长度是最原始方法，它基于机床外部的刀具的测量装置。

使用机外刀具测量装置中，刀具切削刃到测量基准线的距离可以精确确定，如图 6-9 所示。H01 可以通过使用机外预调装置精确测量，也可以使用如图 6-8 所示方法测量。CNC 操作人员需要做的就是选用适当的偏置号，将所需刀具放置到刀具库里，并将各刀具长度输入到偏置寄存器中。Z 向对刀时，假定让刀柄处基准线的位置和工件原点（Z_0）重合，即 G54 中 Z 的位置要模拟机床测量基准线在工件原点位置的机械坐标值，如图 6-10 所示。那么在程序中，输入到偏置寄存器中的刀具长度尺寸（即刀具参考点到刀柄测量基准线之间的距离）都是正值。

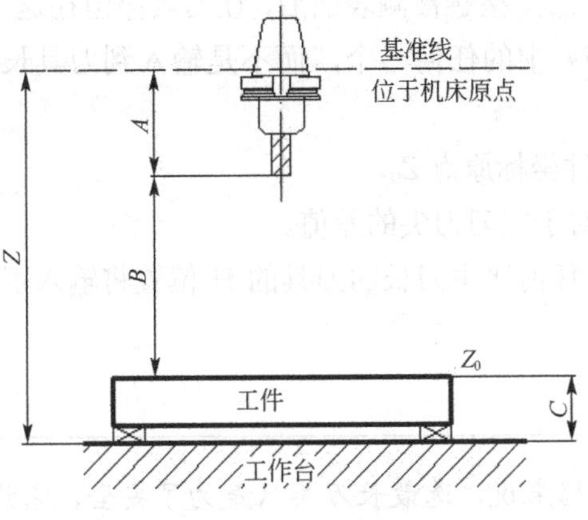

图 6-8　机床、切削刀具、工件上表面以及工件高度在 Z 轴方向的关系

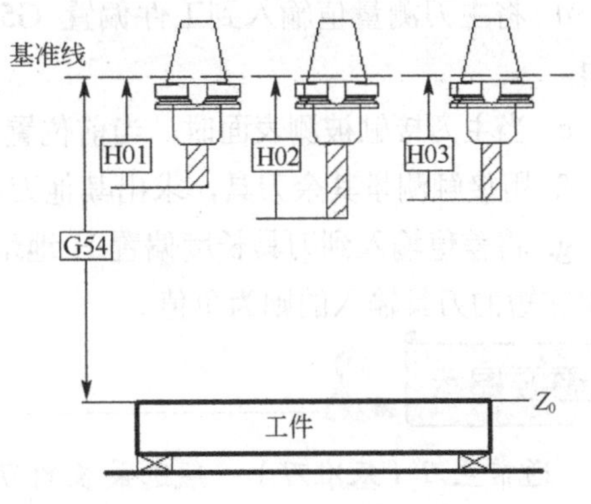

图 6-9　机外刀具长度预先设置

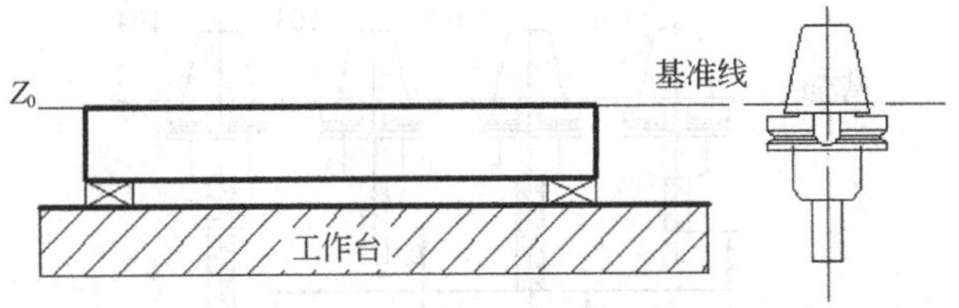

图 6-10　机外刀具长度预先设置方法 Z 向工件坐标原点的刀具位置

② 用接触法测量刀具长度。使用接触法测量刀具长度是一种常见方法，每一把刀具都指定一个称为刀具长度偏置号的 H 编号。H 编号通常对应刀具编号。设置过程就是测量刀具从机床原点位置（原点）运动到程序原点位置（Z_0）的距离。这一距离通常为负，并被输入到控制系统的刀具长度偏置寄存器下的 H 偏置号里。在工件坐标系 G54~G59 的 Z 向机械坐标值输入的是 Z 轴回零的位置坐标，即 Z=0.000，如图 6-11 所示。

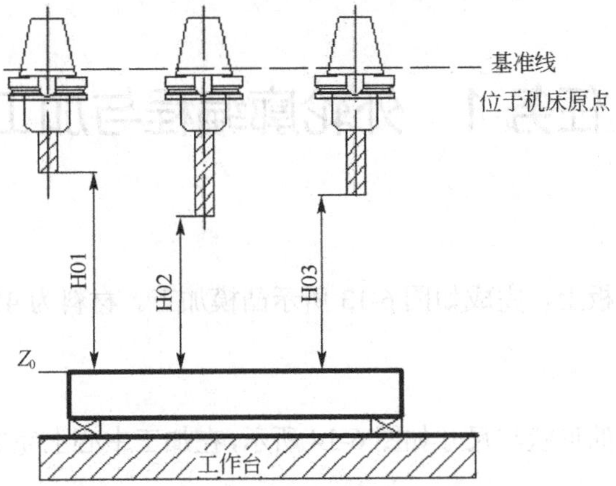

图 6-11　刀具长度偏置设置的接触测量法

③ 使用主刀长度法的刀具长度偏置。使用主刀长度测量法的步骤如下。

a. 取出主刀（基准刀）将其安装在主轴上。

b. Z 轴回零并确保屏幕显示机械坐标值为 Z0.000。

c. 使用前面的接触测量法，测量主刀刀具长度。接触被测表面后，让刀具停留在这一位置。

d. 将主刀测量值输入到工件偏置 G54~G59 中的任何一个，而不是输入到刀具长度偏置号里。

e. 当主刀接触被测表面时，当前位置为工件坐标原点 Z_0。

f. 用接触测量其余刀具，求出其他刀具相对于主刀刀尖的差值。

g. 将差值输入到刀具长度偏置 H 地址中。任何比主刀长的刀具的 H 偏置将输入正值；任何比它短的刀具输入的则为负值。

重要提示

通常主刀（基准刀）一般选最长的刀，严格来说，选最长刀具只是为了安全，它意味着其他所有刀具都比它短。

主刀设置的概念如图 6-12 所示。

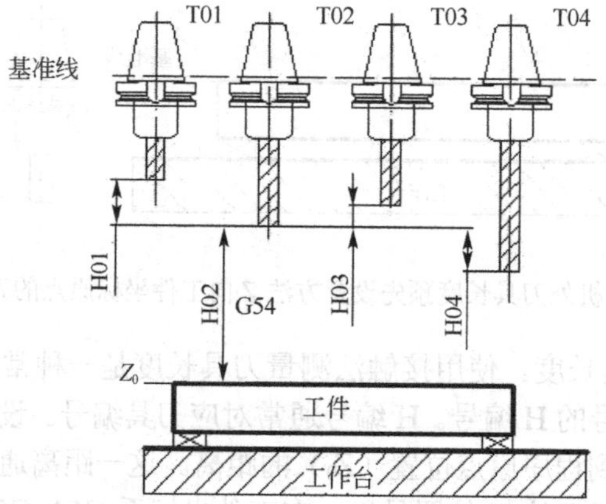

图 6-12 使用主刀长度方法的刀具长度偏置 T02 为主刀，其设置为 H02=0.0

任务 1 外轮廓编程与加工

任务描述

在预先加工好的模板上，完成如图 6-13 所示凸模加工。材料为 45 钢。

任务分析

根据已知给定模板的形状与尺寸如图 6-14 所示，在加工中心上完成方形凸台的粗、精铣削，属于外形轮廓加工。

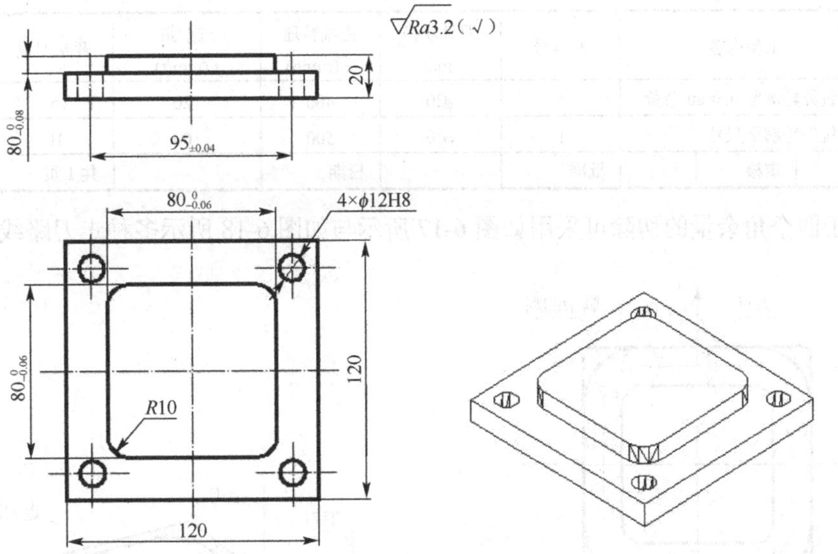

图 6-13　凸模零件图

本次任务只需编写方形凸台粗、精加工程序。由于铣刀通常都是圆形刀具，都有一定的直径。在数控铣床上进行轮廓的铣削加工时，由于刀具半径的存在，刀具中心轨迹和工件轮廓不重合。如图 6-15 所示，如果不采用刀具半径补偿功能，需要计算刀心坐标。由刀心形成的刀具路径与工件轮廓始终保持同样的距离。本次任务采用刀具半径补偿功能。

图 6-14　模板

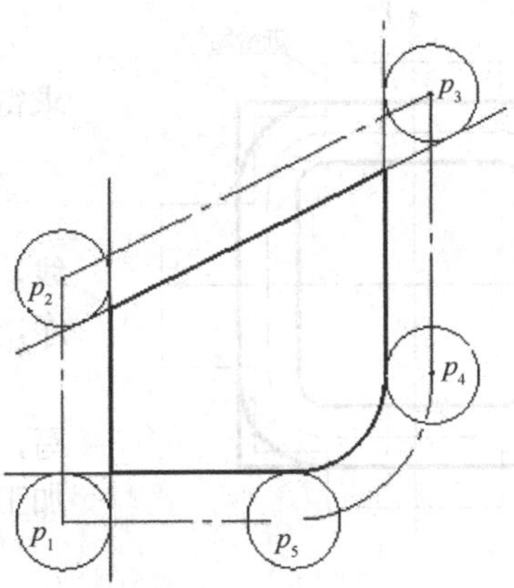

图 6-15　等距刀具路径

任务实施

1. 工艺分析

① 如图 6-13 所示，进行图样分析可知，该毛坯可采用机用平口虎钳和一对等高平行垫铁装夹；选用ϕ20mm 高速钢立铣刀先粗加工外轮廓留 0.5mm 的余量，深度分两层走刀完成；最后精加工外轮廓至尺寸要求。工序安排见表 6-1。

② 在每层粗加工外轮廓时，刀具沿着外轮廓加工，一个走刀结束后，该工件四个角会留有余量，如图 6-16 所示。

表 6-1 工序安排

工步号	工步内容	刀具号	刀具规格 /mm	主轴转速 n/(r/min)	进给量 f/(mm/r)	背吃刀量	备注
1	粗铣外轮廓留 0.5mm 余量	1	ϕ20	400	120	5	分层
2	精铣外轮廓至尺寸	1	ϕ20	500	100	10	
编制	审核	批准		日期		共 1 页	第 1 页

③ 对于四个角余量的切除可采用如图 6-17 所示与如图 6-18 所示多种走刀路线。

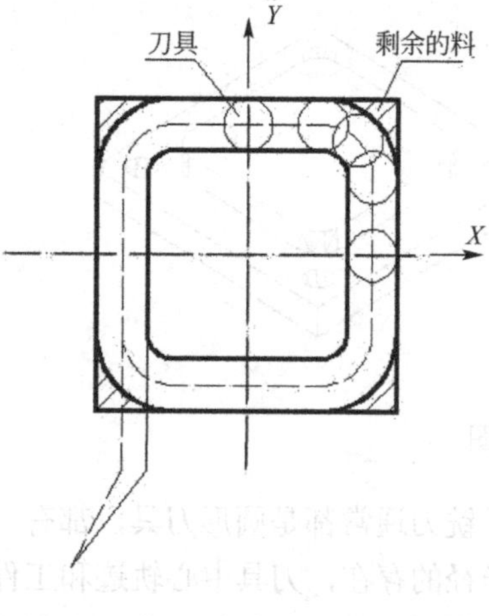

图 6-16 工序余量

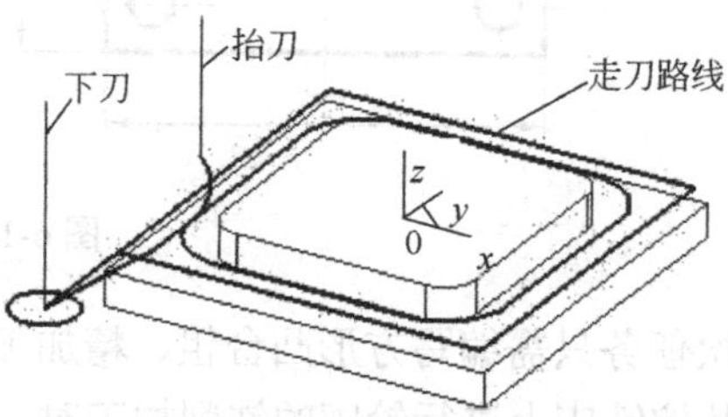

图 6-17 粗加工及除料走刀路线图（一）

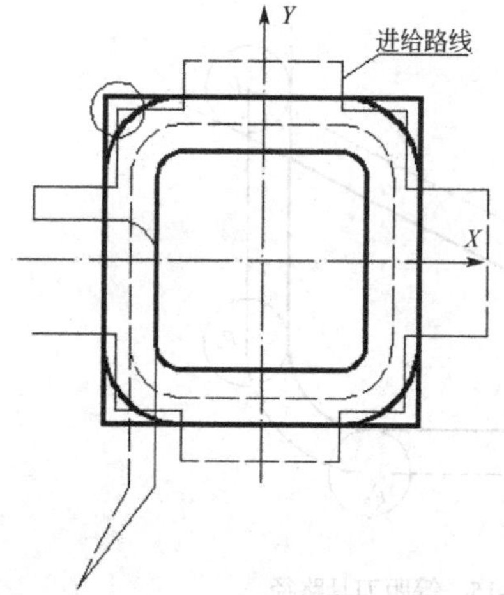

图 6-18 粗加工及除料走刀路线图（二）

2. 数值计算及编写程序清单

① 编程原点设在工件中点，基点坐标直接计算即可求得。

② 编程说明。

a. 编写粗加工刀具轨迹采用如图 6-18 所示走刀路线，程序编制简单；先沿外轮廓零件轨迹编写粗加工程序，然后把刀补取消，再走一个矩形完成除料的加工。

b. 只完成粗加工程序的第一层区域加工的程序编写，第二层可采用主、子程序或变量编程实现；如单件加工也可采用同一程序，每次修改 Z 方向坐标值。

c. 精加工程序：Z 方向数值是刀具直接到尺寸深度，X、Y 方向尺寸保证是通过精加工前测量及改变刀具半径补偿值实现。程序略。

③ 粗加工程序编制清单见表 6-2。

表 6-2 粗加工程序编制清单

程序内容	说明
%	
O0030;	程序名开始时第一把刀已装在主轴上
G90 G17 G40 G80 ;	初始化加工环境设定
G54 G00 G43 Z100 H01 M03 S400	选择坐标系 G54，主轴上移，正转
X-60 Y-120;	定位，要有空隙
Z10;	下刀至安全高度

续表

程序内容	说明
G01 Z-5 F150 M08;	下刀至深度要求
G41 G01 X-40 Y-90 D01;	建立刀补，左补
Y30 F120;	执行刀补，粗加工外轮廓
G02 X-30 Y-40 R10; …..	加工外轮廓具体程序略
G02 X-40 Y-30 R10;	
G01Y-20;	
G03 X-60 Y0 R20;	粗加工外轮廓第一层结束，圆弧切出
G00 Z100 M09;	抬刀至起始高度
G40 X-60 Y-120;	取消刀补
G00 Z10;	
G01 Z-5 F150 M08;	除去剩下的毛坯余量
Y60 F120;	
X60;	
Y-60;	
X-80;	
G49 G00 Z100 M09;	提刀，取消刀具长度补偿
M30;	程序结束
%	

任务评价

① 任务方案对比分析。根据工艺安排的不同，把学生分成不同小组，互相探讨，制定不同的工步方案及不同的进给路线，编写不同加工程序；分析不同方案的优、缺点，进行优化，最终确定“最佳方案”。

② 要注意在程序校验过程中因为“刀补问题”产生的报警现象。

③ 关于使用刀具长度补偿，如果就一把 T01 刀，加工前已安装到主轴上，*Z* 向对刀 T01 就是主刀，那么 H01=0.0。

任务2 内轮廓编程与加工

任务描述

毛坯为六面已经加工过的 140mm×100mm×10mm 的塑料板，试铣削成如图 6-19 所示的零件。

任务分析

内轮廓不与外界相接，因此在铣削内轮廓时可以使用键槽铣刀加工，也可以先加工出工艺孔，以利于立铣刀下刀铣削内轮廓。在内轮廓的加工中应考虑选择适当的切入和切出方式，如圆弧切入与切出。

任务实施

1. 工艺分析

（1）零件图和毛坯的工艺分析

① 工件轮廓线由直线、四个 *R*10mm 圆弧和一个 *R*40mm 的圆弧构成，轮廓深 10mm。

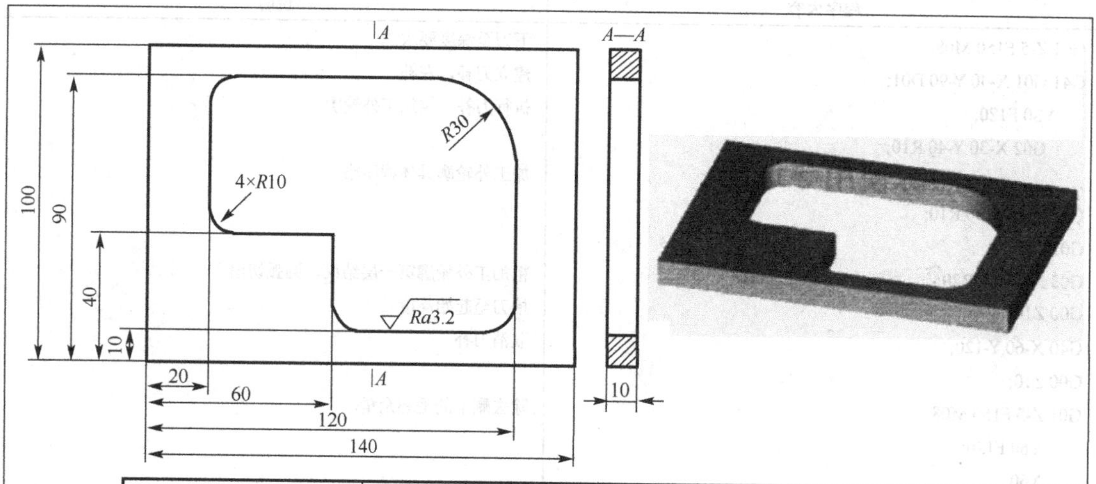

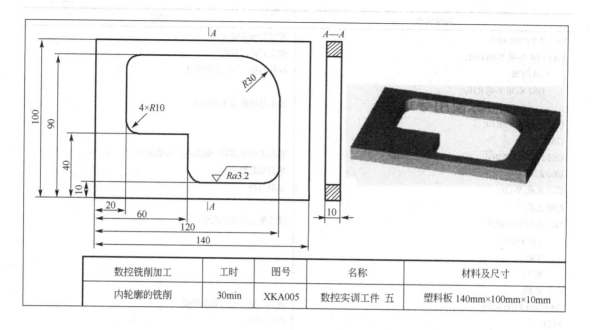

数控铣削加工	工时	图号	名称	材料及尺寸
内轮廓的铣削	30min	XKA005	数控实训工件 五	塑料板 140mm×100mm×10mm

图 6-19 零件示意图

② 该工件的表面粗糙度 *Ra* 为 3.2μm，加工中安排粗铣加工和精铣加工。

（2）确定装夹方式和加工方案

① 装夹方式 采用机用平口钳装夹，底部用等高垫块垫起。等高垫块应放置在零件轮廓的外侧，以防止在加工的过程中妨碍刀具的切削。

② 加工方案 由于内轮廓不与外界相连，首先使用麻花钻 T02 钻削一个加工的工艺孔，以便于立铣刀 T03 下刀，然后本着先粗后精的原则，分层粗铣内轮廓后，再精铣内轮廓。

（3）选择刀具

① 选择使用ϕ20mm 的麻花钻 T02 钻削工艺孔。

② 选择使用ϕ8mm 的立铣刀 T03 粗、精铣内轮廓。

（4）确定加工顺序和走刀路线

① 建立工件坐标系的原点 设在工件上底面ϕ10mm 圆弧的圆心上。

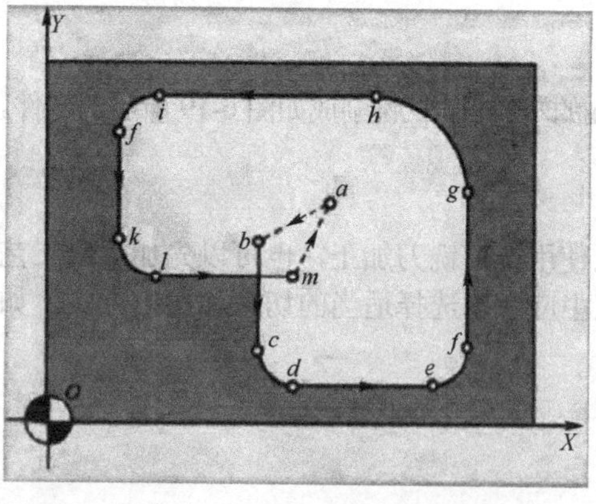

图 6-20 走刀路线示意图

② 确定起刀点 设在工件坐标系原点的上方 100mm 处。

③ 确定下刀点 设在 *O* 点上方 100mm（X0 Y0 Z100）处。

④ 确定走刀路线 首先使用ϕ20mm 的麻花钻在工件坐标系的 *a* 点钻削一个工艺孔，然后使用ϕ8mm 的立铣刀分五层粗铣内轮廓，铣削走刀路线为 *a—b—c—d—e—f—g—h—i—j—k—l—m—a*，最后使用ϕ8mm 的立铣刀精铣内轮廓。走刀路线采用延长线切入和延长线切出的方式，*ab* 段引入刀具半径补偿，*ma* 段取消刀具半径补偿，如图 6-20 所示。

（5）编写加工技术文件

① 工序卡（见表 6-3）。

表 6-3　数控实训工件的工序卡

材料	塑料板	产品名称或代号		零件名称		零件图号	
		N0070		内轮廓		XKA007	
工序号	程序编号	夹具名称		使用设备		车间	
0001	O0070	机用平口钳		VMC850-E		数控车间	
工步号	工步内容	刀具号	刀具规格/mm	主轴转速 n/(r/min)	进给量 f/(mm/min)	背吃刀量 a_p/mm	备注
1	钻工艺孔	T02	ϕ20 麻花钻	300	60		自动 O0070
2	粗铣内轮廓	T03	ϕ8 立铣刀	1000	150	2	
3	精铣内轮廓	T03	ϕ8 立铣刀	1000	150	1	
编制		批准		日期		共 1 页	第 1 页

② 刀具卡（见表 6-4）。

表 6-4　数控实训工件的刀具卡

产品名称或代号		N0070	零件名称	内轮廓		零件图号		XKA007
刀具号	刀具名称	刀具规格 ϕ/mm	加工表面	刀具半径补偿号 D	补偿值 /mm	刀具长度补偿 H	补偿值 /mm	备注
T02	麻花钻	20	钻工艺孔	D02		H02	120.310	刀长补偿操作时确定
T03	立铣刀	8	铣内轮廓	D03	4.1	H03	120.236	
				D04	4			
编制		批准		日期			共 1 页	第 1 页

2. 编写程序（毛坯 140mm × 100mm × 10mm）

（1）计算基点坐标（见表 6-5）

表 6-5　基点坐标

基点	X 坐标值	Y 坐标值	基点	X 坐标值	Y 坐标值
O	0	0	g	120	60
a	80	60	h	90	90
b	60	50	i	30	90
c	60	20	j	20	80
d	70	10	k	20	50
e	110	10	l	30	40
f	120	20	m	70	40

（2）编制程序清单（见表 6-6，子程序见表 6-7）

表 6-6　数控实训工件的参考程序

程序号：O0061		
程序段号	程序内容	说明
N10	G17 G21 G40 G49 G54 G90 G94;	调用工件坐标系，绝对坐标编程
N20	T02 M06;	换麻花钻（数控铣床中手工换刀）
N30	S300 M03;	开启主轴
N40	G43 G00 Z100 H02;	将刀具快速定位到初始平面
N50	X80 Y60;	快速定位到下刀点 a（X80 Y60 Z100）
N60	Z5 M08;	快速定位到 R 平面，开启切削液
N70	G01 Z-15 F60;	钻工艺孔
N80	Z5 F200;	以工进速度退刀

续表

程序段号	程序内容	说明
N90	G00 Z100 M09;	快速返回到初始平面，关闭切削液
N100	X0 Y0;	返回到工件原点
N110	M05;	主轴停止
N120	M00;	程序暂停
N130	T03 M06;	换立铣刀（数控铣床中手工换刀）
N140	S1000 M03;	开启主轴
N150	G43 G00 Z100 H03;	将刀具快速定位到初始平面
N160	X80 Y60;	快速定位到下刀点 *a*（*X*80 *Y*60 *Z*100）
N170	Z1 M08;	快速定位到 *R* 平面，开启冷却液
N180	D03;	半径补偿为 D03
N190	M98 P60021;	粗铣到-11mm 的精度
N200	G00 Z-9 M09;	快速定位，关闭切削液
N210	D04;	半径补偿为 D04
N220	M98 P0021;	精铣到-11mm 的深度
N230	G00 Z100;	快速返回到初始平面
N240	X0 Y0;	返回到工件原点
N250	M05;	主轴停止
N260	M30;	程序结束

表 6-7 数控实训工件的子程序

程序号：O0021		
程序段号	程序内容	说明
N10	G91 G01 Z-2 F150;	*Z* 向进刀-2mm
N20	G90 G41 G00 X60 Y50;	调用半径补偿，快速定位到 *b* 点
N30	G01 Y20 F150;	铣削工件到 *c* 点
N40	G03 X70 Y10 R10;	铣削工件到 *d* 点
N50	G01 X110;	铣削工件到 *e* 点
N60	G03 X120 Y20 R10;	铣削工件到 *f* 点
N70	G01 Y60;	铣削工件到 *g* 点
N80	G03 X90 Y90 R30;	铣削工件到 *h* 点
N90	G01 X30;	铣削工件到 *i* 点
N100	G03 X20 Y80 R10;	铣削工件到 *j* 点
N110	G01 Y50;	铣削工件到 *k* 点
N120	G03 X30 Y40 R10;	铣削工件到 *l* 点
N130	G01 Y70;	铣削工件到 *m* 点
N140	G40 G00 X80 Y60;	取消半径补偿，返回到 *a* 点
N150	M99;	程序结束，返回到主程序

3. 加工工件

（1）使用标准芯轴、量块或塞尺对刀，建立工件坐标系

① 装夹工件并找正。

② 主轴上安装标准芯轴（如ϕ20mm、*H*100mm）。

③ *X* 方向对刀方法如下。

a. 在手轮模式中，移动主轴使芯轴从-*X* 方向靠近工件，在芯轴和工件之间加入塞尺或量块（如高度为 10mm 的量块），如图 6-21（a）所示。

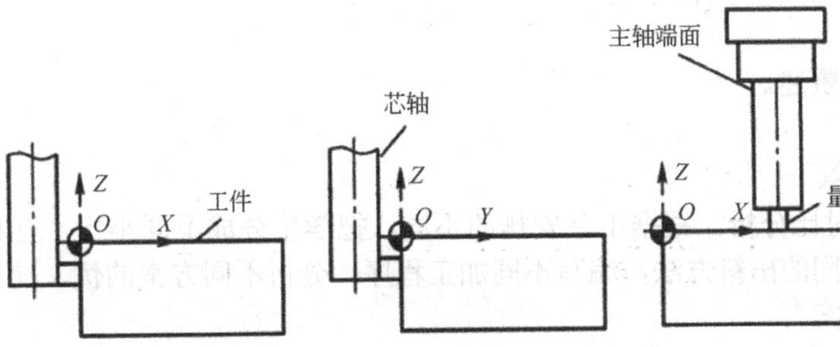

（a）X方向对刀　（b）Y方向对刀　（c）Z方向对刀

图6-21　芯轴对刀示意图

b. 在综合坐标系中读得此时的机械坐标 X 值。

c. 将该 X 值加上芯轴的半径和量块的高度（或塞尺的厚度）之和即为工件左侧面在机床坐标系中的位置坐标。

d. 沿路径“OFS/SET / 坐标系”打开工件坐标系设定界面，将该 X 坐标偏置值输入到番号01组G54的 X 坐标偏置中，如图6-22所示。

④ Y 方向对刀方法类同于 X 方向的对刀。

⑤ Z 方向对刀方法如下。

a. 在手轮模式中，移动芯轴从 $+Z$ 方向靠近工件上底面。在芯轴和工件之间以加入量块或塞尺不掉下为宜。

b. 在综合坐标系中读得此时的机械坐标 Z 值。

c. 将该值减去量块的高度（或塞尺的厚度）和标准芯轴的高度之和即为工件上底面在机床坐标系中的 Z 轴坐标偏置值。

d. 沿路径“OFS/SET / 坐标系”打开工件坐标系设定界面，将该 Z 坐标偏置值输入到番号01组G54的 Z 坐标偏置中。

对刀完毕，对刀过程如图6-21所示。设定工件坐标系如图6-22所示。由于没有考虑刀长的影响，在安装刀具前，需要首先使用机外对刀仪测量出刀具的长度，输入到相应的刀长补偿番号中，如图6-23所示。

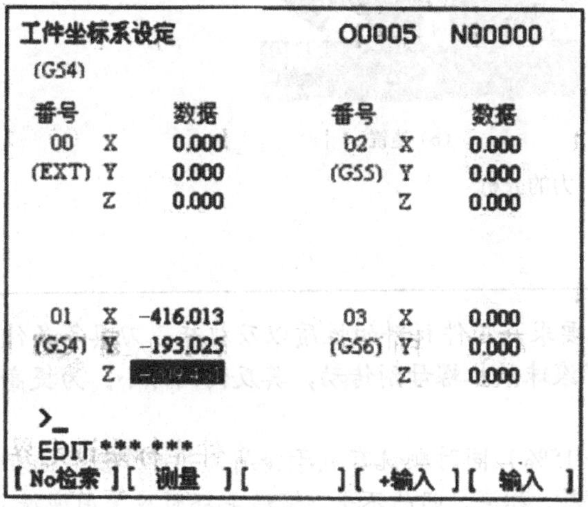

图6-22　设定工件坐标系

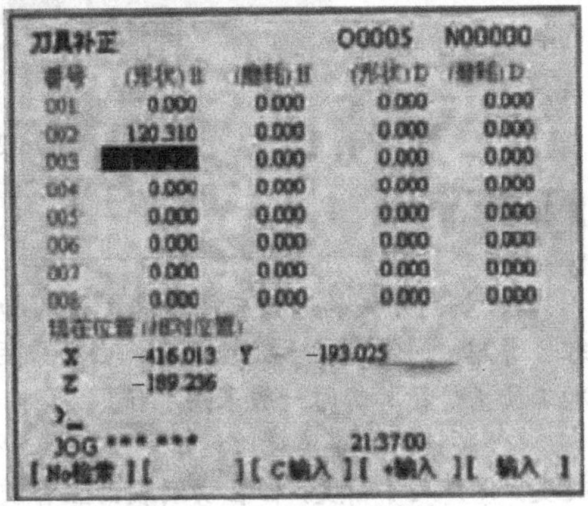

图6-23　设定刀长补偿的界面

（2）加工操作

具体内容不再赘述。

任务评价

① 任务方案对比分析。根据工艺安排的不同，把学生分成不同小组，互相探讨，制定不同的进给路线及不同的出料方法，编写不同加工程序；分析不同方案的优、缺点，进行优化，最终确定“最佳方案”。

② 要注意在程序校验过程中因为“刀补问题”产生的报警现象。

③ 深度方向加工时可采用不同的编程方法，每个小组自定，通过尺寸深度精度测量，最后进行评价。

④ 注意 ATC 自动换刀功能及常用换刀方法的使用。

拓展与提高

1. 顺铣、逆铣

圆柱形立铣刀在进行轮廓铣削时，其基本方式有圆周铣削方式（周铣）和端面铣削（端铣）

周铣是通过铣刀的圆柱形侧刃（主切削刃）切除工件多余材料的加工方法。根据铣刀的旋转方向和工件的进给方向的关系，周铣可分为逆铣和顺铣，如图 6-24 所示。

逆铣时，铣刀的旋转方向和工件的进给方向相反。

顺铣时，铣刀的旋转方向和工件的进给方向相同。

2. 顺铣和逆铣对加工的影响

在铣削加工中，采用顺铣还是逆铣方式是影响加工表面粗糙度的重要因素之一。逆铣时切削力 F 的水平分力 F_x 的方向与进给运动 V_f 方向相反，顺铣时切削力 F 的水平分力 F_x 的方向与进给运动 V_f 的方向相同，如图 6-24（a）、（b）所示。

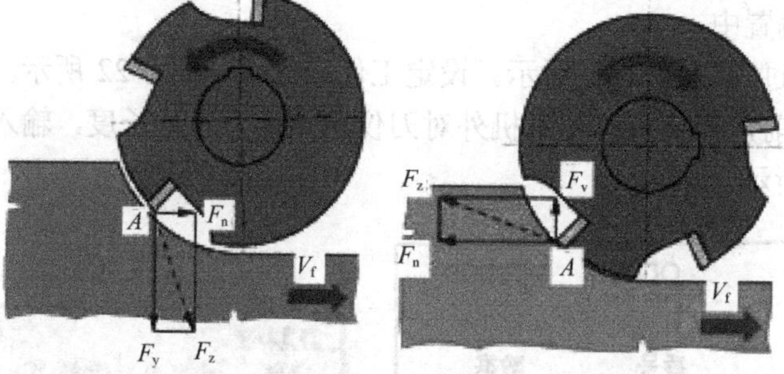

（a）顺铣　　（b）逆铣

图 6-24　力的分析

说明

① 铣削方式的选择应视零件图样的加工要求，工件材料的性质以及机床、刀具等条件综合考虑。通常，对于数控铣床，由于采用了滚珠丝杠螺母副传动，其反向间隙小。为提高加工质量，精加工时一般采用顺铣。

② 顺铣的功率消耗比逆铣削小（低 5%～15%），同时顺铣有利于排屑，并可降低表面粗糙度，保证尺寸精度，但在切削表面上有硬度层、积渣、凹凸不平、锻造毛坯时应采用逆铣。

3. 顺铣和逆铣的应用

模具加工过程中尽可能采用顺铣。顺铣时，铣刀刀齿的切削厚度从最大逐渐减至零，如图

6-24（a）所示。没有逆铣时刀齿的滑行现象，加工硬化程度大大减小，加工表面质量也比较高，刀具寿命也比逆铣长。顺铣中，切削刃主要受到压缩应力，这与逆铣中产生的拉力相比，对硬质合金刀具或整体硬质合金刀具的影响有利得多。

思考与练习

1. 什么是刀具半径补偿功能？
2. 刀具半径补偿的应用分几个阶段？应注意哪些事项？
3. 如何正确理解刀具半径补偿的“预览”功能？
4. 完成如图 6-25 所示零件的加工，毛坯为 80mm×80mm×20mm，材料为 45 钢。
5. 完成如图 6-26 所示零件的加工，毛坯为 120 mm×120 mm×30 mm，材料为 45 钢。

任务说明：

该任务包括二维外轮廓和内轮廓的加工，需要注意的是刀具补偿的应用及下刀方式的合理选择。

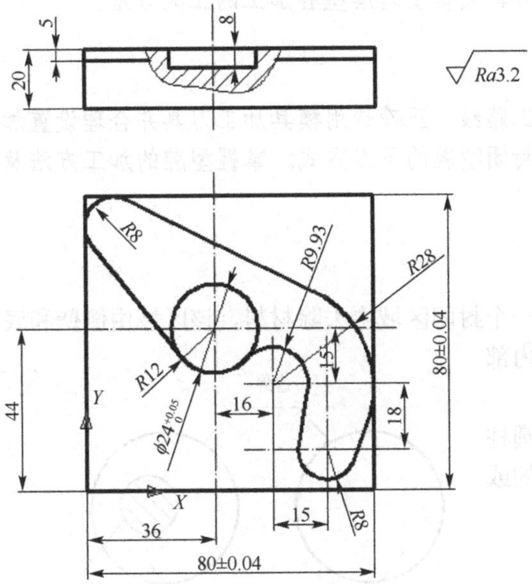

图 6-25　零件图

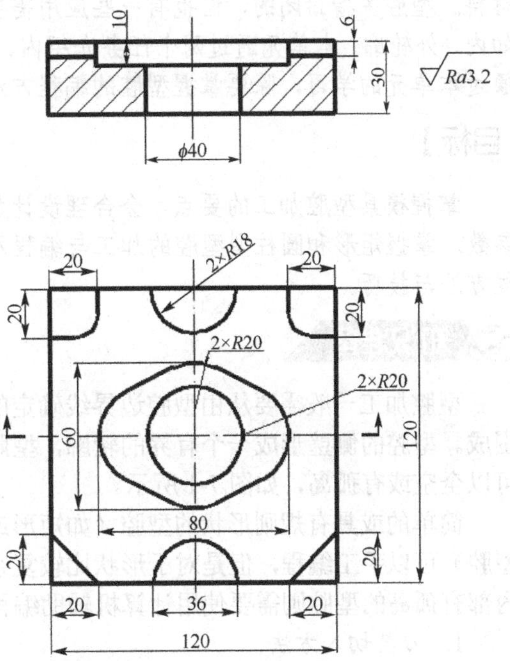

图 6-26　零件图

情境 7

模具型腔零件编程与加工

【引言】

CNC 加工中心的重要应用在于型腔加工，指的是从特定区域由轮廓和平底形成的内部去除材料。型腔多指封闭的，但也有一些应用需要从开放的区域去除材料，因而只有部分轮廓，例如内、外轮廓。本单元通过两个任务介绍内、外型腔的加工以及内部材料去除的各种编程技巧。通过本单元的学习，除要掌握型腔的编程方法外，关键要理解型腔加工的工艺方法。

【目标】

掌握模具型腔加工的要点，会合理设计加工路线，正确选用模具加工刀具并合理设置加工参数。掌握矩形和圆柱型型腔的加工与编程及封闭型腔的下刀方式。掌握型腔的加工方法及编程方法与技巧。

知识准备

型腔加工一般需要从由型腔边界线确定的一个封闭区域内去除材料，该区域由侧壁和底面围成。型腔的侧壁形成一个有界的轮廓，型腔内部可以全空或有孤岛，如图 7-1 所示。

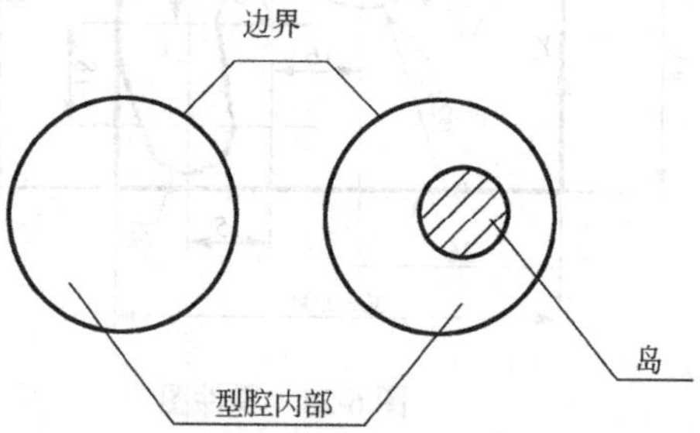

图 7-1　型腔内部区域

简单的或具有规则形状的型腔（如矩形或圆柱型腔）可以手工编程，但是对于形状比较复杂的或内部有孤岛的型腔则需要使用计算机辅助编程。

1. *刀具切入方法*

开始型腔铣削之前，必须使用过中心切削的立铣刀沿 Z 轴切入工件，如果不适合或不能使用此切入方法，可以选择斜向切入方法。该方法通常在没有中心切削刀具可供选择时使用，该运动一般为 Z 轴与 X 轴，Z 轴与 X、Y 轴一起使用，该运动为两轴或三轴直线插补运动，所有现在 CNC 加工中心都支持该方法。

① 矩形型腔刀具切入方法　由于必须切除封闭区域内的所有材料（包括底部），所以一定要考虑刀具可以通过切入或斜向切入到所需深度的所有可能位置。斜向切入必须在空隙位置进行，但垂直切入可以在任何地方进行。有两个比较实用：型腔中心、型腔拐角，如图 7-2 所示。

② 圆形型腔刀具切入方法　如果圆形型腔需要铣削深度不大时，最好选用过中心切削立铣刀（键槽铣刀）直接切入；如果型腔深度较大时，最好先加工一个落刀孔（工艺孔），然后刀具每次都沿该孔下刀；也可以采用螺旋下刀的方式。那么，圆形型腔中沿 Z 轴切入的最佳位置

是型腔中心，如图 7-3 所示。

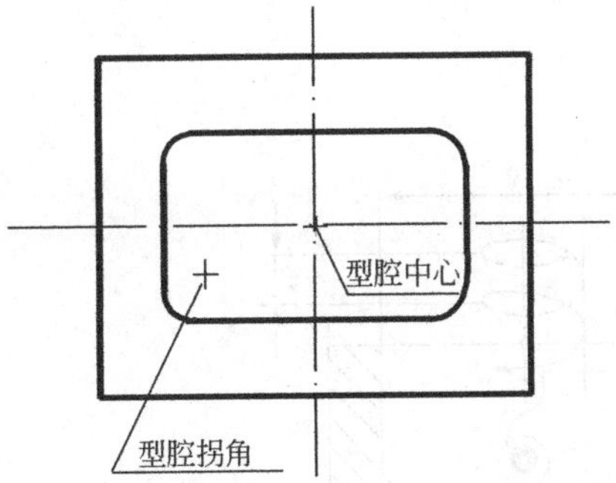

图 7-2　矩形型腔刀具切入位置

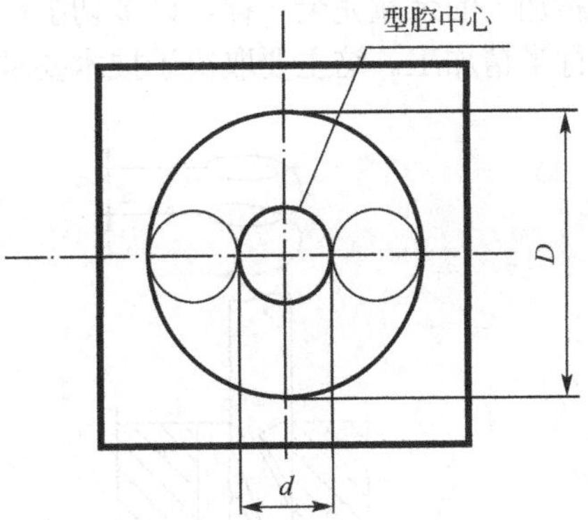

图 7-3　圆形型腔刀具切入点的位置图

③ 型腔首次进行粗加工时具体下刀方法

a. 对于矩形型腔，首先在型腔的 4 个角钻孔，或在型腔中心钻大孔，然后用立铣刀从孔处下刀，将余量去除。此方法编程简单，但立铣刀在切削过程中，多次切入、切出工件，振动较大，对刃口的安全性有负作用。从切削的观点看，刀具通过预钻削孔时因切削力而产生振动，有时会导致刀具损坏，如图 7-4 所示。

b. 使用立铣刀或面铣刀采用二轴 Z 字形铣。要求铣刀有 Z 字形走刀功能，在 *X*、*Y* 或 *Z* 轴方向进行线性 Z 字形走刀，刀具可以到达在轴向的最大切深，这种方法尤其适用模具型腔开粗。

Z 字形走刀斜线角度主要与刀具直径、刀片、刀片下面的间隙等刀片尺寸及背吃刀量有关，如图 7-5 所示。

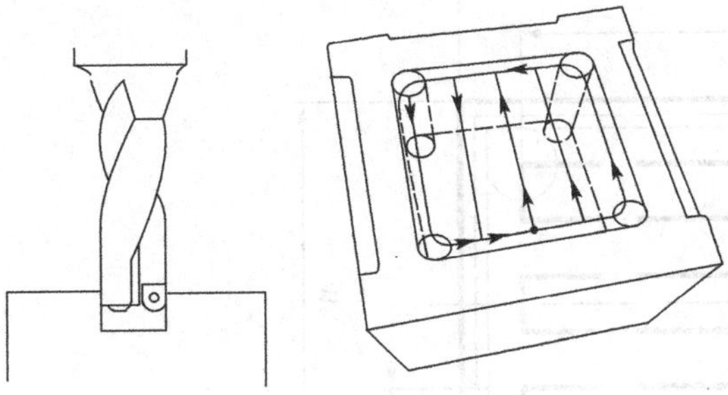

图 7-4　型腔的 4 个角钻孔

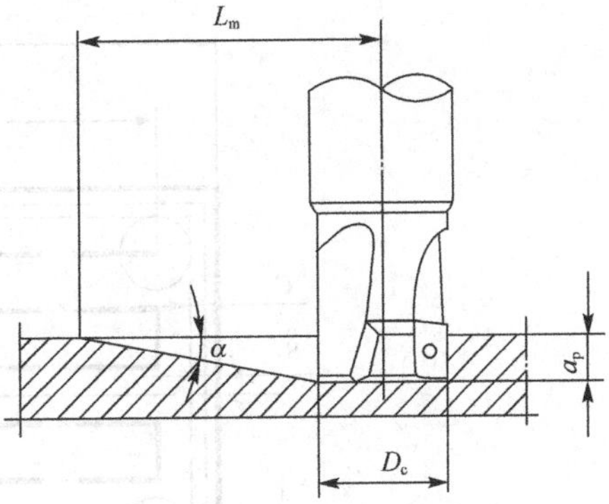

图 7-5　Z 字形下刀

c. 在主轴的轴向采用三轴联动螺旋圆弧插补加工孔。这是一种非常好的方法，因为它可以产生光滑的切削作用，而只要求很小的空间。这种方法相对于直线 Z 字形下刀方式，螺旋形插补下刀切削更稳定、更适合小功率机床和窄深型腔。

具有螺旋插补功能的铣刀加工孔的直径范围不是没有限定的，要参阅刀具技术手册。当加工没用底孔的型腔时，圆刀片铣刀、球头立铣刀进行螺旋插补铣孔的能力最强，如图 7-6 所示。

2. 粗加工方法

从型腔内切除大部分材料的方法称为粗加工。对于型腔的编程而言，粗加工的程序编写比精加工的程序编制要复杂些。粗加工方法的选择也稍微复杂一点，开始切入或斜向切入的位置以及切削宽度的选择非常重要，而且粗加工不可能都在顺铣模式下完成，也不可能保证所有地方留作精加工的余量完全一样。许多切削都不规则且毛坯余量也不平均，所以在精加工之前通常要进行半精加工。这主要取决于技术要求。

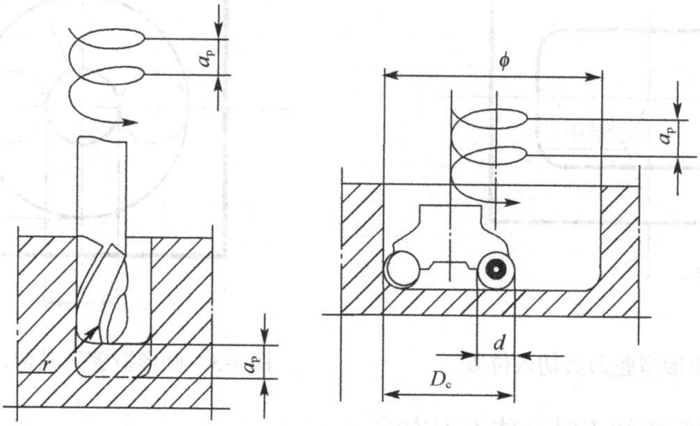

图 7-6　螺旋线下刀

一些常见的型腔粗加工方法有：Z 字形运动（平行走刀）；一个方向——从型腔内部到外部或从型腔外部到内部（环行走刀）。

（1）矩形型腔粗加工方法

矩形型腔粗加工时，程序员必须考虑以下重要因素：刀具直径（或半径）、刀具起点位置坐标值、精加工余量、半精加工余量、间距值（切削宽度）等。

如图 7-7 所示为矩形型腔粗加工进给路线，采用 Z 字形运动。图 7-7 中给出了起始点的坐标 X 和 Y 相对于左下角点的距离以及其他数据。图 7-7 中的字母表示各种设置，程序员可以根据加工要求来选择它们的值。

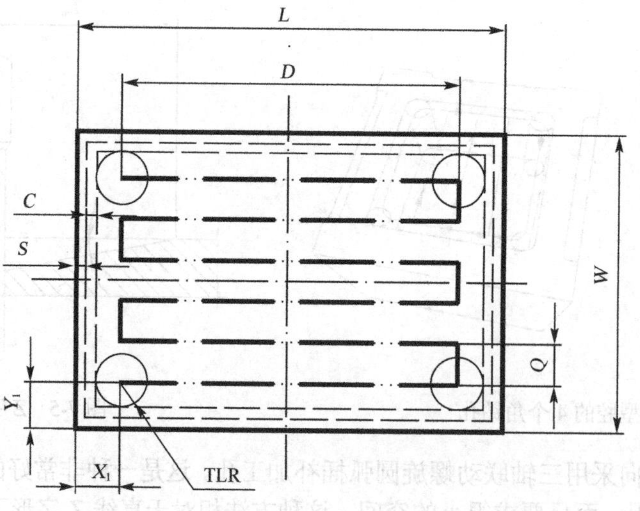

图 7-7　拐角处的型腔粗加工起点——Z 字形轨迹

解释

X_1——刀具起点的 X 坐标；Y_1——刀具起点的 Y 坐标；TLR——刀具半径；Q——两次切削之间的间距；S——精加工余量；C——半精加工余量；D——实际切削长度；L——型腔长度；W——型腔宽度。

通常毛坯有两种毛坯余量：一种为精加工余量；另一种为半精加工余量。刀具沿 Z 字形路线来回运动，在加工表面留下“扇形”轨迹。在二维工作中，“扇形”用来形容由刀具形状导致的不均匀侧壁表面，该表面不适合用作精加工，因为切削不均匀余量时很难保证公差和表面质量。

如图 7-8 所示为矩形型腔粗加工后的结果（没有使用半精加工）。

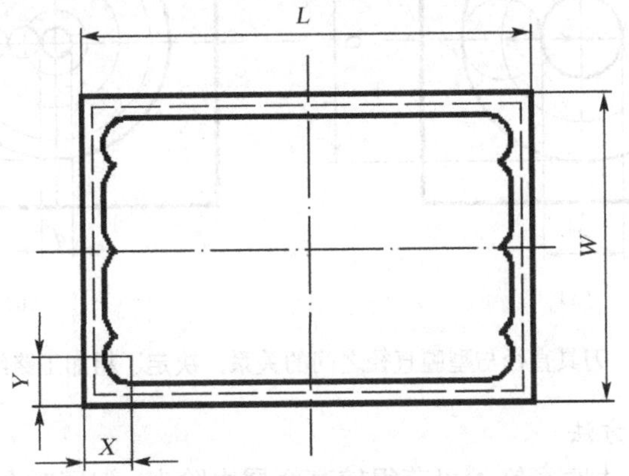

图 7-8　Z 字形型腔粗加工后的结果

半精加工运动的唯一目的就是消除不均匀的加工余量。由于半精加工和粗加工往往使用同一把刀具，因此通常从粗加工的最后刀具位置开始进行半精加工，如图 7-9 所示见型腔的左上角，如图 7-9 所示为半精加工起点和终点之间的运动。

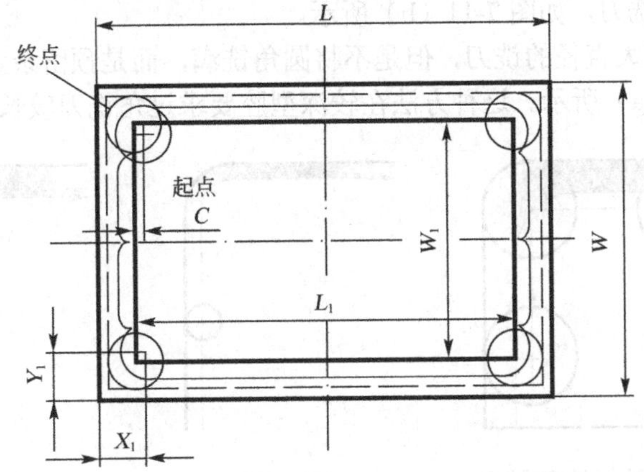

图 7-9　从最后粗加工位置开始的半精加工刀具路径，得到均匀的精加工余量

重要提示

用立铣刀加工矩形型腔在拐角处会留下为刀具半径的圆角。

（2）圆形型腔粗加工方法

对于圆形型腔粗加工程序的编制，首先要选择好刀具并确定刀具的直径。如图 7-10 所示为刀具与型腔直径之间的关系，条件为：$d<D$、$d\geqslant D/3$；即将最小直径确定为型腔直径的 1/3，铣削以 360°刀具运动轨迹从型腔中心开始，如图 7-10（a）所示。当刀具直径 $d<D/3$ 时，切削

可能需要重复几次，如图 7-10（b）所示。建议采用如图 7-10（a）所示的方法。

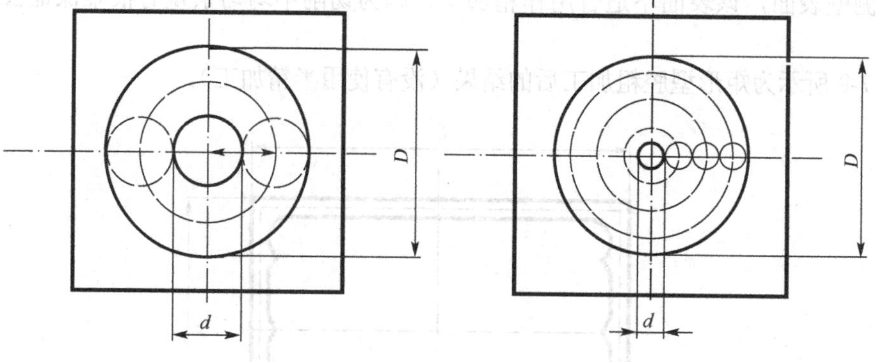

图 7-10 刀具直径与型腔直径之间的关系，决定了粗加工路线的次数

3. 型腔凹角的加工方法

在型腔的粗加工中，大直径铣刀可获得较高金属去除率，但同时会在凹角处残留很多材料，这将给后续的工序造成影响。在凹角处粗加工时不能使用与圆角半径相等的铣刀直接切入，那样会因为铣刀由直线进给运动时的切宽在圆角处突然增大而引起刀具振颤，如图 7-11（a）所示。常用的解决方法如下。

① 方法一 采用一个更小直径的立铣刀过角，在圆角处铣刀的可编程半径应比刀具半径大 15%。例如加工半径为 10mm 的凹角圆弧，使用刀具为（10/2）×0.85=4.25mm，故刀具直径应选直径为 8mm 的立铣刀，如图 7-11（b）所示。

②方法二 仍采用大直径的铣刀，但是不将圆角铣满，而是预留余量，给下面刀具做插铣或摆线铣，如图 7-11（a）所示。这种方法在较深型腔要求过角铣刀较长的时候应用的多。

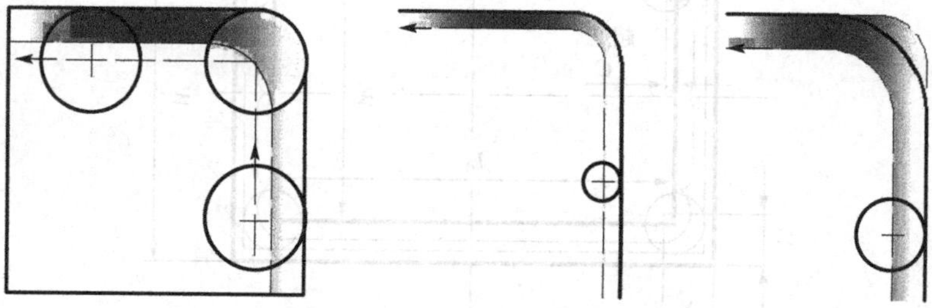

（a）铣刀直径过大引起刀具振颤　（b）方法一　（c）方法二

图 7-11 圆角处理

4. 加工刀具的选用

如图 7-12 所示，使用圆刀片铣刀、球头铣刀或大圆弧刀尖 90° 主偏角铣刀进行型腔大余量粗加工，为半精加工或精加工所留余量较为平滑和均匀。反之，如用 90° 主偏角尖角铣刀会给下一道工序预留很多台肩，造成后续铣刀铣削时的振动或崩刀。

常用刀具比较如下。

① 整体硬质合金立铣刀 可以取得很高的切削速度和较长的刀具使用寿命，刃口经过精磨的整体硬质合金立铣刀可以保证所加工的零件的形位公差和较高的表面质量。适合于高速切削，刀具直径可以做得比较小，甚至可以小于 0.5mm。但是刀具成本与其重磨与重涂层的成本

比较高。

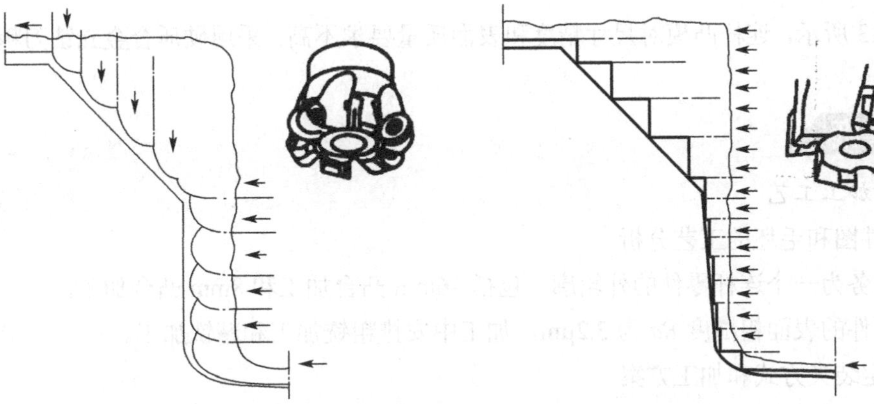

图 7-12　不同刀片切除材料残留高度的形状对比

② 机夹硬质合金立铣刀　可以取得很高的切削速度，因为可以选择大进给量和大的背吃刀量，所以金属去除率高，通常作为粗铣和半精铣刀具。机夹刀片可以更换，刀具成本低，但是刀具的形状尺寸误差相对较大。直径一般大于 10mm。

③ 高速钢立铣刀　刀具总成本低，易于制造较大尺寸和异形刀具，刀具的韧性较好，可以进行粗加工，但是在精加工型面时会因为刀具弹性变形而产生零件误差。切削速度较低，刀具使用寿命相对较短。

在航天航空领域的型腔零件铣削加工，球头铣刀的使用并不是很常见，而更多的是使用 90°主偏角刀片的端铣刀，刀片具有较大的刀尖圆弧半径。

任务 1　凸模零件加工

任务描述

完成如图 7-13 所示连杆凸模零件的加工。其材料为 45 钢，毛坯尺寸为 124mm×50mm×22mm 的长方料，单件生产，*Ra* 为 3.2μm。

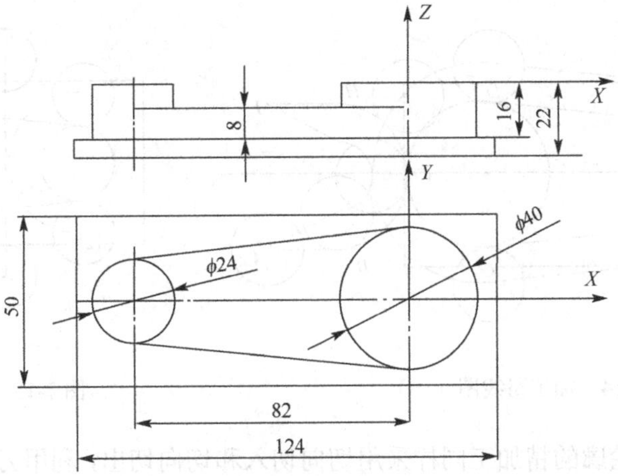

图 7-13　连杆零件图

任务分析

如图 7-13 所示，连杆凸模对尺寸精度和表面质量要求不高，采用硬质合金立铣刀粗、精加工即可。

任务实施

1. 分析加工工艺

（1）零件图和毛坯的工艺分析

① 该任务为一个连杆零件的外轮廓，包括 16mm 凸台加工和 8mm 凸台加工。

② 该工件的表面粗糙度 *Ra* 为 3.2μm，加工中安排粗铣加工和精铣加工。

（2）确定装夹方式和加工方案

① 装夹方式　连杆零件毛坯用虎钳装夹，底部用垫铁支撑。

② 加工方案　凸台轮廓的粗加工采用分层铣削的方式。零件的粗、精加工，采用同一把刀具，同一加工程序，通过改变刀具半径补偿值的方法来实现。粗加工单边留余量 0.2mm。

（3）刀具准备

选择使用ϕ20mm 立铣刀，粗铣及精铣平面。

（4）确定加工顺序和走刀路线

① 建立工件坐标系的原点　设在工件上底面的对称几何中心上。

② 确定起刀点　设在工件上底面对称中心的上方 50mm 处。

③ 确定下刀点　粗铣高度为 16mm 凸台时设在 *A* 点上方 50mm（X101 Y-20）处；粗铣高度为 8mm 凸台设在（X10 Y-35）上 50mm 处。

④ 确定走刀路线

a. 16mm 凸台粗加工　具体加工路线如图 7-14 所示，为 *A*—*B*—*C*—*D*—*E*—*F*—*G*—*H*—*I*，逆铣加工。各点坐标为：*A*（101，–20），*B*（81，–20），*C*（61，0），*D*（39.049，19.905），*E*（–42.171，11.943）。

b. 8mm 凸台粗加工　加工路线如图 7-15 所示。分别按照刀具路径 1、2、3 完成零件的粗加工。

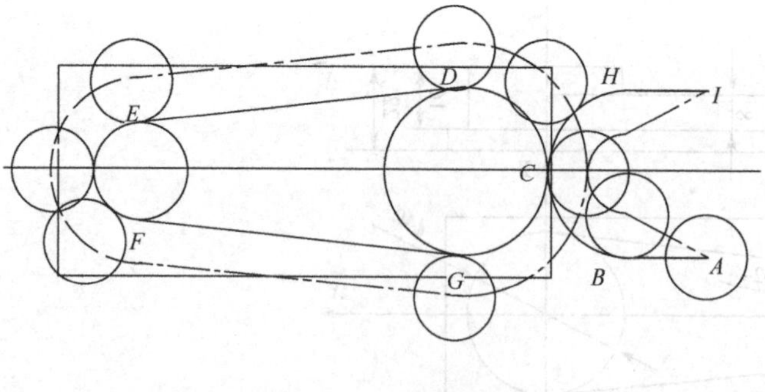

图 7-14　加工路线图（一）

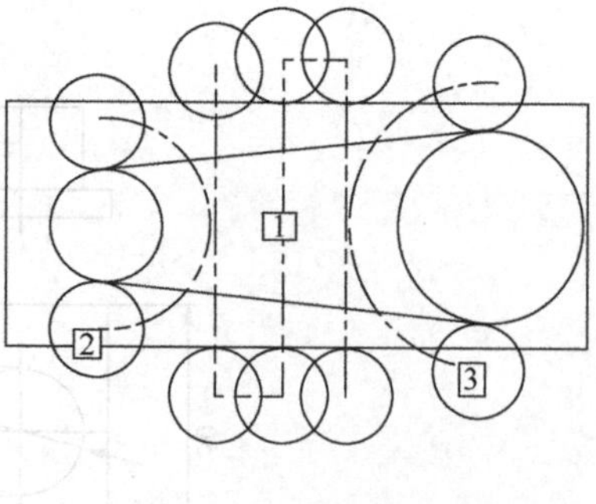

图 7-15　加工路线图（二）

c. 轮廓精加工　轮廓的精加工同样采用切向切入和切向切出，利用刀具半径补偿进行零件的精加工。

2. 编写加工技术文件

（1）工序卡（见表 7-1）

表 7-1 工序卡

材料	45 钢	产品名称或代号		零件名称		零件图号	
		N0060		连杆		XKA006	
工序号	程序编号	夹具名称		使用设备		车间	
0001	O0060	平口钳装夹		VMC850-E		数控车间	
工步号	工步内容	刀具号	刀具规格 /mm	主轴转速 n/(r/min)	进给量 f/(mm/min)	背吃刀量 a_p/mm	备注
1	粗铣 16mm 凸台	T01	ϕ20mm	1200	240	1	自动 O0060
2	粗铣 8mm 凸台	T01	ϕ20mm	1200	240	1	
3	精铣 8mm 凸台	T02	ϕ20mm	1500	450	8	
4	精铣 16mm 凸台	T02	ϕ20mm	1500	450	8	
编制		批准		日期		共 1 页	第 1 页

（2）刀具卡（见表 7-2）

表 7-2 刀具卡

产品名称或代号		N0060	零件名称	连杆		零件图号		XKA006
刀具号	刀具名称	刀具规格 ϕ/mm	加工表面	刀具半径补偿号 D	补偿值 /mm	刀具长度补偿 H	补偿值 /mm	备注
T01	机夹可转位立铣刀	20	外轮廓	D01		H01	0	
T02	机夹可转位立铣刀	20	外轮廓	D02		H02		
编制		批准		日期			共 1 页	第 1 页

（3）编写参考程序

① 16mm 凸台粗加工程序见表 7-3。

表 7-3 16mm 凸台粗加工程序

程序号：O0061		
程 序 段 号	程 序 内 容	说 明
N10	G0 G17 G40 G49 G80 G90;	
N20	G0G90G54X101.Y-20.S1200M3;	刀具快速定位，主轴启动
N30	Z50.;	抬刀至安全高度
N40	Z10.;	下刀至参考高度
N50	G1Z-4.F100.;	Z 平面第一层切削
N60	G42D1X81.F80.;	建立刀具半径右补偿 D1=10.2mm
N70	G2X61.Y0.R20.;	切向切入
N80	G3X39.049Y19.905R20.;	
N90	G1X-42.171Y11.943;	
N100	G3Y-11.943R12.;	
N110	G1X39.049Y-19.905;	
N120	G3X61.Y0.R20.;	

续表

程序段号	程序内容	说　明
N130	G2X81.Y20.R20.;	
N140	G1G40X101.;	
N150	Y-20.;	
N160	Z-8.F100.;	*Z* 平面第二层切削
N170	G42D1X81.F80.;	
N180	G2X61.Y0.R20.;	
N190	G3X39.049Y19.905R20.;	
N200	G1X-42.171Y11.943;	
N210	G3Y-11.943R12.;	
N220	G1X39.049Y-19.905;	
N230	G3X61.Y0.R20.;	
N240	G2X81.Y20.R20.;	
N250	G1G40X101.;	
N260	Y-20.;	
N270	Z-12.F100.;	*Z* 平面第三层切削
N280	G42D1X81.F80.;	
N290	G2X61.Y0.R20.;	
N300	G3X39.049Y19.905R20.;	
N310	G1X-42.171Y11.943;	
N320	G3Y-11.943R12.;	
N330	G1X39.049Y-19.905;	
N340	G3X61.Y0.R20.;	
N350	G2X81.Y20.R20.;	
N360	G1G40X101.;	
N370	Y-20.;	
N380	Z-16.F100.;	*Z* 平面第四层切削
N390	G42D1X81.F80.;	
N400	G2X61.Y0.R20.;	
N410	G3X39.049Y19.905R20.;	
N420	G1X-42.171Y11.943;	
N430	G3Y-11.943R12.;	
N440	G1X39.049Y-19.905;	
N450	G3X61.Y0.R20.;	
N460	G2X81.Y20.R20.;	切向切出
N470	G1G40X101.;	取消刀具半径补偿
N480	G0Z50.;	抬刀至安全高度
N500	M5;	主轴停止
N510	M30;	程序结束

② 8mm 凸台粗加工程序见表 7-4。

表 7-4 8mm 凸台粗加工程序

程序号：O0062		
程序段号	程序内容	说明
N10	G0G17G40G49G80G90;	
N20	G0G90G54X10.Y-35.S1200M3;	刀具快速定位，主轴启动
N30	Z50.;	抬刀至安全高度
N40	Z10.;	下刀至参考高度
N50	G1Z-4.F100.;	刀路 1，Z 平面第一层切削
N60	Y35.F80.;	
N70	X-4.;	
N80	Y-35.;	
N90	X-18.;	
N100	Y32.212;	
N110	Z6.F1000.;	
N120	X10.Y-35.;	
N130	G1Z-8.F100.;	刀路 1，Z 平面第二层切削
N140	Y35.F80.;	
N150	X-4.;	
N160	Y-35.;	
N170	X-18.;	
N180	Y32.212;	
N190	G0Z50.;	抬刀至安全高度
N200	X-43.166Y-22.094;	
N210	Z10.;	下刀至参考高度
N220	G1Z-4.F100.;	刀路 2，Z 平面第一层切削
N230	G3X-18.8Y0.R22.2F80.;	
N240	X-43.166Y22.094R22.2;	
N250	G1Z6.F1000.;	
N260	Y-22.094;	
N270	G1Z-8.F100.;	刀路 2，Z 平面第二层切削
N280	G3X-18.8Y0.R22.2F80.;	
N290	X-43.166Y22.094R22.2;	
N300	G0Z50.;	抬刀至安全高度
N310	X38.054Y-30.056;	
N320	Z10.;	下刀至参考高度
N330	G1Z-4.F100.;	刀路 3，Z 平面第一层切削
N340	G2Y30.056R30.2F80.;	
N350	G1Z6.F1000.;	
N360	Y-30.056;	
N370	G1Z-8.F100.;	刀路 3，Z 平面第二层切削
N380	G2Y30.056R30.2F80.;	
N390	G0Z50.;	
N400	M5;	主轴停止
N410	M30;	程序结束

③ 轮廓精加工程序见表 7-5。

表 7-5 轮廓精加工程序

程序号：O0063		
程序段号	程序内容	说　明
N10	G0G17G40G49G80G90；	
N20	G0G90G54X101.Y20.S1500M3；	刀具快速定位，主轴启动
N30	Z50.；	抬刀至安全高度
N40	Z10.；	下刀至参考高度
N50	G1Z-8.F100.；	16mm 凸台 *Z* 平面第一层精修
N60	G41D1X81.F70.；	建立刀具半径左补偿 D1=10mm
N70	G3X61.Y0.R20.；	切向切入
N80	G2X39.049Y-19.905R20.；	
N90	G1X-42.171Y-11.943；	
N100	G2Y11.943R12.；	
N110	G1X39.049Y19.905；	
N120	G2X61.Y0.R20.；	
N130	G3X81.Y-20.R20.；	
N140	G1G40X101.；	
N150	Y20.；	
N160	Z-16.F100.；	16mm 凸台 *Z* 平面第二层精修
N170	G41D1X81.F70.；	
N180	G3X61.Y0.R20.；	
N190	G2X39.049Y-19.905R20.；	
N200	G1X-42.171Y-11.943；	
N210	G2Y11.943R12.；	
N220	G1X39.049Y19.905；	
N230	G2X61.Y0.R20.；	
N240	G3X81.Y-20.R20.；	
N250	G1G40X101.；	取消刀具半径补偿
N260	G0Z50.；	抬刀至安全高度
N270	X55.051Y-61.665；	快速定位,精修 8mm 凸台
N280	Z10.；	下刀至参考高度
N290	G1Z-8.F100.；	下刀至切削深度
N300	G41D1X57.002Y-41.76F70.；	建立刀具半径左补偿 D1=10mm
N310	G3X39.049Y-19.905R20.；	切向切入
N320	G2Y19.905R20.；	
N330	G3X57.002Y41.76R20.；	
N340	G1G40X55.051Y61.665；	
N350	G0Z50.；	
N360	X-65.978Y49.801；	
N370	Z10.；	
N380	G1Z-8.F100.；	
N390	G41D1X-64.027Y29.896F70.；	
N400	G3X-42.171Y11.943R20.；	
N410	G2X-29.Y0.R12.；	
N420	X-42.171Y-11.943R12.；	
N430	G3X-64.027Y-29.896R20.；	切向切出
N440	G1G40X-65.978Y-49.801；	取消刀具半径补偿

续表

程序段号	程序内容	说　明
N450	G00Z50.;	抬刀至安全高度
N460	M5;	主轴停止
N470	M30;	程序结束

3. 加工工件

① 检查毛坯尺寸。

② 开机、机械回零。

③ 输入程序。

④ 工件装夹及找正。工件装夹在平口钳上，底部用垫块垫起，伸出钳口为 5～10mm，用百分表找平工件上表面。

⑤ 刀具装夹及对刀。X、Y 方向对刀用寻边器，将得到的 X、Y 的偏置量输入到 G54 中；Z 方向对刀，依次将粗、精加工的刀具安装到主轴上，测量每把刀的刀位点到工件上表面 Z 向数据，将其输入到长度补偿号中。

⑥ 测量每把刀的刀位点到工件上表面 Z 向数据，将其输入到长度补偿号中；将刀具半径补偿值作相应调整输入到刀具半径补偿号中。

⑦ 改变工件坐标系中 Z 轴值为 0，打开程序，调好进给倍率，按下循环启动按钮。

⑧ 工件加工。

⑨ 工件测量。

任务评价

本次任务程序的编写可以根据学生不同分组，及不同的现场条件自己制定，如加工前要考虑是单件生产还是批量生产，那么具体任务实施程序的编写就不一样，至于哪种方法最优由学生通过实际加工后讨论决定。

任务 2　凹模零件加工

任务描述

如图 7-16 所示，完成模板零件的加工，毛坯大小为 120mm×100mm×20mm ，材料为 45 钢。

任务分析

根据图纸要求，需在工件上表面加工矩形和圆形型腔。在数控铣床上，用机用平口虎钳一次装夹完成型腔的加工。

任务实施

1. 工艺分析

如图 7-16 所示，根据毛坯形状与要加工型腔的形状、尺寸要求及产生切削力的大小，可以采用一次装夹，完成多道工步的加工。

① 定位与夹紧方式　如果小批量生产，可采用平面与定位销定位，压板压紧。如单件可以采用机用平口虎钳和等高平行垫铁装夹。

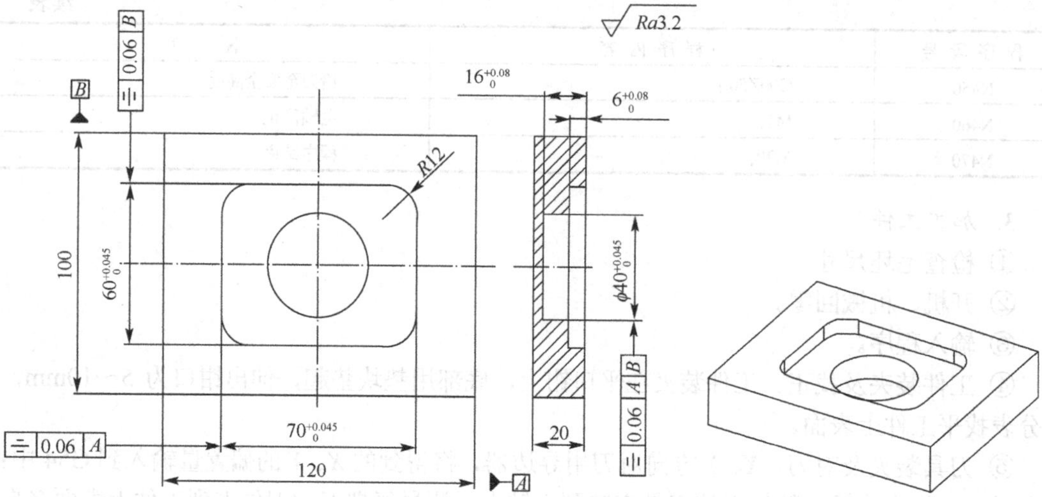

图 7-16　模板零件图

② 加工顺序与工步的划分　矩形型腔采用粗、半精加工、精加工完成，圆形型腔采用粗、精加工完成。具体工步的内容及工步顺序见表 7-6。

③ 刀具选择　根据图纸技术要求及毛坯材料和加工内轮廓最小凹圆弧的尺寸，粗加工、半精加工采用ϕ20mm 的机夹硬质合金立铣刀，如图 7-17 所示；精加工采用ϕ12mm 的整体硬质合金立铣刀，如图 7-18 所示。

注意

选择刀片的切削刃长度最好大于 10 mm，如图 7-19 所示。

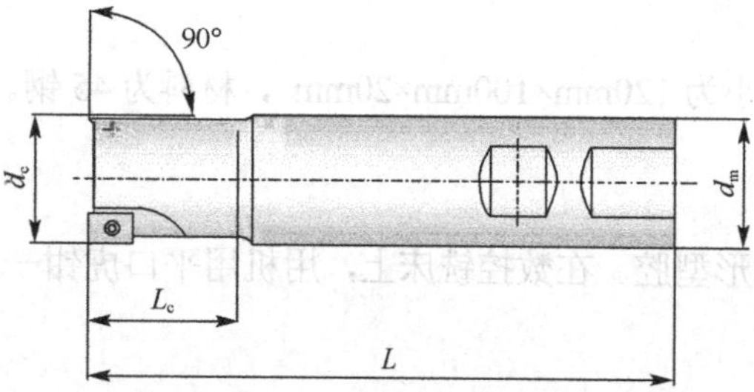

图 7-17　90°可转位机夹立铣刀

图 7-18　硬质合金立铣刀

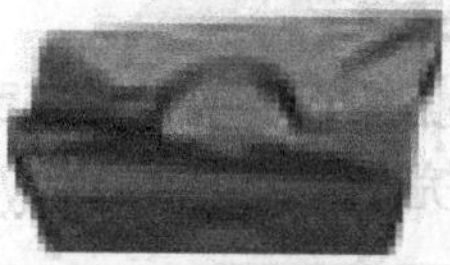

图 7-19　可转位 90°立铣刀刀片

④ 切削参数确定　主轴转速、进给率、背吃刀量，主轴转速和切削进给取决于 CNC 机床的实际工作情况，并依据工件及刀具材料查阅技术手册（或刀片的技术参数）。

a．槽粗加工时，槽半精加工时，v_c=160m/min，f=0.1mm/r，a_p=1mm，那么，主轴转速为 2500 r/min，进给速度 500mm/min。

b．精加工时，v_c=180m/min，f=0.1mm/r，a_p=6mm，那么，主轴转速为 3000 r/min，　进给速

度 600mm/min，背吃刀量取 5mm，侧吃刀量取 0.5mm。

⑤ 进给路线确定 进给路线包括平面内进给和深度进给两部分路线。对于平面内进给，为直观起见和方便编程，将矩形型腔粗加工、半精加工、精加工进给路线和圆形型腔粗加工、半精加工进给路线绘成进给路线图，如图 7-20～图 7-24 所示。

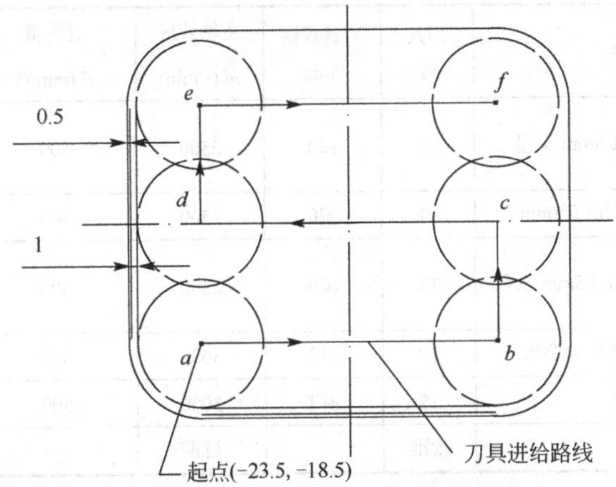

图 7-20 粗加工刀具进给路线

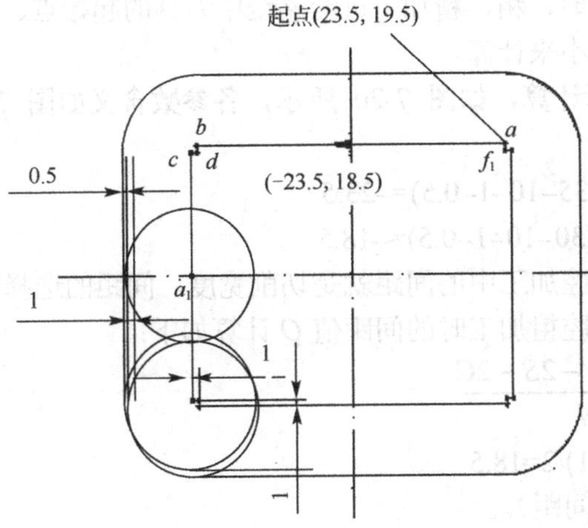

图 7-21 半精加工刀具进给路线

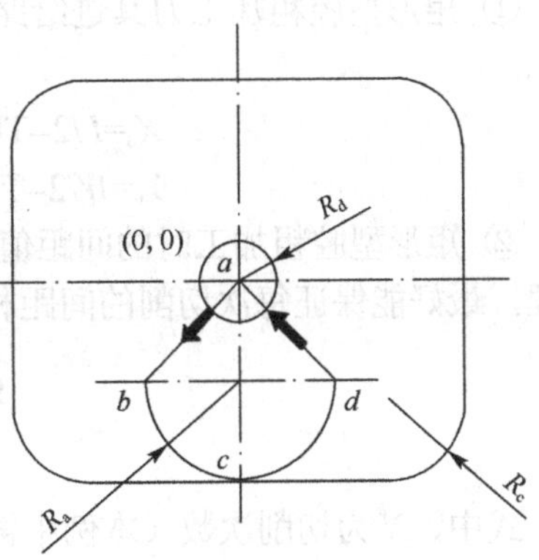

图 7-22 矩形型腔精加工进给路线

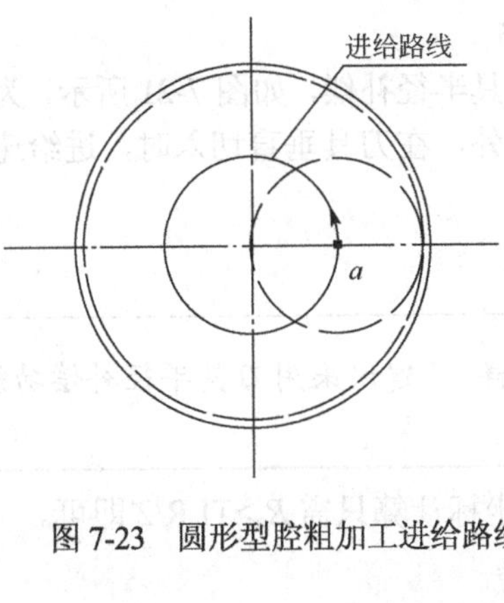

图 7-23 圆形型腔粗加工进给路线

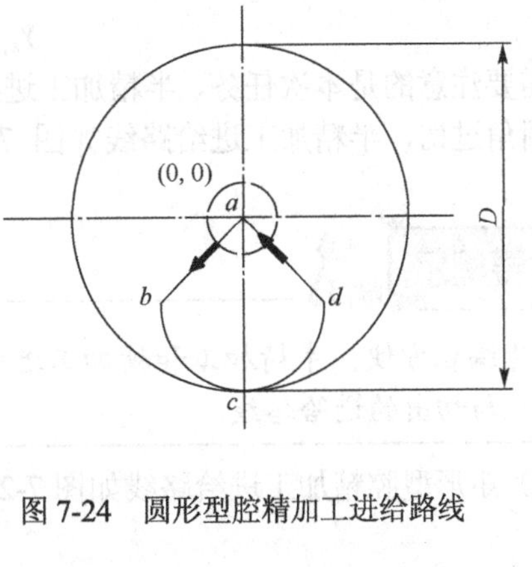

图 7-24 圆形型腔精加工进给路线

加工矩形型腔，粗加工采用分层铣削（等高层切加工），Z 向进给采用斜向下刀到一定深度后，然后采用往复走刀加工整个区域，如图 7-20 所示，然后再逐次下刀。

⑥ 数控加工工序卡片（见表 7-6）。

表 7-6 数控加工工序卡片

工步号	工步内容		刀具号	刀具规格/mm	主轴转速 n/ (r/min)	进给量 f/ (mm/r)	背吃刀量	备注
1	粗铣矩形槽内轮廓留 1.5mm 余量		T1	ϕ20	2500	500	1	分层 斜向下刀
2	半精加工矩形槽内轮廓留 0.5mm		T1	ϕ20	2500	500	6	至深度
3	粗铣圆形型腔内轮廓留 0.5mm 余量		T1	ϕ20	2500	400	1	分层 螺旋下刀
4	精铣圆形型腔内轮廓至尺寸要求		T2	ϕ12	3000	500	5	分层
5	精铣矩形内轮廓至尺寸		T2	ϕ12	3000	500	6	
编制		审核	批准		日期		共 1 页	第 1 页

2. 数值计算

本次任务如图 7-16 所示，编程需要的基点坐标计算简单，略。

需要注意的是在加工矩形和圆形型腔内轮廓时，粗、精加工进给路线中刀具的起始点、拐点坐标需要根据毛坯尺寸与刀具直径及余量的大小来计算。

① 矩形型腔粗加工刀具进给路线 a 点坐标计算，如图 7-20 所示，各参数含义如图 7-7 所示。

$$X_a=L/2-\text{TLR}/2-S-C=-(35-10-1-0.5)=-23.5$$
$$Y_a=W/2-\text{TLR}/2-S-C=-(30-10-1-0.5)=-18.5$$

② 矩形型腔粗加工时的间距值 Q 计算。型腔加工中的间距就是切削宽度。间距的选择要合理，最好能保证每次切削的间距相等。矩形型腔粗加工时的间距值 Q 计算如下：

$$Q=\frac{W-2\text{TLR}-2S-2\text{C}}{N}$$
$$=(60-20-2-1)/2=18.5$$

式中，N 为切削次数（本例中需要两个等距间距）。

③ 矩形型腔半精加工的起点坐标如图 7-21 所示，a_1 是在粗加工终点 f_1 沿 Y 方向吃刀量 1mm 的基础上得到的，a_1 坐标为：

$$X_{a_1}=-23.5$$
$$Y_{a_1}=-18.5+1=19.5$$

需要注意的是本次任务，半精加工进给路线不用刀具半径补偿，如图 7-21 所示，为了防止四个圆角过切，半精加工进给路线如图 7-21 所示。另外，在刀具垂直切入时，进给速度一定要小。

重要提示

为编程方便，半精加工和精加工进给路线最好一样。 建议采用刀具半径补偿功能和圆弧切入与切出的进给路线。

④ 矩形型腔精加工进给路线如图 7-22 所示，b 点坐标计算只需 R_a>TLR/2 即可。

⑤ 圆形型腔粗加工进给路线采用螺旋下刀，下刀点 *a* 点坐标如图 7-23 所示：

$$X_a=D/2-TLR/2-C=20-10-0.5=9.5$$

$$Y_a=0$$

3. 编写程序清单

① 矩形型腔粗加工程序的编写　考虑前面章节已讲主、子程序，那么在本任务中分层加工可采用子程序实现。矩形型腔粗加工程序见表 7-7。

表 7-7　矩形型腔粗加工程序

程序内容	说明
O0051;	程序名 主轴上没有刀具
G90 G17 G40 G80 ;	初始化加工环境设定
T01;	T01 号刀具准备
M06;	把 T01 号刀具装到主轴上
G54 G00 G43 Z100 H01 M03 S2500;	选择工件坐标系 G54，主轴上移，正转
X23.5 Y-18.5;	定位
Z10;	下刀至安全高度
G01 Z1 F200 M08;	下刀至起始要求
M98 P0052 L6;	调子程序 O0052 重复加工 3 次
G90 G00 G49 Z100 M09;	粗加工槽结束，抬刀至起始高度
G91 G28 Y0;	*Y* 轴回零
M30;	程序结束
O0052;	子程序名
G91 X-47 Y0 Z-2 F100;	斜线下刀,每层 1mm
M98 P0053;	调子程序 O0053
M99;	子程序结束
O0053	子程序名
G01 X47 F500;	矩形型腔行切加工开始
Y18.5;	……
X-47;	
Y18.5;	
X47;	每一层区域加工结束
Z1;	抬刀
Y-37;	回到斜向下刀的起始位置
M99;	子程序结束
%	

② 矩形型腔半精加工程序　矩形型腔半精加工进给路线如图 7-21 所示。半精加工运动的唯一目的就是消除不均匀的加工余量。由于半精加工与精加工使用的是同一把刀具，因此通常从粗加工的最后刀具位置开始进行半精加工。矩形型腔半精加工程序见表 7-8。

③ 圆形型腔粗加工程序　圆形型腔粗加工进给路线如图 7-23 所示，下刀方式采用螺旋下

刀，粗加工至深度尺寸。圆形型腔粗加工程序见表 7-9。

表 7-8 矩形型腔半精加工程序

程序内容	说明
O0054;	程序名 T01 刀具已装到主轴上
G90 G17 G40 G80 ;	初始化加工环境设定
G54 G00 G43 Z100 H01 M03 S2500;	选择工件坐标系 G54，主轴上移，正转
X23.5 Y18.5;	定位
Z10;	下刀至安全高度
G01 Z-6 F200 M08;	下刀至起始要求
Y19.5 F50;	进刀
X-23.5 F500;	切削余量开始
Y18.5;	……
X-24.5 F100;	
Y-18.5 F500;	
X-23.5;	
Y-19.5 F100;	
X23.5 F500;	
Y-18.5;	
X24.5 F100;	
Y18.5F500;	
X10;	切削余量结束
G90 G00 G49 Z100 M09;	抬刀至起始高度
G91 G28 Y0;	*Y* 轴回零
M30;	程序结束
%	

表 7-9 圆形型腔粗加工程序

程序内容	说明
O0055;	程序名 T01 号刀具已装到主轴上
G90 G17 G40 G80 ;	初始化加工环境设定
G54 G00 G43 Z100 H01 M03 S2500;	选择工件坐标系 G54，主轴上移，正转
X9.5 Y0;	定位
Z10;	下刀至安全高度
G01 Z-4 F200 M08;	下刀至起始要求
M98 P0056 L5;	调子程序 O0055 重复加工 5 次
G90 G00 G49 Z100 M09;	粗加工槽结束，抬刀至起始高度
G91 G28 Y0;	*Y* 轴回零
M30;	程序结束
O0056	子程序名
G91G02 I-9.5 J0 Z-4 F50;	螺旋线下刀,每层 2mm
I-9.5 F450;	圆弧切削
G01 Z2;	抬刀
M99;	子程序结束
%	

④ 圆形型腔精加工程序 圆形型腔精加工进给路线如图 7-24 所示，精加工余量 0.5mm 可分两刀加工。圆形型腔精加工程序见表 7-10。

表 7-10 圆形型腔精加工程序

程 序 内 容	说 明
O0056;	程序名 T01 号刀具在主轴上
G90 G17 G40 G80 ;	初始化加工环境设定
T02;	T02 号刀具准备
M02;	把 T02 号刀具装到主轴上
G54 G00 G43 Z100 H02 M03 S3000;	选择工件坐标系 G54，主轴上移，正转
X0 Y0;	定位
Z10;	下刀至安全高度
G01 Z-16 F200 M08;	下刀至起始要求
G41 X-10 Y-10 F600 D02;	建立刀补
G03 X0Y-20 I10 J0;	圆弧切入
I0 J20 ;	圆弧加工
X10 Y-10 I0 J10;	圆弧切出
G40 G01 X0 Y0;	刀补取消
G90 G49 G00 Z100 M09;	抬刀至起始高度
G91 G28 Y0;	*Y* 轴回零
M30;	程序结束
%	

⑤ 矩形型腔精加工程序 矩形型腔精加工进给路线如图 7-24 所示，为保证尺寸精度要求，0.5mm 余量可分两次走刀完成。矩形型腔精加工程序见表 7-11。

表 7-11 矩形型腔精加工程序

程 序 内 容	说 明
O0057	T02 号刀具已装到主轴上
G90 G17 G40 G80 ;	程序名
G54 G00 G43 Z100 H02 M03 S3000;	初始化加工环境设定
X0 Y0;	选择工件坐标系 G54，主轴上移，正转
Z10;	定位
G01 Z-6 F200 M08;	下刀至安全高度
G41 X-10 Y-20 F700 D02;	下刀至起始要求
G03 X0Y-30 I10 J0;	建立刀补
G01 X23 ;	圆弧切入
G03 X35 Y-18 R12;	精铣削内轮廓开始
G01 Y18;	
G03 X23 Y30;	
G01 X-23;	
G03 X-35 Y18;	
G01 Y-18;	
G03 X-23 Y-30;	
G01 X0;	
G03 X10 Y-20 R10;	圆弧切出
G40 G00 X0 Y0;	刀补取消
G90 G00 G49 Z100 M09;	抬刀至起始高度
G91 G28 Y0;	*Y* 轴回零
T01;	T01 号刀具准备
M06;	把 T01 号刀具装到主轴上
M30;	程序结束
%	

任务评价

① 本次任务程序的编写可以根据学生不同分组，及不同的现场条件自己制定，在程序编制的过程中要考虑编程技巧，同时要考虑如何保证尺寸及位置精度要求。至于哪种方法最优，只有通过具体任务实施，综合评价后决定。

② 型腔的下刀方式可以采用在中心处先加工落刀孔；型腔的半精加工与精加工最好用一个程序同一把刀加工，便于保证尺寸精度及提高编程效率。

③ 采用等高加工时如在同一层高度采用多次进刀时，每次切入都采用圆弧切入方式，如图 7-22 所示，避免径向切入材料，因此本次任务对于矩形型腔的半精加工路线也可以和精加工采用相同的走刀路线。

拓展与提高

1. 坐标旋转

CNC 系统功能提供能加工出可绕定义点旋转特定角度的分布模式、轮廓或者型腔。这一编程特征通常是特殊的控制器选项，称为坐标旋转。

坐标旋转最重要的应用之一是：当工件定义为正交模式，如图 7-25（a）所示，也就是说刀具运动平行于机床主轴。但加工需要一定角度时，如图 7-25 (b) 所示是沿逆时针旋转 10°后的相同矩形。那么正交模式的编程比计算倾斜方向上各轮廓拐点的位置要容易得多。比较如图 7-25 所示的两个矩形，手动编写图 7-25（a）的刀具路径非常容易。

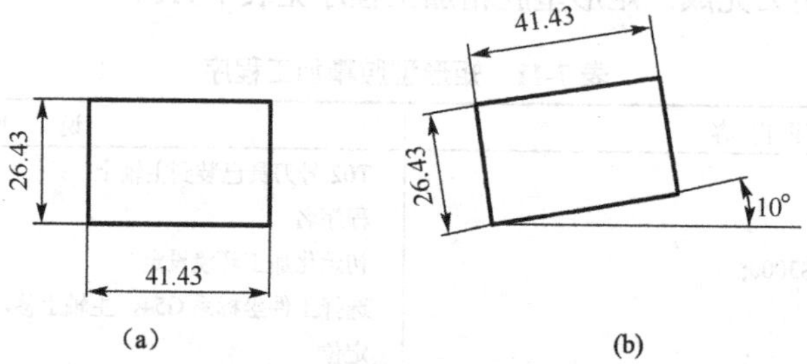

图 7-25 初始的正交图和旋转图

如果工件的形状由许多相同的图形组成，则可将图形单元编成子程序，然后用主程序的旋转指令调用。这样可以简化编程，省时、省存储空间，如图 7-26 所示。

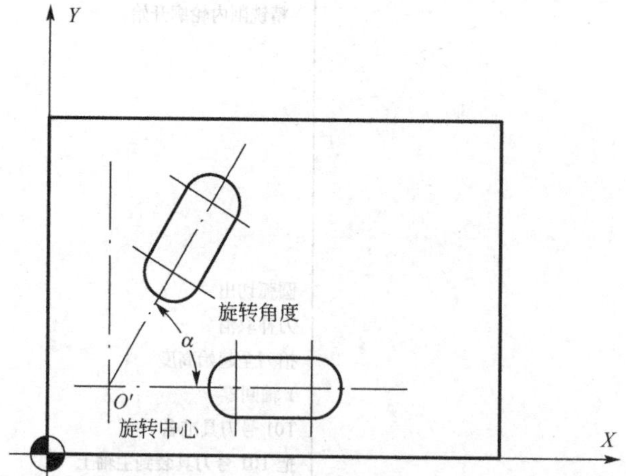

图 7-26 坐标系旋转

（1）格式

G17 / G18 / G19　G68　α__β__R__；坐标系开始旋转

⋮　坐标系旋转方式

⋮　（坐标系被旋转）

G69；　坐标系旋转取消指令

解释

G17（G18 或 G19）为平面选择；

α_β_为与指令的坐标平面（如 G17）相对应的 X_、Y_ 中的两个轴的绝对指令，在 G68 后面指定旋转中心；

R 为旋转角度，单位是（°），正 R 表示逆时针旋转，负 R 表示顺时针旋转。

重要提示

从数学角度上说，坐标旋转功能只需要三个要素（旋转中心、旋转角度以及旋转的刀具路径）来定义旋转工件。

在实际切削中，要确定旋转中是否包含刀具趋近运动，这是非常重要的。

说明

① 当程序在绝对方式下时，G68 程序段后的第一个程序段必须用绝对方式移动指令，才能确定旋转中心。如果这一程序段为增量方式移动指令，那么系统将以当前位置为旋转中心，按 G68 给定的角度旋转坐标，如图 7-27 所示。

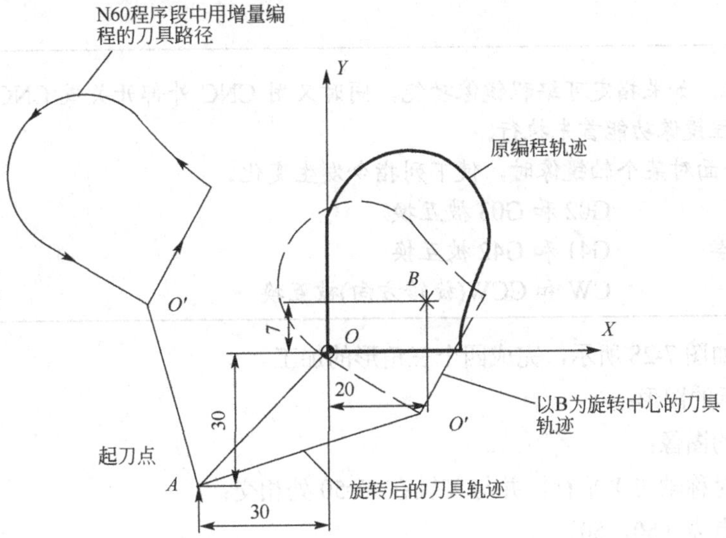

图 7-27　绕不同中心旋转

现以图 7-27 为例，应用旋转指令的程序为：

```
N10 G17 G40 G90 G69G54;     // 初始化语句
```

```
N20 G00 Z50 M03S700;   // 抬刀主轴正转
N30    X-30 Y-30;      // 确定起刀点的位置
N40 G01 Z-1 F200;      // 下刀
N50 G68 X20 Y7 R6;     // 开始以点（20，7）为旋转中心，逆时针旋转 60°
N60 G01 X0 Y0 F300;    // 坐标系开始旋转，接近工件，到达（0，0）点
   (G91 X30 Y30)       //若按括号内程序段运行，将以（-30，-30）的当前
                         点为旋转中心，逆时针旋转 60°
…
```

② 在坐标系旋转之后，执行刀具半径补偿、刀具长度补偿、刀具偏置和其他补偿操作。其他一些注意事项要查阅系统编程说明书。

（2）实际应用

很多情况下，与坐标旋转一起使用的子程序非常有效，比如铣削如图 7-26 所示加工键槽。图 7-26 的工件图看起来非常简单，但它确包含相当多的编程技巧。

2. 镜像功能

当加工某些对称图形时,为了避免重复编制类似的程序,提高编程效率,我们可以采用镜像功能，如图 7-28 所示。

指令功能：用编程的镜像指令可实现坐标轴的对称加工。

指令格式：

G51.1 IP_；设置可编程镜像

：
：
：} 根据 G51.1 IP_；指定的对称轴生成在这些程序段中指定的镜像；

G50.1 IP__；取消可编程镜像

IP__：用 G51.1 指定镜像的对称点（位置）和对称轴。用 G50.1 指定镜像的对称轴，不指定对称点。

说明

① 设置镜像。如果指定可编程镜像功能，同时又用 CNC 外部开关或 CNC 的设置生成镜像时，则可编程镜像功能首先执行。

② 在指定平面对某个轴镜像时，使下列指令发生变化。

圆弧指令	G02 和 G03 被互换
刀具半径补偿	G41 和 G42 被互换
坐标旋转	CW 和 CCW(旋转方向)被互换

程序举例： 如图 7-28 所示，完成四个三角形的加工。

如图 7-28 所示的图形：

① 程序编制的图像；

② 该图像的对称轴与 Y 平行，并与 X 轴在 X=50 处相交；

③ 图像对称点为（50，50）；

④ 该图像的对称轴与 X 平行，并与 X 轴在 Y=50 处相交。

编程思路：往往与子程序一起使用。

程序见表 7-12。

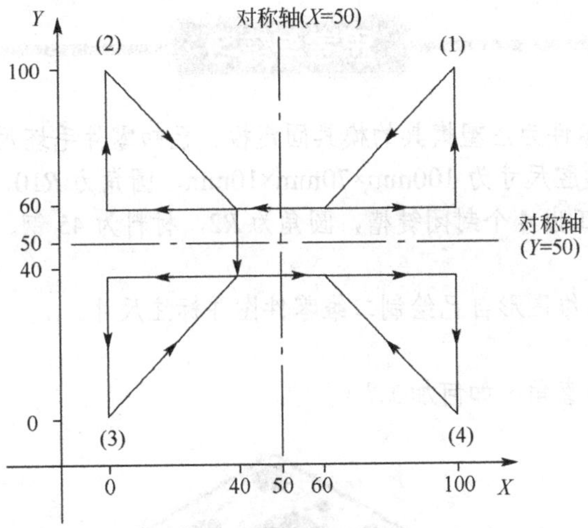

图 7-28　可编程镜像

表 7-12　镜像程序

程序内容	说明
O0058;	程序名
G90 G17 G40 G80 ;	初始化加工环境设定
G54 G00 Z100 M03 S800;	选择工件坐标系 G54，主轴上移，正转
X50Y50;	定位
Z10;	下刀至安全高度
M98 P0059;	加工（1）
G51.1 X50;	以 X=50 位置镜像
M98 P0059;	加工（2）
G51.1 Y50;	以 X=50 、Y=50 轴镜像，镜像位置为（50，50）
M98 P0059;	加工（3）
G50.1 X50;	取消 X=50 位置镜像，Y=50 轴镜像继续有效
M98 P0059;	加工（4）
G50.1 Y50;	取消 Y=50 轴镜像
G90 G00 Z100 M09;	抬刀至起始高度
G91 G28 Y0;	Y 轴回零
M30;	程序结束
O0059	子程序名
G42 G1 Y60 D01 F200;	建立刀具半径右补偿（刀具直径为 10mm）
Z-2 F60;	下刀工作深度
X60 F200;	加工三角形
X100;	…
Y100;	
X60 Y60;	…
G40 X50 Y50;	取消刀补
G0　Z10;	抬刀
M99;	子程序结束
%	

思考与练习

如图 7-29 所示，零件为注塑模具的模具固定板。已知零件毛坯尺寸为 150mm× 120mm× 30mm、要求加工出的型腔尺寸为 100mm×70mm×10mm，圆角为 *R*10、表面粗糙度为 *Ra*3.2μm 的矩形型腔，另外再加工出 4 个封闭键槽，圆角为 *R*2，材料为 45 钢。

任务要求：

① 要求学生根据三维图形自己绘制二维零件图并标注尺寸。

② 加工模具凹腔。

③ 如果内角处都为直角，如何加工？

图 7-29　模具固定板

情境 8

槽类零件编程与加工

【引言】

CNC 加工中心对于槽的加工，指的是从型腔区域由内轮廓和一般平底形成的内部去除材料空间。内部型腔多指封闭的，但也有需要从开放的区域去除材料，因而只有部分轮廓，例如开放的窄槽。本单元通过两个具体任务，介绍封闭槽、开放槽、特型槽的加工与编程技巧。通过本单元的学习，不仅要掌握槽的编程方法，还要理解槽类零件加工的工艺方法。

【目标】

掌握槽加工的工艺方法，会合理设计加工路线，正确选用加工刀具并合理设置加工参数，具备手工编程的基本能力。

知识准备

槽编程知识：

槽内部区域大的可以作为内轮廓加工。窄槽是一种特殊类型的槽，如果一端或两端为圆弧，则称为键槽。窄槽可以是开放的和封闭的，起点和终点不在同一位置的连续轮廓称为开放轮廓，反之称为封闭轮廓。从加工角度来分析，他们主要区别是刀具进入轮廓深度的方式不同。

（1）开放窄槽

如图 8-1 所示为一个典型的开放窄槽，以它为例介绍开放窄槽的编程技巧。

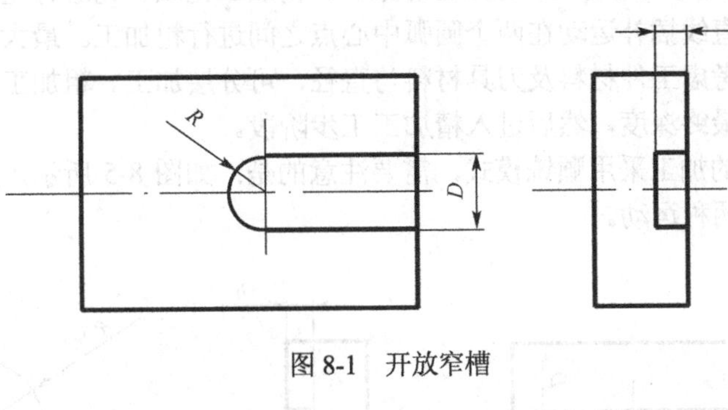

图 8-1　开放窄槽

① 刀具数量　根据图纸加工质量要求，窄槽加工可以使用一把或两把刀具，如果工件尺寸公差要求很高或者材料硬度较高，需要使用两把刀具：一把用于粗加工；另一把用于精加工，刀具直径可以相同也可以不同。

② 刀具选择　特定的窄槽，如键槽可以使用特殊的开槽铣刀而不是立铣刀加工，开槽铣

刀编程都是一些简单的直线运动。但更复杂和更精确的窄槽加工需要使用立铣刀。

刀具尺寸主要由窄槽宽度决定。比如加工宽度为 12mm 的窄槽，如使用ϕ12mm 的刀具加工，由于切削过程中切削力和其他因素的影响，使切削质量不高，而且难以保证公差和表面质量。如图 8-2 所示，图中f表示刀具在切削过程中的受力，f_3使刀具在切削过程向逆铣的一侧发生偏移，致使加工出的窄槽产生位置误差。

所以，针对图 8-1 开放窄槽的加工，选择刀具的直径应该略小于槽的宽度。选择刀具直径时，一定要计算留待精加工的窄槽侧壁余量，如果余量过大还需要进行半精加工。

③ 切削方法　采用粗、精加工两工步完成。粗加工时，刀具从位于窄槽中线上方的安全间隙位置下刀至工作深度，并留出一定的余量进行精加工，接着刀具以直线插补运动方式加工到圆弧中心点，再退刀至工件上方并返回初始位置，最后刀具在顺铣模式下对窄槽进行精加工。如图 8-3 所示精加工进给路线。

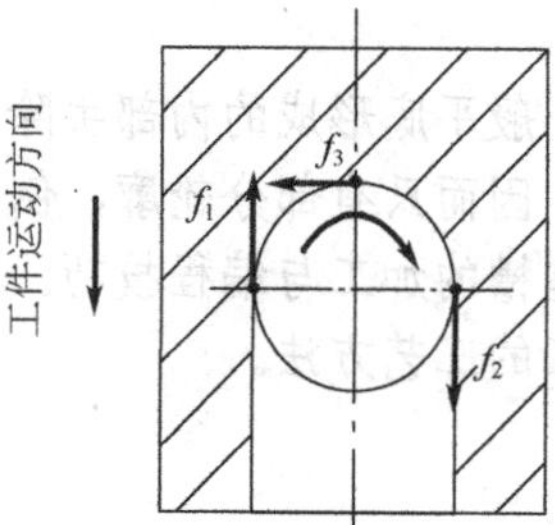

图 8-2　刀具受力简图

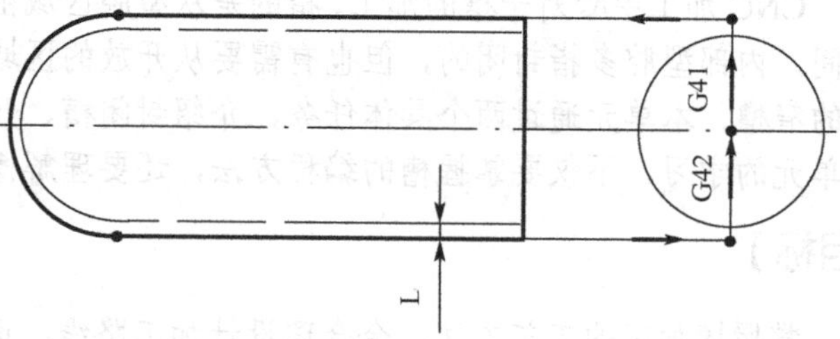

图 8-3　开放窄槽精加工路线(编程)

（2）封闭窄槽

封闭窄槽与开放窄槽相差并不是很大，但最大的区别是封闭窄槽加工时刀具必须切入材料，它没有外部位置。如图 8-4 所示，在平面上铣削键槽。

① 刀具切入方式

a．如果条件允许，可以加工预钻孔，刀具沿孔中心 *Z* 轴下刀切入材料。

b．可以使用具有过中心切削的立铣刀（键槽铣刀）垂直切入材料。

c．使用立铣刀斜向切入材料，一般沿 *XZ*、*YZ* 轴运动。

② 切削方法　采用半径小于 *R* 的立铣刀分粗、精加工完成。先进行粗加工，采用斜向下刀至工作深度，再以直线插补运动在两个圆弧中心点之间进行粗加工。最大切削深度，除了给精加工留余量外，要考虑工件材料及刀具材料与直径，可分层加工。粗加工后不需要退刀，可以在同一位置加工到最终深度，然后进入精加工工步阶段。

精加工时内轮廓的加工采用顺铣模式，需要注意的是：如图 8-5 所示，从圆弧中心点到精加工开始点共有以下两种运动。

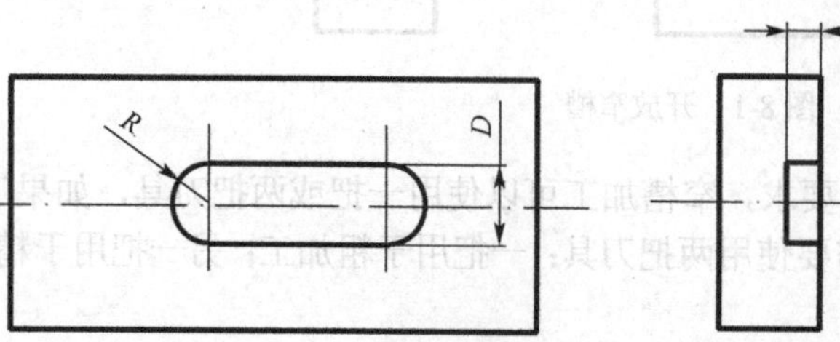

图 8-4　封闭键槽

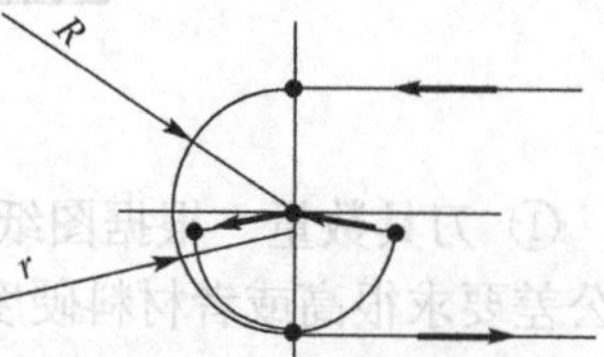

图 8-5　内轮廓切线趋近详图

a. 首先进行直线运动并启动刀具半径补偿。

b. 然后是切线趋近圆弧运动。

任务 1 封闭槽与开放槽加工

任务描述

如图 8-6 所示零件图，完成模板上封闭键槽与开放键槽的加工。毛坯尺寸为 140mm×100mm×30mm，材料 45 钢。

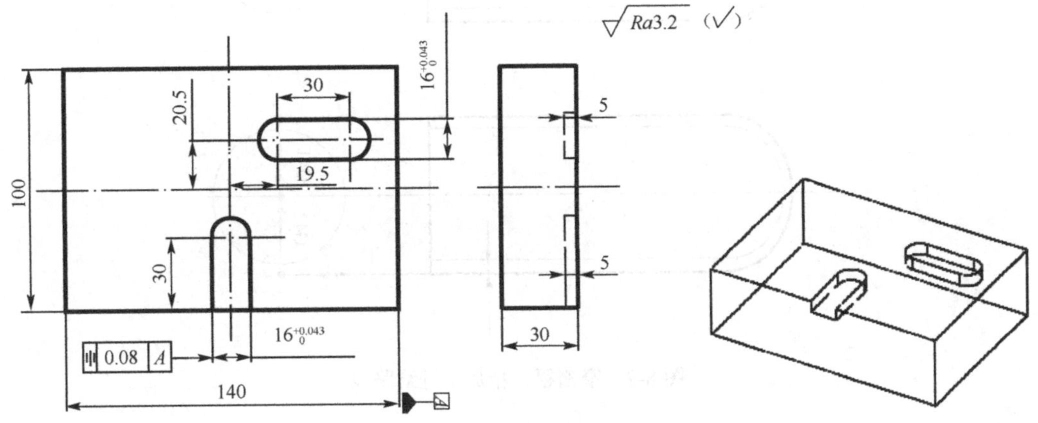

图 8-6 窄槽零件图

任务分析

本任务是在平面上加工窄槽，既要保证槽的尺寸精度要求，又要保证槽的位置精度要求，首先要选择合理的定位与夹紧方式，以减少定位误差。同时，由于毛坯外形已加工好，那么在对刀时，为了减小对刀误差，提高位置精度，可采用寻边器或塞尺。

本次任务窄槽有开口的和封闭的，根据图纸技术要求，我们采用小于槽宽的ϕ12mm 立铣刀加工而可以不用键槽铣刀，同时编写高精度的窄槽程序分粗加工和精加工，并且窄槽的侧壁也在程序控制下加工而成。

如果直接使用直径为ϕ16mm 立铣刀加工，不能保证槽的尺寸精度和位置精度要求。一般情况下，虽然键槽铣刀尺寸精度比立铣刀高，但位置精度和表面质量难以保证。

任务实施

1. 工艺分析

如图 8-6 所示，根据毛坯形状与要加工槽的深度要求及产生切削力的大小，可以采用机用平口虎钳和等高平行垫铁装夹。

① 加工顺序确定 采用粗、精加工完成，根据粗加工后留的余量大小，可安排半精加工。

② 刀具选择 粗加工采用ϕ12mm 的高速钢立铣刀 T01，半精加工、精加工采用ϕ12mm 的硬质合金立铣刀 T02 完成。

③ 切削参数确定 主轴转速和切削进给取决于 CNC 机床的实际工作情况，并依据工件及刀具材料查阅技术手册。

a．槽粗加工时，主轴转速为 650 r/min，进给速度 120mm/min，背吃刀量取 4.5mm。

b．槽半精加工时，主轴转速为 2500 r/min，进给速度 500mm/min，背吃刀量取 5mm，侧吃刀量取 1.5mm。

c．槽精加工时，主轴转速为 3000 r/min，进给速度 500mm/min，背吃刀量取 5mm，侧吃刀量取 0.5mm。

④ 进给路线确定　窄槽粗、半精加工、精加工进给路线如图 8-7 所示。

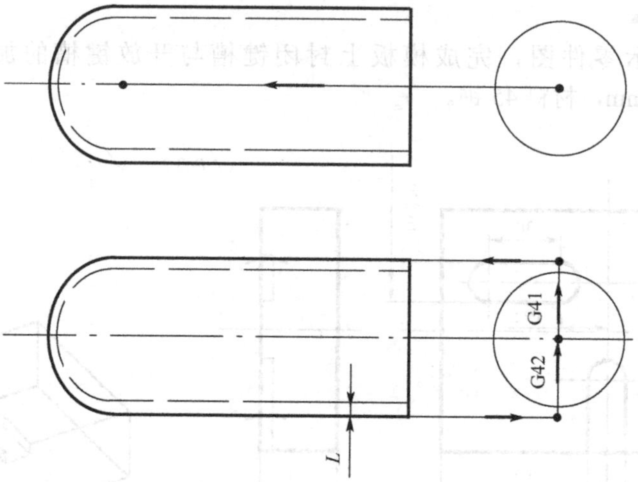

图 8-7　窄槽粗、精加工进给路线

键槽粗、半精加工、精加工进给路线如图 8-8 所示。

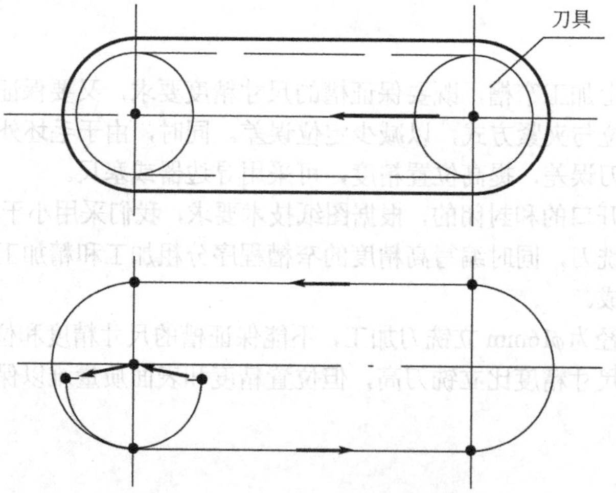

图 8-8　键槽粗、精加工进给路线

注意

① 加工开放窄槽下刀方式为轮廓外垂直下刀到工作深度。

② 加工封闭键槽下刀方式为斜线下刀，下刀的位置为两个圆弧半径中任意一个的中心点上方 3mm 的位置。

2. 数值计算

① 加工开放窄槽时，工件原点与程序原点重合，基点计算简单。

② 加工封闭键槽时，为了使基点计算简单，我们使用 G52 指令建立局部坐标系，程序原点为 O'，如图 8-9 所示。

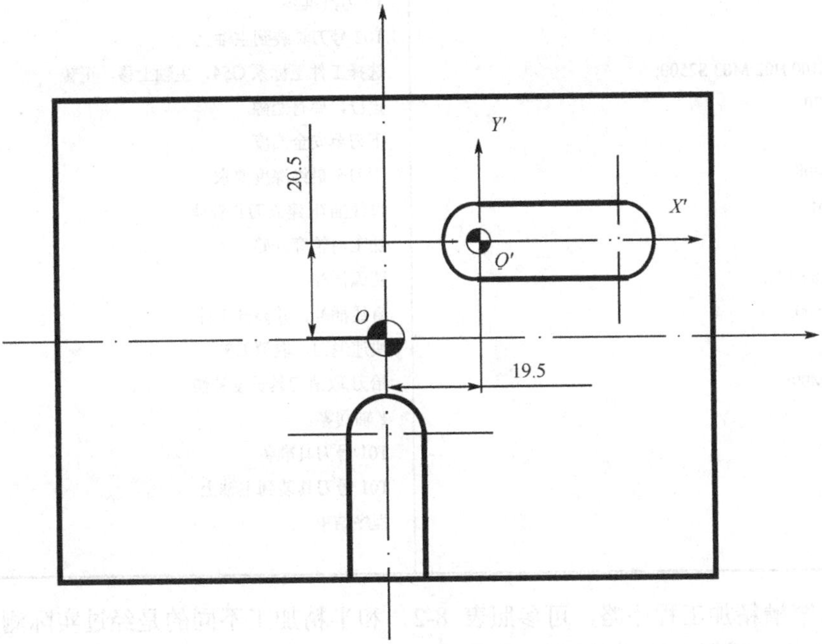

图 8-9 局部坐标系建立关系图

3. 编写程序清单

① 考虑到编程方便，在加工封闭键槽时，把程序原点设在一圆弧圆心处，使用 G52 坐标系偏置值。

② 开放窄槽加工程序。

a. 粗加工程序见表 8-1。

表 8-1 窄槽粗加工程序

程序内容	说明
O0050;	程序名 T01 号刀具已装在主轴上
G90 G17 G40 G80 ;	初始化加工环境设定
G54 G00 G43 Z100 H01 M03 S600;	选择工件坐标系 G54，主轴上移，正转
X0 Y-70;	定位，要有空隙
Z10;	下刀至安全高度
G01 Z-4.5 F200 M08;	下刀至深度要求
G01 Y-20 F150 ;	直线插补除料
G00 G49 Z100 M09;	粗加工槽结束，抬刀至起始高度
G91 G28 Y0;	Y 轴回零
M30;	程序结束
%	

b. 开放窄槽半精加工程序见表 8-2。

表 8-2　开放窄槽半精加工程序

程序内容	说　明
O0051;	程序名
G90 G17 G40 G80 ;	初始化加工环境设定
T2;	T2 刀具准备
M06;	T02 号刀具装到主轴上
G54 G00 G43 Z100 H02 M03 S2500;	选择工件坐标系 G54，主轴上移，正转
X0 Y-70;	定位，要有空隙
Z10;	下刀至安全高度
G01 Z-5 F500 M08;	下刀至最终深度要求
G41 G01 X8 D01 ;	直线插补,建立刀具补偿
Y-20;	加工内轮廓开始
G03 X-8 Y-20 R8 F400;	圆弧插补
G01 Y-70 F500;	直线插补，并离开工件
G40 G00 X0;	快速退刀，取消刀补
G49 G00 Z100 M09;	抬刀,取消刀具长度补偿
G91 G28 Y0	*Y* 轴回零
T01;	T01 号刀具准备
M06;	T01 号刀具装到主轴上
M30;	程序结束
%	

c．开放窄槽精加工程序略，可参照表 8-2，和半精加工不同的是经过实际测量后来改变 D01 中的补偿值，或把 D01 改为 D02 即可。

③ 封闭键槽加工程序

a．封闭键槽粗加工程序见表 8-3。

b．封闭键槽半精加工程序见表 8-4。

c．封闭键槽精加工程序略，可参照表 8-4 ，和半精加工不同的是经过实际测量后来改变 D01 中的补偿值，或把 D01 改为 D02 即可。

表 8-3　封闭键槽粗加工程序

程序内容	说　明
O0053;	程序名 T01 号刀具已经安装到主轴上
G90 G17 G40 G80 ;	初始化加工环境设定
G54 G43 G00 Z100 H01 M03 S2500;	选择工件坐标系 G54，主轴上移，正转
X0Y0;	移动
G52 X19.5 Y20.5;	建立局部坐标系
G00 X0 Y0;	定位,确定下刀点的空中位置
Z10;	下刀至安全高度
G01 Z -5 F200;	下刀至初始高度
	斜线下刀至工作深度
Y30;	直线插补，加工槽
G52 X0 Y0;	局部坐标系取消
G49 G00 Z100 M09;	抬刀
G91 G28 Y0;	*Y* 轴回零
M30;	程序结束
%	

表 8-4 封闭键槽半精加工程序

程序内容	说明
O0054;	程序名
G90 G17 G40 G80 ;	初始化加工环境设定
T02;	T02 号刀具准备
M06;	T02 号刀具装到主轴上
G54 G00 G43 Z100 H02 M03 S2500;	选择工件坐标系 G54，主轴上移，正转
X0Y0;	移动
G52 X19.5 Y20.5;	建立局部坐标系
G00 X0 Y0;	定位，确定下刀点的空中位置
Z10;	下刀至安全高度
G01 Z-5 F200;	下刀至尺寸深度
G41 X-7 Y-1 D01 F500;	建立刀具补偿
G3 X0Y-8 R7;	圆弧切入
G1 X 30;	半精加工键槽内轮廓开始
G3 Y8 R8;	…
G1 X0;	
G3 Y-8 R8;	
G3 X7 Y-1 R7;	…
G40 G1 X0Y0 ;	取消刀补，加工结束
G52 X0 Y0;	局部坐标系取消
G49 G00 Z100 M09;	抬刀，取消刀补
G91 G28 Y0;	*Y* 轴回零
M30;	程序结束
%	

任务评价

① 本次任务程序的编写可以根据学生不同分组，及不同的现场条件自己制定，如加工前要考虑是单件生产还是批量生产，那么具体任务实施程序的编写就不一样，至于哪种方法最优由学生通过实际加工后，讨论决定。

② 用立铣刀和两齿键槽铣刀分别加工槽，试分析槽的尺寸与位置精度。

任务 2 燕尾槽加工

任务描述

现有一毛坯为六面已经加工过的 65mm×50mm×45mm 的塑料板，试铣削成如图 8 -10 所示的零件。

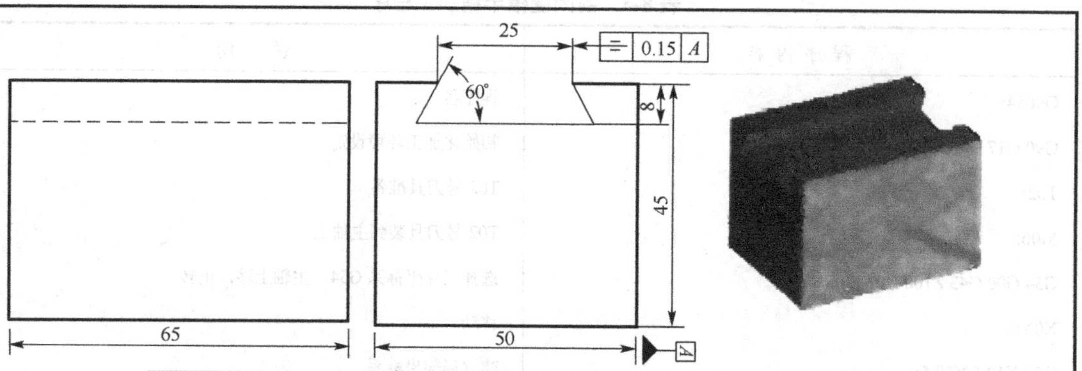

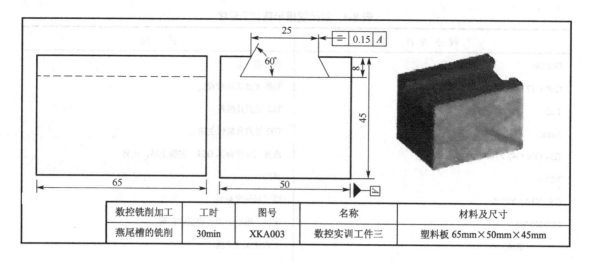

数控铣削加工	工时	图号	名称	材料及尺寸
燕尾槽的铣削	30min	XKA003	数控实训工件三	塑料板 65mm×50mm×45mm

图 8-10　燕尾槽加工

任务分析

本次任务，精度要求不是很高,燕尾槽加工长度不是很长，直接在加工中心上用专用刀具加工即可。

任务实施

1. 分析加工工艺

（1）零件图和毛坯的工艺分析

① 工件由一条长 65mm、宽 25mm 的燕尾槽构成。燕尾槽深 8mm，燕尾角 60°，且左右对称。

② 燕尾槽与外界相通。

（2）确定装夹方式和加工方案

① 装夹方式　采用机用平口钳装夹，底部用等高垫块垫起，使加工平面高于钳口 15mm。

② 加工方案　首先使用立铣刀 T02 分层铣削直线沟槽，然后使用燕尾槽铣刀 T03 采用逆铣方式粗铣燕尾槽。该例子中不再安排精铣。

（3）选择刀具

① 选择使用ϕ25mm 的立铣刀 T02 铣削直线沟槽。

② 选择使用外径ϕ25mm、角度 60°的直柄燕尾槽铣刀 T03 铣削燕尾槽。

（4）确定加工顺序和走刀路线

① 建立工件坐标系的原点：设在工件上底面的对称中心处。

② 确定起刀点：设在工件上底面对称中心的上方 100mm 处。

③ 确定下刀点：设在 *a* 点上方 100mm (X-50 Y0 Z100) 处。

④ 确定走刀路线。立铣刀的走刀路线 *a—O—b—O—a—O—b*。

燕尾槽铣刀的走刀路线 *c—d—e—f—g—h—i—j*。铣削示意图和走刀路线如图 8-11 所示。在 *Y* 方向分两刀铣削，如图 8-12（b）和图 8-12（c）所示为第一刀，如图 8-12（d）和图 8-12（e）所示为第二刀，铣削时应尽量使两刀铣削负荷均衡。

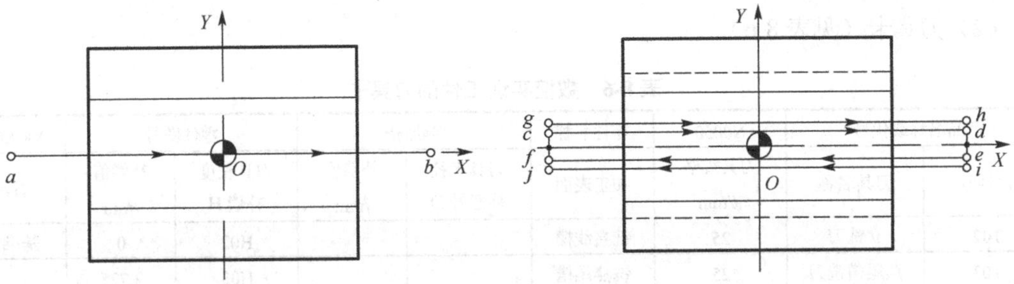

图 8-11　走刀路线图

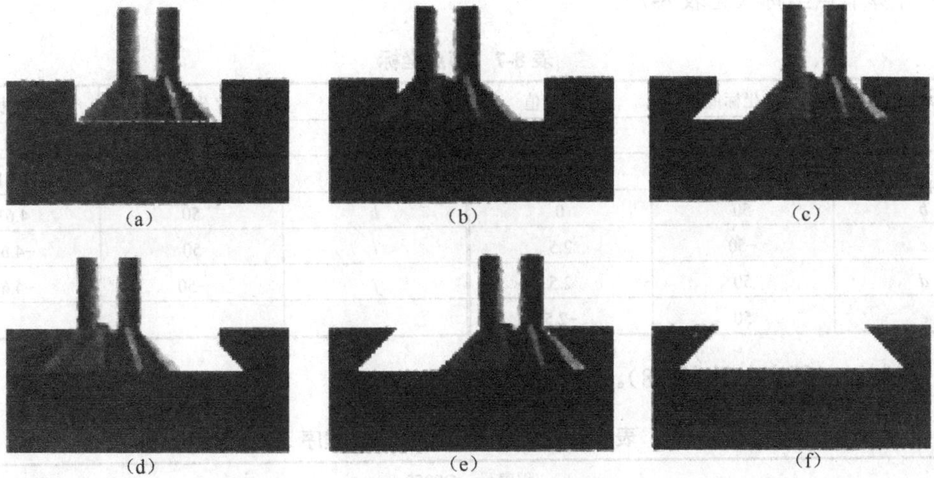

图 8-12　走刀路线示意图

2. 编写加工技术文件

(1) 工序卡（见表 8-5）

表 8-5　数控实训工件的工序卡

材料	塑料板	产品名称或代号		零件名称		零件图号			
		N0050		燕尾槽		XKA005			
工序号	程序编号	夹具名称		使用设备		车间			
0001	O0050	机用平口钳		VMC850-E		数控车间			
工步号	工步内容	刀具号	刀具规格 ϕ/mm	主轴转速 n/(r/min)	进给量 f/(mm/min)	背吃刀量 a_p/mm			备注
1	铣直线槽	T02	ϕ25mm 立铣刀	380	76	3	3	2	自动 O0050
2	铣燕尾槽	T03	ϕ25mm 的燕尾槽铣刀	190	38	铣削宽度 2.5	2.118		
编制		批准		日期		共 1 页			第 1 页

（2）刀具卡（见表8-6）

表8-6 数控实训工件的刀具卡

产品名称或代号		N0050	零件名称	燕尾槽		零件图号		XKA005
刀具号	刀具名称	刀具规格 ϕ/mm	加工表面	刀具半径补偿号D	补偿值/mm	刀具长度补偿H	补偿值/mm	备注
T02	立铣刀	25	铣直线槽			H02	0	基准刀
T03	燕尾槽铣刀	25	铣燕尾槽			H03	3.725	
编制		批准		日期			共1页	第1页

（3）编写参考程序（毛坯65mm×50mm×45mm）

① 计算节点坐标（见表8-7）。

表8-7 节点坐标

节点	*X*坐标值	*Y*坐标值	节点	*X*坐标值	*Y*坐标值
O	0	0	*f*	−50	−2.5
a	−50	0	*g*	−50	4.618
b	50	0	*h*	50	4.618
c	−50	2.5	*i*	50	−4.618
d	50	2.5	*j*	−50	−4.618
e	50	−2.5			

② 编制加工程序（见表8-8）。

表8-8 数控实训工件的参考程序

程序号：O0050		
程序段号	程序内容	说明
N10	G17 G21 G49 G54 G90 G94;	调用工件坐标系，绝对坐标编程
N20	T02 M06;	换立铣刀（数控铣床中手工换刀）
N30	S380 M03;	开启主轴
N40	G43 G00 Z100 H02;	将刀具快速定位到初始平面
N50	X-50 Y0;	快速定位到下刀点（X-50 Y0 Z100）
N60	Z5;	快速定位到*R*平面
N70	G01 Z-3 F76;	进刀
N80	X50;	铣削工件到*b*点
N90	Z-6;	进刀
N100	X-50;	铣削工件到*a*点
N110	Z-8;	进刀
N120	X50;	铣削工件到*b*点
N130	G00 Z100;	快速返回到初始平面
N140	X0 Y0;	返回到工件原点
N150	M05;	主轴停止
N160	M00;	程序暂停
N170	T03 M06;	换燕尾槽铣刀（数控铣床中手工换刀）
N180	S190 M03;	开启主轴
N190	G43 G00 Z100 H03;	将刀具快速定位到初始平面
N200	X-50 Y2.5;	快速定位到下刀点（*X*-50 *Y*2.5 *Z*100）
N210	Z5;	快速定位到*R*平面

续表

程序段号	程序内容	说　明
N220	G01 Z-8 F38；	进刀到 c 点
N230	X50；	铣削到 d 点
N240	G00 Y-2.5；	快速定位到 e 点
N250	G01 X-50 F38；	铣削到 f 点
N260	G00 Y4.618；	快速定位到 g 点
N270	G01 X50 F38；	铣削到 h 点
N280	G00 Y-4.618；	快速定位到 i 点
N290	G01 X-50 F38；	铣削到 j 点
N300	G00 Z100；	快速返回到初始平面
N310	X0 Y0；	返回到工件原点
N320	M05；	主轴停止
N330	M30；	程序结束

3. 加工工件

（1）试切对刀 T02，设定工件坐标系

① 装夹工件并找正。

② 安装立铣刀 T02。

③ 开启主轴正转，转速 300r/min 左右。

④ *X* 方向对刀方法如下。

a．在手轮模式下，移动主轴使立铣刀从–*X* 方向碰工件，并将此时的机床相对坐标清零。

b．在手轮模式下，移动主轴使立铣刀从+*X* 方向碰工件，并记下此时的机床相对坐标 *X*。

c．在手轮模式下，移动主轴到相对坐标 *X*/2，即工件 *X* 方向的中点。

d．在综合坐标界面中读得此时机械坐标 *X* 值。

e．沿路径“OFS/SET/坐标系”打开工件坐标系设定界面，将该机械坐标 *X* 值输入到番号 01 组 G54 的 *X* 坐标偏置值中。

⑤ *Y* 方向对刀方法如下。

a．在手轮模式下，移动主轴使立铣刀从–*Y* 方向碰工件，并将此时的机床相对坐标清零。

b．在手轮模式下，移动主轴使立铣刀从+*Y* 方向碰工件，并记下此时的机床相对坐标 *Y*。

c．在手轮模式下，移动主轴到相对坐标 *Y*/2，即工件 *Y* 方向的中点。

d．在综合坐标界面中读得此时机械坐标 *Y* 值。

e．沿路径“OFS/SET/坐标系”打开工件坐标系设定界面，将该机械坐标 *Y* 值输入到番号 01 组 G54 的 *Y* 坐标偏置值中。

⑥ *Z* 方向对刀方法如下。

a．在手轮模式下，移动主轴使立铣刀从＋*Z* 方向碰工件，并在综合坐标界面读得此时的机械坐标 *Z* 值。

b．沿路径“OFS/SET/坐标系”打开工件坐标系设定界面，将该值输入到番号 01 组 G54 的 *Z* 坐标偏置值中。

c．在相对坐标系中，将此时的 *Z* 清零，以便于在线测量 T03 的长度补偿值。

对刀过程如图 8-13 所示。立铣刀 T02 作为基准刀具，其刀长补偿值为零。在补正中将该补偿值输入到 T02 对应的刀长补偿番号 H02 的长度补偿寄存器中，如图 8-14 所示。

（2）燕尾槽铣刀 T03 对刀，建立刀长补偿值

① 从主轴上卸下立铣刀 T02 ，安装燕尾槽铣刀 T03。

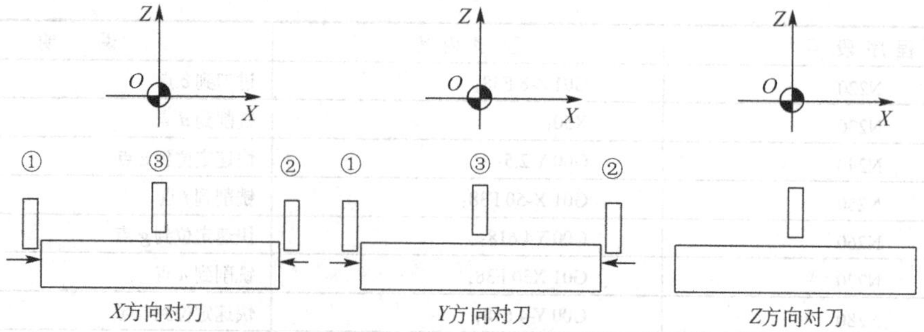

图 8-13 试切对刀

刀具补正 O0003 N00000

番号	（形状）H	（磨耗）H	（形状）D	（磨耗）D
001	0.000	0.000	0.000	0.000
002	0.000	0.000	0.000	0.000
003	3.725	0.000	0.000	0.000
004	0.000	0.000	0.000	0.000
005	0.000	0.000	0.000	0.000
006	0.000	0.000	0.000	0.000
007	0.000	0.000	0.000	0.000
008	0.000	0.000	0.000	0.000

现在位置（相对位置）

X –25.424 Y –22.441

Z –22.446

>_

]OG *** *** 15:54:02

[No 检索] [ ] [C.输入] [+输入] [输入]

图 8-14 设定刀具长度补偿界面

② 开启主轴正转，转速 100r/min 左右。

③ 在手轮模式下，移动主轴使燕尾槽铣刀从 +Z 方向碰工件。

④ 读得此时的相对坐标即为燕尾槽铣刀 T03 相对于基准刀 T02 的长度补偿值，在补正中将该补偿值输入到 T03 对应的刀长补偿番号 H03 的长度补偿寄存器中。

（3）加工操作

① 底部用垫块垫起，使加工平面高于钳口 15mm，将工件的装夹基准面贴紧平口钳的固定钳口，找正后夹紧。

② 在主轴上安装ϕ25mm 的立铣刀。

③ 对刀，设定工件坐标系 G54。

④ 去掉 T02 后在主轴上安装ϕ25mm 的燕尾槽铣刀。

⑤ 对刀，设定燕尾槽铣刀的刀长补偿，再次换装上 T02 立铣刀。

⑥ 在编辑模式下输入并编辑程序，编辑完毕后将光标移动至程序的开始处。

⑦ 将工件坐标系的 Z 值朝正方向平移 50mm，将机床置于自动运行模式，按下启动运行键，控制进给倍率，检验刀具的运动是否正确。

⑧ 把工件坐标系 Z 值恢复原值，将机床置于自动运行模式，按下“单步”按钮，将倍率

旋钮置于 10％，按下“循环启动”按钮。数控铣床根据加工进程手动更换主轴上的刀具。

⑨ 用眼睛观察刀位点运动轨迹，调整“进给倍率”旋钮，右手控制“循环启动”和“进给保持”按钮。

任务评价

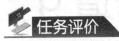

在加工槽时应满足刀具能切削到最小的槽的过渡间隙，或者小于等于中央孤岛的所切圆弧半径，先槽后钻孔的加工顺序，以免产生过切或者无法切削。

拓展与提高

后台编辑

在编辑方式下进行加工程序的输入、编辑等操作占用机床的非加工时间较多，因为在编辑程序这段时间内机床不能进行其他操作。实际上绝大部分数控机床具有前台加工、后台编辑的前后台功能，操作者可在机床进入自动循环加工的空余时间，同时利用数控系统的键盘和 CRT 进行零件程序的编制，这就是后台编辑。

以 FANUC 0i MC 系统为例，操作步骤如下。

① 打开程序保护锁，在机床的任一种方式下，按【PRGRM】程序键，再按显示器下方的功能软键 D，然后按软键“BG-EDIT”，则显示后台编辑画面。

② 输入准备编辑的程序号，如输入“O0021”，按【INSERT】键。

③ 同在编辑方式（EDIT）下输入程序的方法一样，输入程序的每段内容。

④ 程序输入完毕后，按下显示器（CRT）下的软键“BG-END”，将后台编辑的程序存入前台程序存储器。直至后台编辑结束，然后锁上程序保护锁。

重要提示

后台编辑功能可以不必考虑方式的选择和机床的状态，在后台编辑过程中，不会发生影响前台操作的报警，并且前台操作中的报警也不影响后台编辑。

思考与练习

如图 8-15 所示，完成工件上键槽的加工。

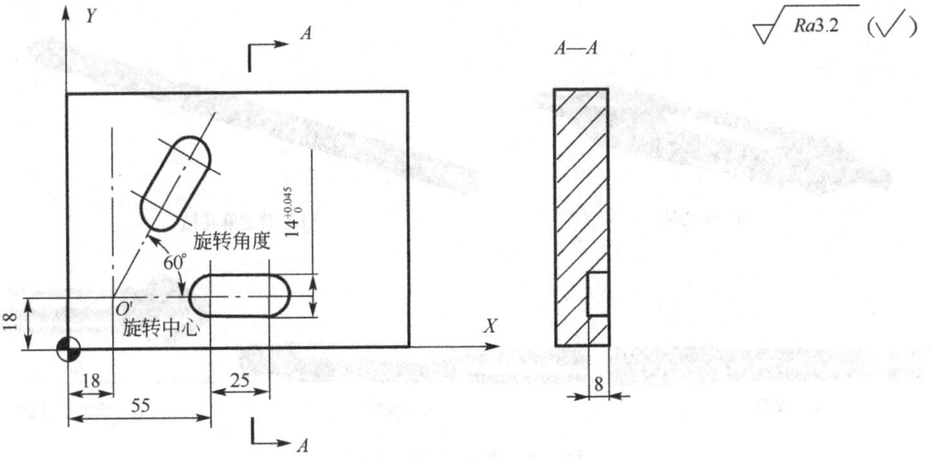

图 8-15　键槽圆周分布

情境 9

孔类零件编程与加工

【引言】

孔加工是最常见的加工操作，主要在钻床和 CNC 铣床、加工中心上完成。在飞机和航天器用的零件制造、电子仪器、仪表、光学或模具制造等产业中，孔加工都是其制造工艺中重要的组成部分。本单元主要介绍了钻孔、铰孔、攻螺纹与螺纹加工及镗孔的加工工艺、编程指令及注意事项。通过具体任务讲解孔的加工工艺及参数设定。选择适当的编程方法对于给定工作中多个孔的加工非常重要。

【目标】

本单元详细介绍了孔加工固定循环指令。掌握 G81、G83、G76、G87、G84 等孔加工循环指令；熟悉常见孔加工的典型加工工艺过程；理解各种孔加工编程方法以及使用技巧，重点包括各种钻削和镗削操作以及铰孔、攻螺纹等操作。

知识准备

1. 孔加工基础知识

（1）孔加工刀具选择

在加工中心上钻孔，常用刀具有中心钻、普通麻花钻、锥形扩孔钻、铰刀、丝锥等刀具，如图 9-1 所示。

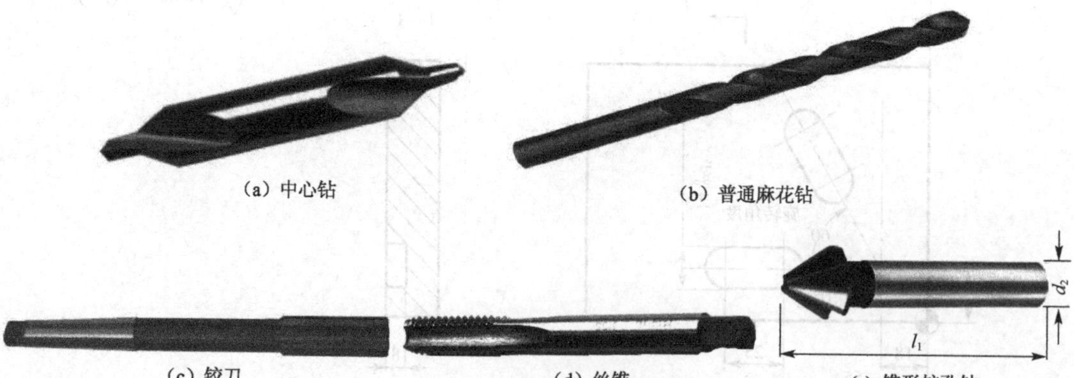

（a）中心钻　（b）普通麻花钻　（c）铰刀　（d）丝锥　（e）锥形扩孔钻

图 9-1　常用孔加工刀具

CNC 加工中心最常见的孔加工类型包括钻孔、攻螺纹、铰孔和镗孔，典型的加工步骤是先进行中心钻或点钻，然后钻孔，最后攻螺纹或镗削。

（2）钻孔操作类型

钻孔操作有两个因素来决定：孔的类型和钻头的类型，见表9-1。

表9-1　孔的类型和钻头的类型

根据钻头类型分	根据孔类型分
中心钻、点钻	中心孔
麻花钻（高速钢、硬质合金）	通孔
群钻	倒角孔
扁钻	半盲孔
硬质合金可转位钻	盲孔
特殊钻头	预加工孔

编程时需要考虑基本尺寸。

标准钻头有两个重要特征——直径和锋角（钻尖角）。钻头根据图纸要求选择，直径决定钻孔大小。锋角则跟材料硬度有关，锋角也决定孔的深度。如图9-2所示。

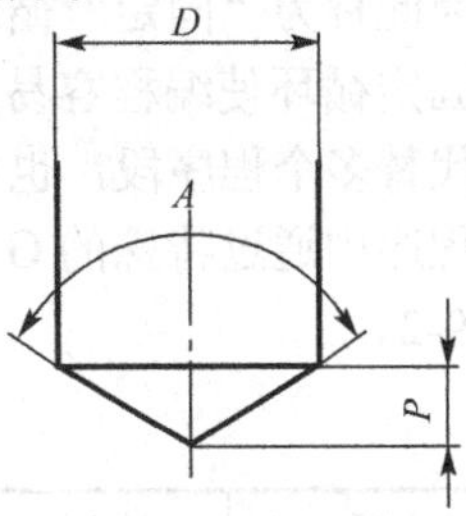

图9-2　标准麻花钻的钻尖长度数据

D—钻头直径；A—钻尖角度；P—钻尖长度

如果钻头直径和锋角已知，那么钻尖长度 P 计算公式如下：

$$P=\tan\left(90^\circ-\frac{A}{2}\right)\times\frac{D}{2}$$

（3）用直线插补完成孔的加工

孔加工的控制方法一般是在 X、Y 轴上快速运动，在 Z 轴方向则以切削进给率运动。孔的形状与直径由刀具选择来控制。如果零件图纸上只有一两个孔并且加工操作只是简单的中心钻或钻孔，那么程序的长度并不重要，可以采用 G01 指令完成，如图9-3所示。具体编程步骤及钻孔路线如图9-4所示，程序O6001中使用了单独程序段模式，即每步刀具路径都作为独立的运动程序段来编写。

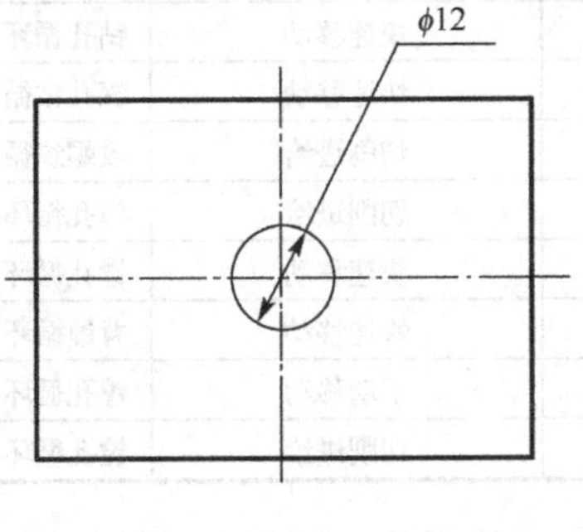

图9-3　单个孔加工

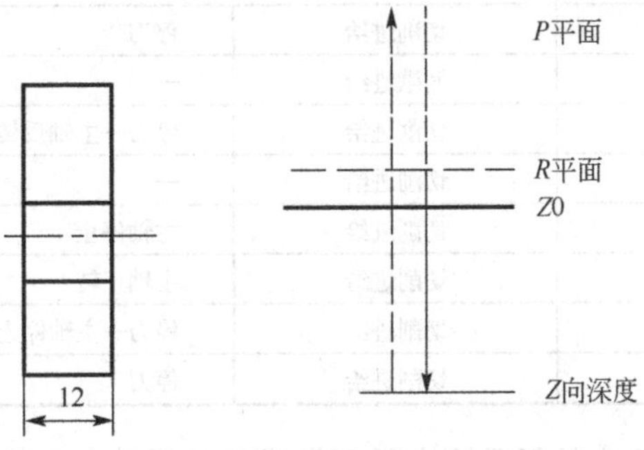

图9-4　孔加工基本步骤

孔加工基本编程结构可以概括以下四个基本步骤：

第一步，快速运动到孔的位置——沿 X 轴和 Y 轴方向；

第二步，快速运动到切削的起点——沿 Z 轴方向（R 平面）；

第三步，进给运动到指定深度——沿 Z 轴方向；

第四步，返回离开工件到安全位置——沿 Z 轴方向。

例如

```
O6001;
```

```
N1 G17 G90 G40 G80;
N2 G54 G00 G43 Z50
N3  X0 Y0 S400 M03;
N4  Z10;
N5 G01 Z-16 F100;
N6 G00 Z100;
N7 M30;
```

重要提示

如果一个零件上有很多个孔而且需要多把刀来完成各种不同规格孔的加工，这时程序就会很长，而且编程中也会出现大量的重复信息。那么这个问题可以使用固定循环来解决。

2. 固定循环功能

固定循环是一个浓缩的模块，它包含一系列预先编好的加工指令，程序的内在格式不能改变，因此称为“固定”循环。

固定循环使编程容易。在孔加工过程中，用固定循环也就是说可以用 G 功能指令在单程序段中代替多个程序段，也可节省存储器。

程序中通过特殊的 G 指令来调用固定循环。FANUC 和类似的控制器都支持以下固定循环，见表 9-2。

表 9-2 固定循环

G 代码	钻削（−Z 方向）	在孔底的动作	回退（+Z 方向）	应用
G73	间歇进给	—	快速移动	高速深孔钻循环
G74	切削进给	停刀→主轴正转	切削进给	左旋攻螺纹循环
G76	切削进给	主轴定向停止	快速移动	精镗循环
G80	—	—	—	取消固定循环
G81	切削进给	—	快速移动	钻孔循环，点钻循环
G82	切削进给	停刀	快速移动	钻孔循环，锪镗循环
G83	间歇进给	—	快速移动	深孔钻循环
G84	切削进给	停刀→主轴反转	切削进给	攻螺纹循环
G85	切削进给	—	切削进给	镗孔循环
G86	切削进给	主轴停止	快速移动	镗孔循环
G87	切削进给	主轴正转	快速移动	背镗循环
G88	切削进给	停刀→主轴停止	手动移动	镗孔循环
G89	切削进给	停刀	切削进给	镗孔循环

该表列出的只是固定循环最常见的用法，而不是唯一的用法。例如有时镗削循环可能非常适合于铰孔，尽管这里并没有直接指定铰孔。

（1）编程格式

固定循环的一般格式是由特定的一些地址字指定一系列参数值组成，如下：

N__G98/G99 G__X__Y__R__Z__P__Q__I__J__F__L__

并不是每一个循环都使用以上参数，下面介绍循环中使用的地址。

① G98 使刀具返回初始平面位置，G99 使刀具返回地址 R 点平面位置，如图 9-5 所示。一般情况下，在孔系加工中，G99 用于第一次钻孔，G98 用于最后一次钻孔。

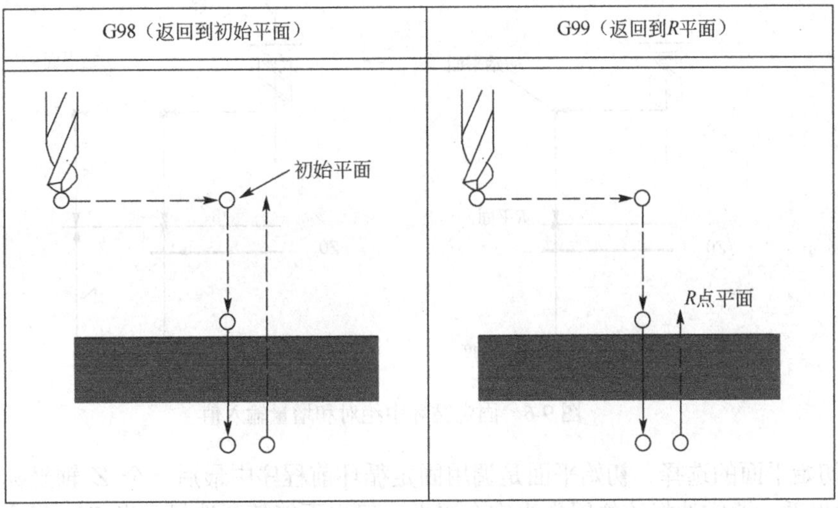

图 9-5　G98/G99 返回位置

② G——循环数，见表 9-2，只能从上表指令中选择一个。

③ X_Y_——孔 *X*、*Y* 坐标，可以是绝对值也可以是相对值。

④ R——*Z* 轴激活切削进给率位置的起点，或者也称为 *R* 平面的位置，可以是绝对值也可以是相对值。

⑤ Z——*Z* 轴终点位置（*Z* 向深度），可以是绝对值也可以是相对值。

⑥ P——暂停时间，单位是 ms(1s=1000ms)，暂停时间在 0.001~99999.999s 范围内，编程中为 P1～P9999999。

⑦ Q 地址有两种含义：与 G73 和 G83 循环一起使用时，它表示每次钻削的深度；与 G76 和 G87 循环一起使用时，它表示镗削的移动量。

⑧ I、J——移动量，指的是必须包含 G76 或 G87 镗削循环的 *X* 轴、*Y* 轴移动方向，I、J 可代替 Q 使用。

⑨ F——进给率，只用于切削运动，单位是 mm/min。

⑩ L（或 K）——循环的重复次数，必须在 L0~L9999 内，默认值为 L1。

（2）通用规则

编程中有许多规则、约束，详见《FANUC 0i MC 编程操作说明书》。

① G90 选择绝对模式，G91 选择增量模式。

② 如果固定循环模式中省略 *X* 轴和 *Y* 轴坐标中的一个，那么只有一个方向上的运动，另一个方向坐标不变。如果固定循环模式中 *X*、*Y* 轴都省略，那么刀具在 *XY* 平面内不动。

③ 如果固定循环中没有编写 G98 或 G99，那么控制系统就会选择由系统参数设置的默认指令（通常是 G98）。

④ G80 取消所有有效的固定循环并使下一刀具快速运动，G80 所在程序段中的所有固定循环都无效。例如：G80 Z50 等同于 G80 G00 Z50 或 G00 Z50。

（3）其他需要注意事项

① 绝对值和增量值　孔加工固定循环可以选择绝对模式 G90 或增量模式 G91 编程。这一选择主要会影响孔的 *XY* 位置、*R* 位置和 *Z* 方向深度。

采用 G90 绝对模式下所有值都与程序原点相关，而采用 G91 相对模式下所有坐标值 *X*、*Y*、*Z* 方向上的值都是增量编程，如图 9-6 所示。

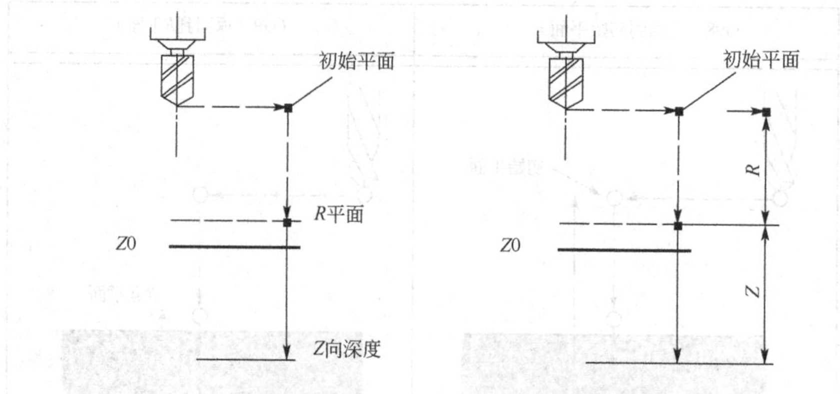

图 9-6　固定循环中绝对和增量输入值

② 初始平面的选择　初始平面是调用固定循环前程序中最后一个 Z 轴坐标的绝对值。从实用的角度看，通常选择该位置作为安全平面，但也不能随意选择，当 G98 指令有效时，它能确保退刀平面高于所有障碍物包括夹具、零件的突出部分、未加工区域以及附件等，如图 9-6 所示。

③ R 平面的选择　R 平面的位置指的是在固定循环中刀具进给运动的起点。如果程序中编写 G99，R 平面不仅是切削进给的起点，也是切削刀具在循环完成前的退刀平面。如图 9-6 所示，通常在 Z0 平面上方 1～5mm 处。

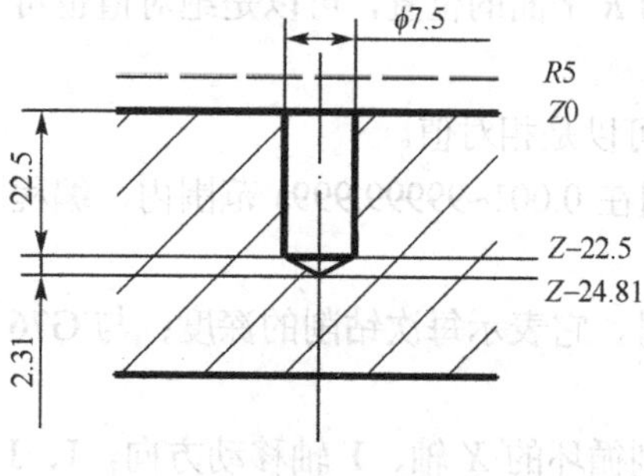

图 9-7　钻孔 Z 向深度计算

④ Z 向深度的计算　在循环程序段中以 Z 地址来表示深度，Z 值表示切削深度的终点。如图 9-7 所示，Z 值要考虑钻头的 118°～120° 的刀尖。

3. 孔加工固定循环

（1）G81——钻孔循环

G81 循环主要用于钻孔和中心孔，切削进给执行到孔底，然后，刀具从孔底快速移动退回。

指令格式：

G98（G99）G81 X_Y_R_Z_F_；

动作循环如图 9-8 所示。

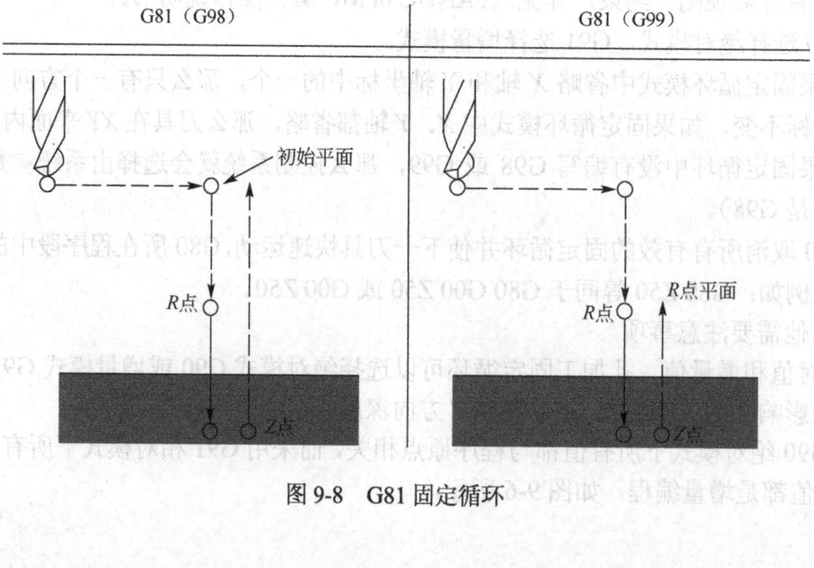

图 9-8　G81 固定循环

说明

① 图中虚线表示快速运动；实线表示切削运动。

② G81（Gxx）指定的孔加工方式是模态的，如果不改变当前的孔加工方式模态或取消固定循环的话，孔加工模态会一直保持下去。使用 G80 或 01 组的 G 指令可以取消固定循环。

③孔加工参数也是模态的，在被改变或固定循环被取消之前也会一直保持，即使孔加工模态被改变。

（2）G83——深孔钻循环、排屑钻孔循环

该循环执行深孔钻，执行间歇切削进给到孔的底部，钻孔过程中排除切屑。

指令格式：

G83 X__Y__Z__R__Q__F__K__;

Q__：每次切削进给的切削深度，它必须用增量值制定。

K__：重复次数； K 不是一个模态的值，它只在需要重复的时候给出。

动作循环如图 9-9 所示。

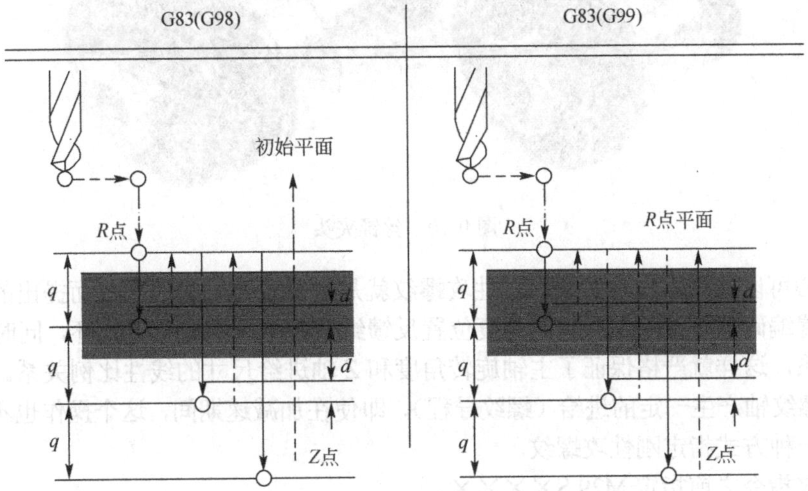

图 9-9 G83 固定循环

说明：刀具快速运动到 R 平面后，根据 Q 值进给运动至 Z 向深度；然后再快速退刀至 R 平面；在第二次和以后的切削进给中，快速运动至前一深度减去间隙 d（d 值有系统参数设定）。

（3）G84——攻螺纹循环

攻螺纹是加工中心上仅次于钻孔的最常见的孔加工操作。因为攻螺纹在数控铣床和加工中心上非常常见，大部分系统可以使用表 9-3 所示的两种攻螺纹循环来编程。

表 9-3 两种攻螺纹循环

G84	标准攻螺纹——右旋螺纹，主轴旋转使用 M03
G74	反向攻螺纹——左旋螺纹，主轴旋转使用 M04

① 标准攻螺纹与刚性攻螺纹 右旋攻螺纹循环（G84）和左旋攻螺纹循环(G74)可以在标准攻螺纹或刚性攻螺纹方式执行。

数控铣床上只能使用标准方式攻螺纹，使用的是浮动丝锥卡头，使用 M03、M04、M05 使主轴旋转和停止，并沿着攻螺纹轴移动。

原因分析

数控铣床主轴的转动角度是不受控的，而且主轴的角度位置与 Z 轴的进给没有任何同步关系，仅仅依靠恒定的主轴转速与进给速度的配合是不够的。主轴的转速在攻螺纹的过程中需要经历一个停止—正转—停止—反转—停止的过程，主轴要加速—制动—加速—制动，再加上在切削过程中由于工件材质的不均匀，主轴负载波动都会使主轴速度不可能恒定不变。对于进给 Z 轴，它的进给速度和主轴也是相似的，速度不会恒定，所以两者不可能配合得天衣无缝。这也就是当采用这种浮动方式攻螺纹时，必须配用带有弹簧伸缩装置的夹头，如图 9-10 所示，用它来补偿 Z 轴进给与主轴转角运动产生的螺距误差。

还有一点要注意的是，当攻螺纹时主轴转速越高，Z 轴进给与螺距累积量之间的误差就越大，弹簧夹头的伸缩范围也必须足够大，由于夹头机械结构的限制，用这种方式攻螺纹时，主轴转速不能太高（限制在 600r/min 以下）。

图 9-10　丝锥夹头

加工中心可以使用刚性攻螺纹，刚性攻螺纹就是针对上述方式的不足而提出的，它在主轴上加装了位置编码器，把主轴旋转的角度位置反馈给数控系统形成位置闭环，同时与 Z 轴进给建立同步关系，这样就严格保证了主轴旋转角度和 Z 轴进给尺寸的线性比例关系。主轴每旋转一转，沿攻螺纹轴产生一定的进给（螺纹导程），即使在加减速期间，这个操作也不变化。可以用下列任何一种方式指定刚性攻螺纹。

在攻螺纹指令之前指定 M29 S××××。

指定 G84 做刚性攻螺纹指令[参数 NO. 5200#0（G84）设为 1]。

重要提示

正是有了同步关系，刚性攻螺纹的丝锥夹头就用普通的钻夹头或常规的立铣刀套或更简单的专用夹头就可以了，而且刚性攻螺纹时，只要刀具（丝锥）强度允许，主轴的转速能提高很多。

在编程之前要确认 CNC 机床是否支持刚性攻螺纹。

② G84 指令　指令格式为：G84 X_ Y_ Z_ R_ P_ F_ K_；

说明：P_在孔底的暂停时间或回退时在 R 点的暂停时间。

加工步骤如图 9-11 所示。

a. 从 R 点到 Z 点执行攻螺纹。当攻螺纹完成时，主轴停止并执行暂停，然后主轴以相反方向（M04）旋转，刀具退回到 R 点，主轴停止。然后，执行快速移动到初始位置。当攻螺纹正在执行时，进给倍率和主轴倍率认为是 100%。

b. 由于需要加速，因此攻螺纹循环的 R 平面应该比其他循环高，以保证进给率的稳定。

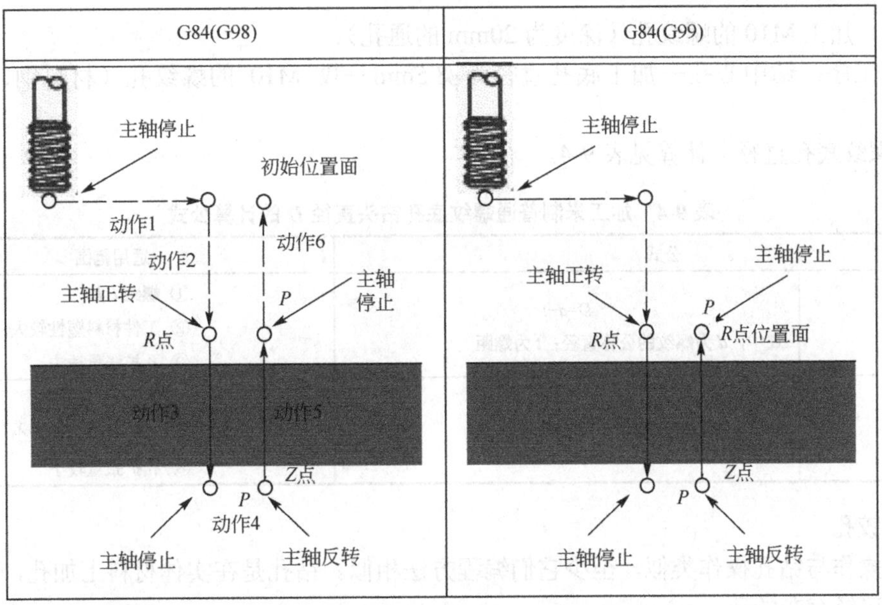

图 9-11　G84 固定循环

c. 主轴的进给速度选择很重要，主轴的转速和螺纹导程之间有严格的关系。

d. 进给速度：在每分钟进给方式中，进给速度=螺纹导程×主轴转速。在每转进给方式中，螺纹导程等于进给速度。

举例如下：

Z 轴进给速度 1000mm/min

主轴速度 1000r/min

螺纹导程 1.0mm

<每分进给的编程>

```
G94;                              指定每分进给指令
G00 X120.0 Y100.0;                定位
M29 S1000;                        指定刚性方式
G84 Z-100.0 R+20.0 F1000;         刚性攻螺纹
```

<每转进给的编程>

```
G95;                              指定每转进给指令
G00 X120.0 Y100.0;                定位
M29 S1000;                        指定刚性方式
G84 Z-100.0 R+20.0 F1.0;          刚性攻螺纹
```

③ 丝锥几何尺寸　在攻螺纹加工中，要合理选择丝锥，要清楚所选丝锥的螺旋槽几何尺寸和丝锥倒角几何尺寸。盲孔加工通常使用平底丝锥，通孔加工大多数选用插丝丝锥，极少数情况下也使用锥形丝锥。总的来讲，倒角越大，钻孔留下的深度间隙就越大。

重要提示

机床操作注意事项：

执行 G74 和 G84 循环时，Z 轴从 R 点到 Z 点和 Z 点到 R 点两步操作之间如果按进给保持按钮的话，进给保持指示灯立即会亮，但机床的动作却不会立即停止，直到 Z 轴返回 R 点后才进入进给保持状态。另外 G74 和 G84 循环中，进给倍率开关无效。

例如，加工 M10 的螺纹孔（深度为 20mm 的通孔）。

加工工序：钻中心孔—加工底孔直径为 ϕ8.5mm—攻 M10 的螺纹孔（材料钢，v_c=1.5～5m/min）。

④ 螺纹底孔直径　计算见表 9-4。

表 9-4　加工米制普通螺纹底孔钻头直径 *D* 的计算公式

公式		适用范围
1	$D=d-t$ 式中，d 为螺纹的公称直径；t 为螺距	① 螺距 $t<l$ ② 工件材料塑性较大 ③ 孔扩张量适中
2	$D=d-(1.04\sim1.08)t$	① 螺距 $t<l$ ② 工件材料塑性较小 ③ 孔扩张量较小

（4）铰孔

铰孔操作与钻孔操作类似，至少它们编程方法相似。钻孔是在实体材料上加孔，而铰孔是扩大一个已经存在的孔。

① 铰孔需要考虑的问题

a. 铰刀及其材料　加工中心上使用的铰刀多是通用标准铰刀。此外，还有机夹硬质合金单刃铰刀和浮动铰刀等。铰刀材料通常是高速钢、钴合金或硬质合金。

b. 铰刀设计　就设计而言，铰刀的螺旋槽和刀头倒角这两个特征与 CNC 加工和编程直接相关。大多数铰刀有左螺旋槽，它适合于加工通孔，在切削过程中左旋螺旋槽“迫使”切屑往孔底移动并进入空区，不适合加工盲孔；铰刀的刀头倒角也叫导锥，便于进入一个没有倒角的孔。

c. 铰孔操作主轴转速　铰孔线速度的选择与所加工的材料、刀具密切相关，其他因素如工件安装、刚度、尺寸和孔的最终表面质量等都影响主轴转速的选择。通常铰孔的线速度选择同材料上钻孔的 1/3。

注意

不要在主轴反转时编写铰孔运动，会使刀具磨损或损坏。

d. 铰孔的进给率　铰孔的进给率比钻孔要大，通常为它的 2~3 倍。高进给率的目的是使铰刀切削材料而不是摩擦材料。如果进给率太低铰刀会迅速磨损。

e. 毛坯余量　毛坯余量是留作精加工的余量，通常要进行铰孔操作的孔比预钻空或预镗孔要小，至于小多少一般由操作者加工现场决定。如果毛坯余量太小会使铰刀过早磨损，余量太大会增加切削压力而损坏铰刀。

一般规则是留出铰刀直径 3%大小的厚度作为毛坯余量，这是针对直径而言。

f. 其他铰孔需考虑的问题　加工盲孔时先采用钻削然后铰孔，但在钻孔过程中必然会在孔内留下一些碎屑影响铰孔的正常操作。因此，在铰孔之前，应用 M00 停止程序，允许操作者除去所有的碎屑。

② 铰孔程序　铰孔编程也需要用到固定循环。实际上并没有直接定义的铰孔循环。可以使用 G81 指令，但是为保证孔的尺寸和表面质量，需要进给返回到起点位置。虽然 G81 以快速返回可以节省循环时间，但会影响加工质量，那么在 FANUC 系统中比较合适的循环为 G85，该循环可实现进给运动“进”和进给运动“出”，且进给率相同。

（5）G85——镗削循环

格式：G98（G99）G85 X__Y__R__Z__F__；.

动作循环如图9-12所示。

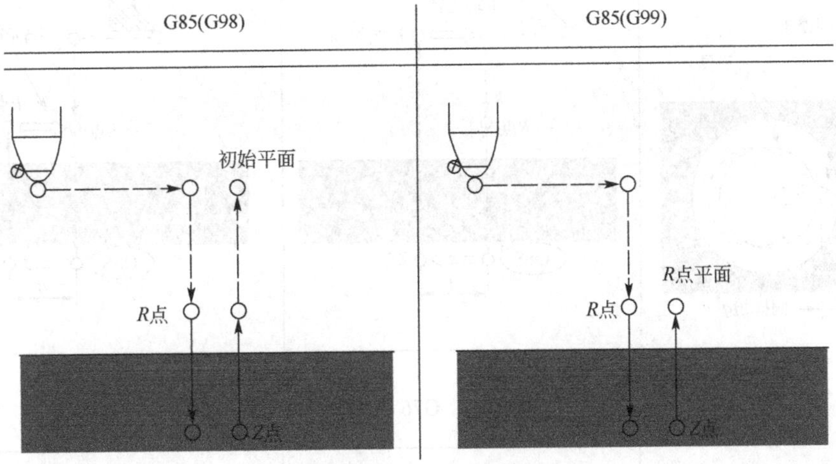

图9-12　G85固定循环

G85循环通常用于粗镗孔和铰孔，它主要用于以下场合，即刀具运动进入和退出孔时可以改善孔的表面质量、尺寸公差等。

（6）G76——精镗循环

G76循环用于加工对尺寸和表面质量要求较高的孔。镗削本身很平常，不过G76的退刀很特别。镗刀杆停止在孔底的定位位置，根据循环中的Q值偏离并退刀至起点位置。

格式：G98（G99）G76 X__Y__R__Z__P__Q__F__；

其中，X__Y__为孔位数据；Z__为*Z*向工作深度；R__为*R*平面位置点距离；P__为暂停时间；Q__为孔底偏移量，*Q*指定为正值；F__为切削进给速度。

在指定G76之前，用辅助功能(M代码)旋转主轴。

G76主要用于孔精加工，也可以保证孔的圆柱度并平行于它们的主轴。

重要提示

当到达孔底时，主轴在固定的旋转位置停止，并且，刀具以刀尖的相反方向移动刀具。

G76精镗需要在具备主轴定向的机床上实现，主轴定向时，必须处于停止状态。操作人员始终要清楚主轴的定向方式和刀具转化的实际移动方向。

动作循环如图9-13所示。

（7）G87——背镗循环

背镗循环G87和精镗循环G76一样都需要刀具移离当前孔的中心线。背镗循环的工作方向与其他循环相反，即从工件的背面开始加工。通常背镗操作从孔的底部开始加工，镗削操作沿*Z*轴向上（*Z*正方向）进行。

格式：G98 G87　X__Y__R__Z__P__Q__F__；

其中，X__Y__为孔位数据；Z__为*Z*向工作深度；R__为*R*平面位置点距离（孔底）；P__为暂停时间；Q__为孔底偏移量，*Q*指定为正值；F__为切削进给速度。

动作循环如图9-14所示。

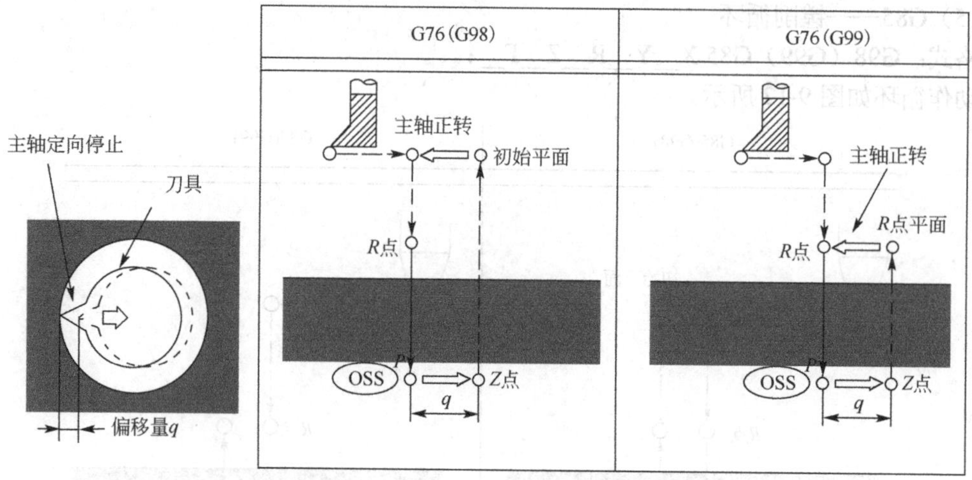

图 9-13 G76 固定循环

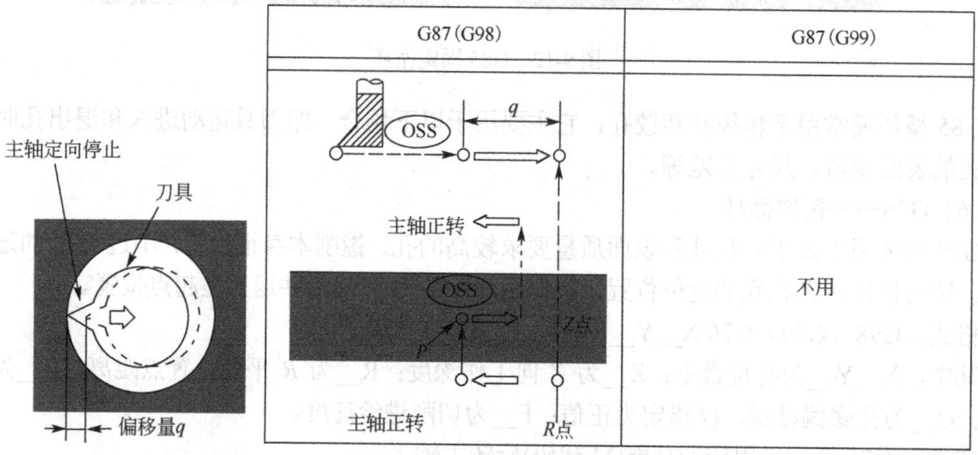

图 9-14 G87 固定循环

G87 动作步骤具体见表 9-5。

表 9-5 G87 动作步骤

步骤	G87 循环介绍
1	快速运动至 *X*、*Y* 位置
2	主轴停止旋转
3	主轴定位
4	根据 *Q* 值退出或移动距离（刀尖相反方向）
5	快速运动到 *R* 平面
6	根据 *Q* 值在刀尖方向移动距离
7	主轴顺时针旋转 M03
8	进给运动至 *Z* 向深度（向上）
9	主轴停止旋转
10	主轴定位
11	根据 *Q* 值退出或移动距离（刀尖相反方向）
12	快速退刀至初始平面
13	根据 *Q* 值在刀尖方向移动距离
14	主轴旋转

注意

安装镗刀杆时必须预先调整，以与背镗所需的直径匹配，如图 9-15 所示，它的切削刃必须在主轴定位模式下设置，且面向相反方向而不是移动方向。

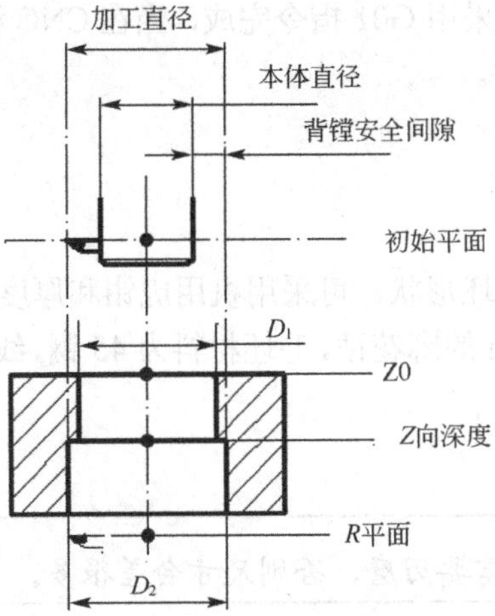

图 9-15　背镗孔

重要提示

① G99 不能与 G87 同时使用。

② 背镗之前必须加工通孔。

③ 背镗循环的 Q 值必须大于两个直径之差的一半[$(D_2-D_1)/2$]再加上标准的最小 Q 值（0.3mm）。

④ 注意镗刀杆的主体部分，确保它不会碰到工件下方的障碍物。记住刀具长度偏置是从切削刃而不是镗刀的实际刀尖测量的。

⑤ 一定要清楚主轴定向方向并正确设置刀具。

任务 1　钻　孔

任务描述

完成如图 9-16 所示零件上孔的加工。

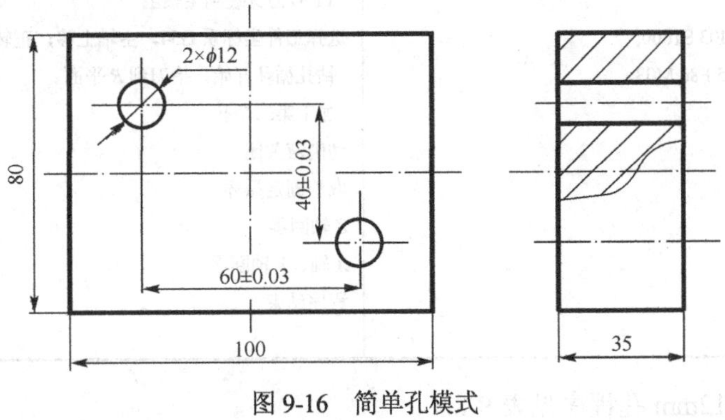

图 9-16　简单孔模式

任务分析

如图 9-16 所示，需加工 2×ϕ12mm 孔，只有孔中心距位置要求；那么在加工中心上，通过精确对刀和采用合理的加工工艺可保证。对于一两个孔的加工并且加工操作只是简单钻孔，那么程序长度不重要，因此，也可采用 G01 指令完成，当在 CNC 程序中需编写大量重复信息时，可以通过孔固定循环功能来解决。

任务实施

1. 工艺分析

① 如图 9-16 所示，根据毛坯形状，可采用机用虎钳和厚度小于 10mm 的平行垫铁夹紧。

刀具采用高速钢材料ϕ12mm 的麻花钻，毛坯材料为 45 钢，线速度为 8~25m/min；可取 v_c=15 m/min。

注意

普通麻花钻新买回来后，需要刃磨，否则尺寸会差很多。

② 数控加工工序见表 9-6。

表 9-6 数控加工工序

工步号	工步内容		刀具号	刀具规格 /mm	主轴转速 n/(r/min)	进给量 f/(mm/r)	背吃刀量 /mm	备注
1	钻中心孔		T1	A3	1000	80	6	
2	钻直径为ϕ12 的通孔		T2	ϕ12	400	100	40	至深度
编制		审核	批准		日期		共 1 页	第 1 页

2. 程序编制

考虑到孔深与孔直径的比值大于 3，建议采用 G83 钻孔循环指令。

工件原点设在工件的中心(上表面)。

① 中心钻钻孔程序见表 9-7。

表 9-7 中心钻钻孔程序

程序内容	说明
O9002;	程序名，主轴上没有安装刀具
G90 G17 G40 G80 ;	初始化加工环境设定
T1;	T1 号刀具准备
M06;	T1 号刀具装到主轴上
G54 G00 G49 Z100 H01M03 S1000;	选择工件坐标系 G54，主轴上移，正转
G99 G81 X-30 Y20 Z-6 R5 F80 M08;	钻孔循环开始，抬刀到 R 平面
X30 Y-20;	加工第二个孔
M09;	切削液关闭
G80 G00 Z50 ;	取消固定循环
G91 G28 Z0;	Z 轴回零
G28 X0 Y0;	X 轴、Y 轴回零
M30;	程序结束
%	

② 钻直径为ϕ12mm 孔程序见表 9-8。

表 9-8 钻直径为ϕ12mm 孔程序

程序内容	说明
O9003;	程序名 T01 号刀在主轴上
G90 G17 G40 G80 G49;	初始化加工环境设定
T2;	T1 号刀具准备
M06;	T2 号刀具装到主轴上
G54 G00 G43 Z100 H02 M03 S1000;	选择工件坐标系 G54，主轴上移，正转
G99 G83 X-30 Y20 Z-40 R5 Q10 F100 M08;	钻孔循环开始
X30 Y-20;	加工第二个孔
M09;	切削液关闭
G80 G00 Z50;	取消固定循环
G91 G28 Z0;	Z 轴回零
G28 X0 Y0;	X 轴、Y 轴回零
M30;	程序结束
%	

任务评价

① 采用分组的方法实施任务，每小组自己刃磨钻头，加工结束后，首先自我评价孔的质量和尺寸精度，然后由教师组织评价，同时还要评价本次任务整体的实施情况，及每个阶段的教学效果。具体需要评估的参数：

a．钻孔时所选的切削参数是否合理。

b．精确测量孔的直径。

② 在钻孔加工中要使用正确刀具长度补偿，一般使用 G49 指令的方法在于它本身位于机床回 Z 轴原点程序段前。

例如：N70 G49

N80 G91 G28 Z0

还有一种取消刀具长度偏置的方法，那就是根本不编写它。

例如：N70 G91G28 Z0

重要提示

FANUC 规则非常清楚——任何 G28 或 G30 指令（两者都使刀具回机床原点 ）将自动取消刀具长度偏置。

任务 2 孔系零件的加工

任务描述

完成如图 9-17 所示零件上均布 10 个孔的加工。

任务分析

如图 9-17 所示零件孔的特征属于圆弧形孔分布模式。除ϕ8H7 小孔外，其余在圆周分布的九个孔都使用相同的刀具加工。ϕ8H7 的孔采用铰孔加工；有精度要求的直径为ϕ20mm 的孔也可采用ϕ20mm 的铰刀铰孔加工，那么程序的实现简单；但是解释铣孔程序，又考虑到该孔有很高的位置度要求，用立铣刀铣孔可以修正孔的位置度，本任务直径为ϕ20mm 的孔采用立铣刀铣孔。

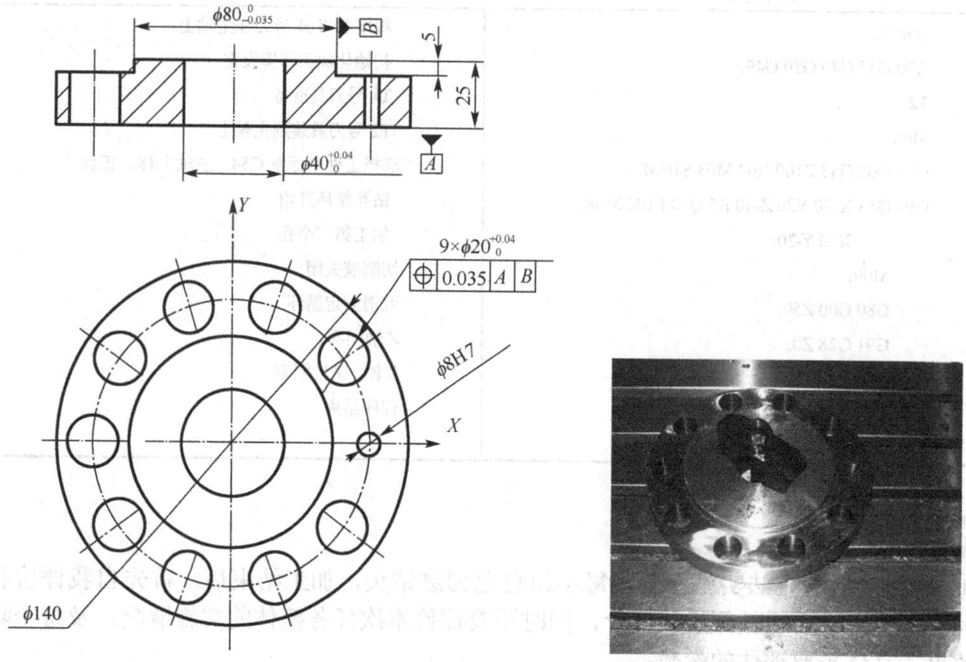

图 9-17 孔系零件图

在实际加工过程中，对于直径大些的孔同时不具备镗削条件的情况下，我们可以采用立铣刀铣孔。铣孔不仅可以保证孔的尺寸精度同时还可以修正孔的位置精度。

① 加工方式 采用螺旋插补分层加工的方式。螺旋插补是在工作平面内两根轴联动的圆弧插补运动与另一根轴上的直线运动。

② 编程格式 G02/G03 X__Y__Z__I__J__K__F__;

③ 应用 虽然螺旋插补选项不是最常用的编程方法，但它可能是大量非常复杂的加工应用中使用的唯一方法：螺纹铣削、螺旋轮廓、螺旋斜面加工、螺旋下刀。

任务实施

1. 工艺分析

如图 9-17 所示，零件形状为回转体，可以采用三爪卡盘定位与夹紧，把卡盘直接定位在机床工作台面上。加工所需刀具为：中心钻、麻花钻、立铣刀、铰刀；ϕ7.8mm 的麻花钻头在钻孔前需要精确刃磨，钻孔公差需在 0.05mm 范围内。

具体工序安排及切削用量的选择可参照表 9-9。

表 9-9 工序安排及切削用量的选择

工步号	工步内容		刀具号	刀具规格 /mm	主轴转速 n/ (r/min)	进给量 f/(mm/r)	背吃刀量 /mm	备注
1	钻 9×ϕ20mm 及ϕ8H7 的中心孔		T1	A3	1000	80	6	
2	钻 9×ϕ20mm 及ϕ8H7 孔至ϕ7.8mm		T2	ϕ7.7	400	100	30	至深度
3	铰ϕ8H7 至尺寸		T3	ϕ8H7	100	200	30	
4	粗铣 9×ϕ20mm 至ϕ19mm		T4	ϕ12	2000	600	1	硬质合金
5	半精铣 9×ϕ20mmϕ19.6mm		T4	ϕ12	2000	500	5	硬质合金
6	精铣 9×ϕ20mm 至尺寸		T4	ϕ12	2500	500	25	硬质合金
编制		审核	批准		日期		共 1 页	第 1 页

2. 数值计算

根据图纸要求，以ϕ80 外圆面设计基准，完成对刀，工件原点设在孔中心，那么以该点为编程原点，所需加工的各孔的圆心坐标可通过函数关系式计算，也可通过 CAD 捕捉，还可以通过编程技巧来实现。

3. 程序编制

① 钻中心孔的程序及用ϕ7.8mm 的麻花钻钻通孔程序略。

② 铰孔程序见表 9-10。

表 9-10　铰孔程序

程序内容	说明
O9005;	程序名 T03 已装到主轴上
G90 G17 G40 G80 ;	初始化加工环境设定
G54 G43 G00 Z100 H03 M03 S100;	选择工件坐标系 G54，主轴上移，正转
G98 G85 X70 Y0 R10 Z-30 F200;	铰孔
G80 ;	取消固定循环
G28 Z0 M05;	*Z* 轴回零
G28 X0 Y0;	*X* 轴、*Y* 轴回零
M30;	程序结束
%	

③ 用ϕ12mm 的立铣刀粗铣 9×ϕ20mm 至ϕ19mm。每个孔的铣削采用加刀补螺旋铣削实现，具体程序见表 9-11。也可以采用铣内轮廓的方式，因为中心已有落刀孔，刀具沿中心下刀到工作深度后，然后分层采用圆弧切入、圆弧切出的方式铣圆。

表 9-11　立铣刀粗铣程序

程序内容	说明
O9006;	程序名 主轴上没有刀具
G90 G17 G40 G80 ;	初始化加工环境设定
T4;	T4 号刀具准备
M06;	把 T4 号刀装到主轴上
G54 G43 G00 Z100 H04 M03 S600;	选择工件坐标系 G54，主轴上移，正转
#1=36;	设置步长角度
WHILE[#1LT360] DO1;	第一个孔循环开始
#2=70*COS[#1];	ϕ20 孔的圆心在工件坐标系中的 *X* 坐标值
#3=70*SIN[#1];	ϕ20 孔的圆心在工件坐标系中的 *Y* 坐标值
G00 X#2 Y#3;	确定孔中心位置
Z20;	快速下刀到安全平面
G1 Z1F300;	下刀到进给平面
G91 G41 G01 X10 Y0 D04 F200;	建立刀具左补偿
#4=1;	深度变量赋值
WHILE[#4 LE 28] DO2;	加工孔循环开始
G3 I-10 J0 Z-1 F50;	螺旋插补铣孔
G3 I-10 F100;	*Z* 坐标不动，加工整圆
#4=#4+1;	步长加 1
END2;	单个孔循环结束
G90 G00 Z50;	抬刀
G40 G0X0Y0;	取消刀补
#1=#1+36;	角度控制

续表

程序内容	说明
END1;	循环结束
G91 G28 Z0 M05;	Z轴回零
G28 X0 Y0;	X轴、Y轴回零
M30;	程序结束
%	

④ 用ϕ12mm 的立铣刀半精铣、精铣 9×ϕ20mm 的程序和上述粗加工程序结构一样，只不过需要改变刀具补偿数值。

任务评价

不同的学习小组可以采用不同的编程方法，但是对于孔的加工，关键是如何合理安排加工工艺；刀具和切削参数的选择对于孔的位置与尺寸精度和表面质量有很大影响。具体从以下几个方面进行评价。

a．孔的尺寸公差。

b．孔的位置公差。

c．孔的表面质量。

d．内径百分表的使用。

e．铰刀的正确使用。

任务3 镗 孔

任务描述

完成如图 9-18 所示零件上孔的加工。

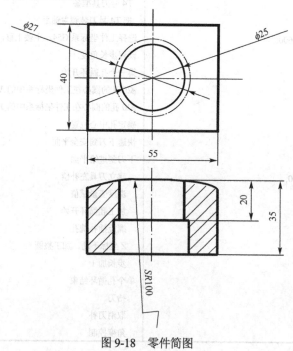

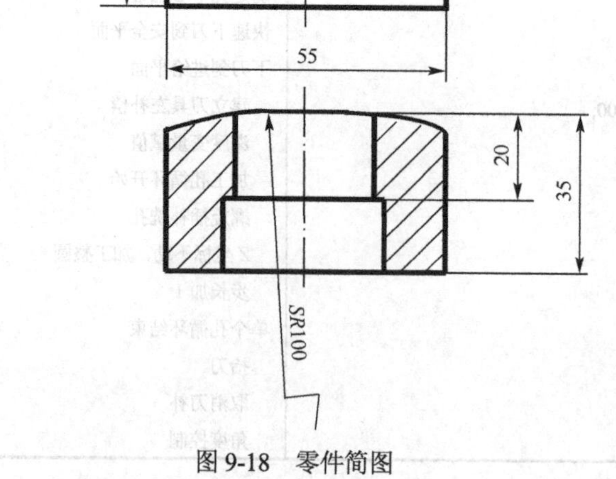

图 9-18 零件简图

任务分析

如图 9-18 所示，工件上表面为 *SR*100mm 的球面，在该工件上加工ϕ25mm 和ϕ27mm 的两个孔，只能以底面定位，ϕ25mm 表示小孔，ϕ27mm 表示背镗加工的孔直径。本次任务的目的是让学员熟悉背镗工艺过程。

任务实施

1. 工艺分析

① 机床：沈阳机床厂型号为 VMC850E 立式加工中心，数控系统是：FANUC 0i MC。

② 夹紧方式：采用机用平口虎钳和等高垫铁装夹。

③ 加工工序：由于毛坯形状，不能采用调头镗孔的加工方法，又因为调头镗孔会影响孔的加工精度。因此采用背镗，先用中心钻定位，再用直径为ϕ24mm 的钻头加工通孔，然后用镗刀完成ϕ25mm、ϕ27mm 孔加工。具体工步见表 9-12。

④ 刀具：选用直径为ϕ25mm 和ϕ27mm 的普通镗刀即可。

⑤ 切削参数：本次任务采用直径为ϕ25mm 和ϕ27mm 的粗镗刀，背吃刀量为 1~2mm。当采用精度高的镗刀镗孔时，如图 9-19 所示为 TQW 倾斜型微调镗刀杆，所留直径余量不大于 0.2mm，切削速度可高一些，钢件 100~150m/min，每齿进给量 0.1~0.15mm/r。

TQW倾斜型微调镗刀杆

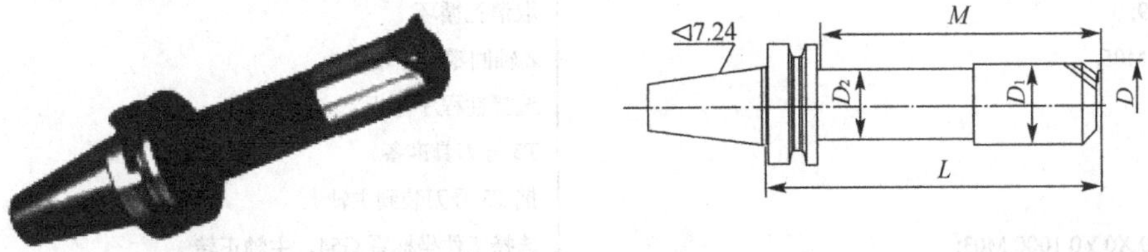

mm

型号规格	加工范围	尺寸						镗刀头	
		D_1	L	JT 柄		BT 柄		型号	外形尺寸
				D_2	M	D_2	M		
JT/BT 40-TQW 22-100	22～29	19	100	20	76	20	70	TQW1	ϕ10×23
JT/BT 40-TQW 38-150	38～50	33	150	34	126	34	120	TQW 3-1	ϕ19×37

图 9-19　倾斜型微调镗刀

表 9-12　加工工序卡

工步号	工步内容		刀具号	刀具规格 /mm	主轴转速 n/(r/min)	进给速度 F/(mm/min)	背吃刀量 /mm	备注
1	钻中心孔		T01	A3	1000	80	6	
2	钻ϕ24mm 的通孔		T02	ϕ24	200	100		间歇进给
3	镗ϕ25mm 孔至尺寸		T03	ϕ25	1000	100		
4	镗ϕ27mm 至尺寸孔		T04	ϕ27	1000	100		
编制		审核	批准		日期		共 1 页	第 1 页

2. 数值计算

背镗孔程序中 Q 值计算如下：

$$Q=(27-25)+0.3=1.3$$

3. 程序编制

为了展示一个完整的程序，我们将把 4 道工步放在一个程序中。程序将使用 4 把刀具——

中心钻（T01）、麻花钻（T02）、标准镗刀杆（T03）和背镗刀（T04），见表 9-13。

表 9-13　镗孔加工中心程序

程序内容	说明
O9007;	程序名主轴上没有刀具
G90 G17 G40 G80 ;	初始化加工环境设定
T01;	T1 号刀具准备
M06;	把 T1 号刀装到主轴上
G54 G43 G00 Z100 H01 M03 S1000;	选择工件坐标系 G54，主轴上移，正转
X0 Y0;	定位
Z50 M08;	下刀起始高度
G99 G81 R5 Z-6 F80;	钻中心孔
G80 G00 Z50 M09;	取消孔循环
G91 G28 Z0 M05;	*Z* 轴回零，主轴停止
M01;	选择性程序停止
T02;	T2 号刀具准备
M06;	把 T2 号刀装到主轴上
G90 G54 G00 X0Y0 S200 M03;	选择工件坐标系 G54，主轴正转
G43 Z50 H02 M08;	刀具长度正补偿
G99 G83 R5 Z-40 Q8 F100;	钻孔循环开始
G80 Z50 M09;	取消孔循环
G91 G28 Z0 M05;	*Z* 轴回零，主轴停止
M01;	选择性程序停止
T03;	T3 号刀具准备
M06;	把 T3 号刀装到主轴上
G90 G54 G00 X0 Y0 1000 M03;	选择工件坐标系 G54，主轴正转
G43 Z50 H03 M08;	刀具长度正补偿
G99 G76 R20 Z-32 Q0.3 F100;	精镗孔
G80 Z50 M09;	取消孔循环
G91 G28 Z0 M05;	*Z* 轴回零，主轴停止
M01;	选择性程序停止
T04;	T4 号刀具准备
M06;	把 T4 号刀装到主轴上
G90 G54 G00 X0 Y0 1000 M03;	选择工件坐标系 G54，主轴正转
G43 Z50 H04 M08;	刀具长度正补偿
G98 G87 R-32 Z-14 Q1.3 F100;	背镗孔
G80 Z50 M09;	取消孔循环，抬刀
G91 G28 Z0 M05;	*Z* 轴回零，主轴停止
G28 X0 Y0;	*X* 轴、*Y* 轴回零
M30;	程序结束
%	

在加工之前，直径为 ϕ25mm 和 ϕ27mm 的两把镗刀先调到需要加工的尺寸。

重要提示

在加工时，注意镗刀杆的主体部分，确保它在移动中不会碰到孔表面。当镗刀杆较大而孔较小或刀杆移动距离较大时可能会发生碰撞。

任务评价

① 在分组实施任务的过程中，教师一定要做好整个过程的监督。在镗孔前，一定要说明镗刀使用的注意事项。另外，要注意镗刀的对刀过程。

② 在程序中使用G76和G87编程和调试时一定要遵循所有的规则与提示，其中许多都是安全问题。

任务4 螺纹孔加工

任务描述

现有一毛坯为ϕ100mm×30mm的45钢，试铣削如图9-20所示的端盖。

任务分析

如图9-20所示，端盖只需要加工ϕ40mm圆孔和8个均布M16的螺纹孔。M16螺纹的螺距为2mm，用ϕ14mm的钻头加工底孔即可。

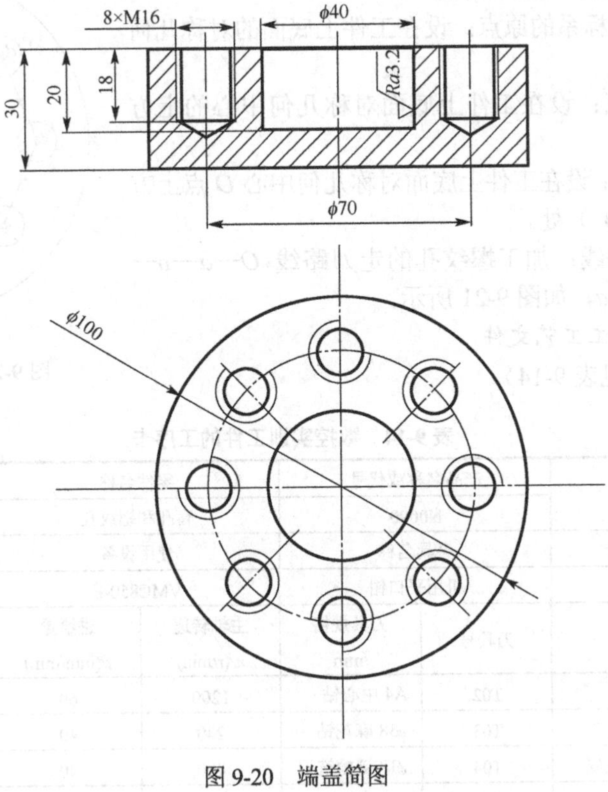

图9-20 端盖简图

任务实施

1. 分析加工工艺

（1）零件图和毛坯的工艺分析

① 工件上底面有位于ϕ70mm的圆周上等分的8个M16的螺纹孔，螺纹长度为18mm，

工件中心是一个ϕ40mm、深 20mm 的盲孔。

② 该工件位置精度的要求不高，加工中可以不必考虑齿轮间隙的影响。

（2）确定装夹方式和加工方案

① 装夹方式　加工中采用三爪自定心卡盘装夹，底部用等高垫铁块垫起。

② 加工方案　首先使用中心钻 T02 对八个孔进行定位。本着先内后外的原则，首先加工盲孔，由于盲孔直径较大且表面粗糙度 *Ra* 为 1.6μm，加工中安排中心钻 T02 定位后，首先使用麻花钻 T03 钻孔，再使用键槽铣刀 T04 铣削槽底，最后使用镗孔刀 T05 镗孔到要求的尺寸。然后再加工螺纹孔，加工中安排中心钻 T02 定位后，使用麻花钻 T06 钻螺纹底孔，为方便攻螺纹，使用锪孔钻 T07 加工螺纹孔口倒角，最后使用丝锥 T08 攻螺纹。

（3）选择刀具

① 选择使用 A4mm 的中心钻 T02 定位。

② 选择ϕ39mm 的麻花钻 T03 钻削ϕ40mm 的盲孔。

③ 选择ϕ18mm 的键槽铣刀 T04 铣削盲孔槽底。

④ 选择ϕ40mm 的镗孔刀 T05 粗镗和精镗盲孔。

⑤ 选择使用ϕ14mm 的麻花钻 T06 钻螺纹底孔。

⑥ 选择锪孔钻 T07 加工螺纹孔的孔口倒角。

⑦ 选择使用 M16 丝锥 T08 攻螺纹。

（4）确定加工顺序和走刀路线

① 建立工件坐标系的原点：设在工件上底面的对称几何中心上。

② 确定起刀点：设在工件上底面对称几何中心的上方 100mm 处。

③ 确定下刀点：设在工件上底面对称几何中心 *O* 点上方 100mm（*X*0 *Y*0 *Z*100 ）处。

④ 确定走刀路线：加工螺纹孔的走刀路线 *O—a—b—c—d—e—f—g—h—a*，如图 9-21 所示。

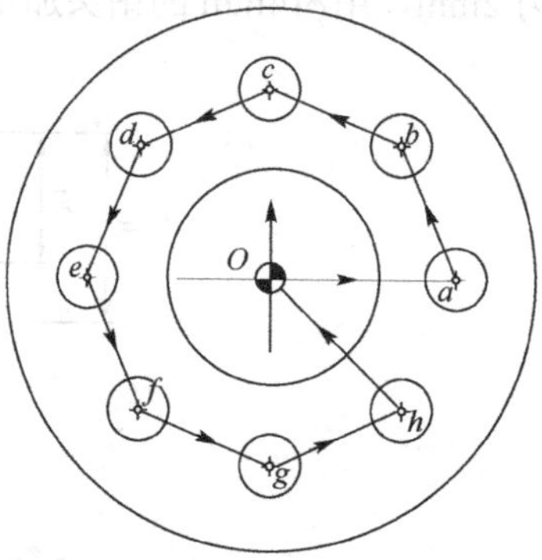

图 9-21　走刀路线示意图

2. 编写数控加工工艺文件

（1）工序卡（见表 9-14）

表 9-14　数控实训工件的工序卡

材料	45 钢	产品名称或代号		零件名称		零件图号	
		N0090		盲孔和螺纹孔		XKA009	
工序号	程序编号	夹具名称		使用设备		车间	
0001	O0090	机用平口钳		VMC850-E		数控车间	
工步号	工步内容	刀具号	刀具规格/mm	主轴转速 n/(r/min)	进给量 f/(mm/min)	背吃刀量 a_p/mm	备注
1	定位	T02	A4 中心钻	1200	60		自动 O0090
2	钻ϕ39mm 的孔	T03	ϕ38 麻花钻	240	40		
3	铣ϕ40mm 的孔底	T04	ϕ18 键槽铣刀	400	40	2	
4	粗镗ϕ40mm 孔	T05	ϕ40 镗孔刀	900	90		
5	精镗ϕ40mm 孔	T05	ϕ40 镗孔刀	900	90		
6	钻孔	T06	ϕ14 麻花钻	450	70		
7	锪孔	T07	90° 锪孔刀	200	50		
8	攻螺纹	T08	M16 丝锥	120	240		
编制		批准		日期		共 1 页	第 1 页

（2）刀具卡（见表 9-15）

表 9-15　数控实训工件的刀具卡

产品名称或代号		N0090	零件名称	盲孔和螺纹孔		零件图号		XKA009
刀具号	刀具名称	刀具规格 ϕ/mm	加工表面	刀具半径补偿号 D	补偿值 /mm	刀具长度补偿 H	补偿值 /mm	备注
T02	中心钻	A4	定位	D02		H02		刀长补偿值由操作者确定
T03	麻花钻	39	钻ϕ40mm 的孔			H03		
T04	键槽铣刀	18	铣ϕ40mm 的孔	D04	9	H04		
T05	镗孔刀	40	镗ϕ40mm 的孔			H05		
T06	麻花钻	14	钻孔	D06		H06		
T07	锪孔刀	90°	锪孔	D07		H07		
T08	丝锥	M16	攻螺纹	D08		H08		
编制		批准		日期			共 1 页	第 1 页

（3）编写参考程序（毛坯ϕ100mm×30mm）

① 计算节点坐标（见表 9-16）。

表 9-16　节点坐标（极坐标）

节点	*X* 坐标值	*Y* 坐标值	节点	*X* 坐标值	*Y* 坐标值
O	0	0	*e*	35	180
a	35	0	*f*	35	225
b	35	45	*g*	35	270
c	35	90	*h*	35	315
d	35	135			

② 编制加工程序（见表 9-17 和表 9-18）。

表 9-17　数控实训工件的参考程序

程序号：O0090		
程序段号	程序内容	说明
N10	G15 G17 G21 G40 G49 G54 G69 G80 G90 G94 G98;	调用工件坐标系，设定工作环境
N20	T02 M06;	换中心钻（数控铣床中手动换刀）
N30	S1200 M03;	开启主轴
N40	G43 G00 Z100 H02;	快速定位到初始平面
N50	X0 Y0;	快速定位到下刀点（X0 Y0 Z100）
N60	G16;	设定极坐标系
N70	G99 G81 X35 Y0 Z-6 R5 F60;	钻削 *a* 点
N80	G91 Y45 Z-11 K7;	钻削 *b*、*c*、*d*、*e*、*f*、*g* 和 *h* 点
N90	G15 G80;	取消极坐标系
N100	G90 G00 Z100;	返回到初始平面
N110	X0 Y0;	返回到 *O* 点
N120	M05;	主轴停止
N130	M00;	程序暂停
N140	T03 M06;	换ϕ38mm 的麻花钻（数控铣床中手动换刀）
N150	S240 M03;	开启主轴
N160	G00 X0 Y0;	快速定位到下刀点 *O*
N170	G43 G00 Z100 H03;	快速定位到初始平面

续表

程序段号	程序内容	说明
N180	G98 G83 X0 Y0 Z-20 R5 Q3 F40;	钻削 *O* 后返回初始平面
N190	M05;	主轴停止
N200	M00;	程序暂停
N210	T04 M06;	换ϕ18mm 的键槽铣刀（数控铣床中手动换刀）
N220	S400 M03;	开启主轴
N230	G00 X0 Y0;	快速定位到下刀点 *O*
N240	G43 G00 Z100 H04;	快速定位到初始平面
N250	Z-8;	快速定位
N260	M98 P60045;	钻削孔侧和孔底
N270	G00 Z100;	退刀
N280	M05;	主轴停止
N290	M00;	程序暂停
N300	T05 M06;	换ϕ40mm 的镗孔刀（数控铣床中手动换刀）
N310	S900 M03;	开启主轴
N320	G00 X0 Y0;	快速定位到下刀点 *O*
N330	G43 G00 Z100 H05;	快速定位到初始平面
N340	G98 G89 X0 Y0 Z-20 R5 P500 F90;	粗镗孔
N350	G76 Q0.2;	精镗孔
N360	M05;	主轴停止
N370	M00;	程序暂停
N380	T06 M06;	换麻花钻（数控铣床中手动换刀）
N390	S450 M03;	开启主轴
N400	G43 G00 Z100 H06;	快速定位到初始平面
N410	G00 X0 Y0;	快速定位到下刀点（*X0 Y0 Z100*）
N420	G16;	设定极坐标系
N430	G99 G73 X35 Y0 Z-14.21 R5 Q3 F70;	钻削 *a* 点
N440	G91 Y45 Z-19.21 K7;	钻削 *b*、*c*、*d*、*e*、*f*、*g* 和 *h* 点
N450	G15 G80;	取消极坐标系
N460	G90 G00 Z100;	返回到初始平面
N470	X0 Y0;	返回到 *O* 点
N480	M05;	主轴停止
N490	M00;	程序暂停
N500	T07 M06;	换锪孔钻（数控铣床中手动换刀）
N510	S200 M03;	开启主轴
N520	G43 G00 Z100 H07;	快速定位到初始平面
N530	X0 Y0;	快速定位到下刀点（*X0 Y0 Z100*）
N540	G16;	设定极坐标系
N550	G99 G82 X35 Y0 Z-9 R5 P500 F50;	钻削 *a* 点
N560	G91 Y45 Z-14 K7;	钻削 *b*、*c*、*d*、*e*、*f*、*g* 和 *h* 点
N570	G15 G80;	取消极坐标系
N580	G90 G00 Z100;	返回到初始平面
N590	X0 Y0;	返回到 *O* 点
N600	M05;	主轴停止
N610	M00;	程序暂停

续表

程序段号	程序内容	说明
N620	T08 M06;	换丝锥（数控铣床中手动换刀）
N630	G43 G00 Z100 H08;	快速定位到初始平面
N640	X0 Y0;	快速定位到下刀点（X0 Y0 Z100）
N650	G16;	设定极坐标系
N660	M29 S120;	设定系统为刚性攻螺纹
N670	G99 G84 X35 Y0 Z-8 R5 P300 F240;	攻螺纹 *a* 点
N680	G91 Y45 Z-13 K7;	攻螺纹 *b*、*c*、*d*、*e*、*f*、*g* 和 *h* 点
N690	G15 G80;	取消极坐标系
N700	G90 G00 Z100;	返回到初始平面
N710	X0 Y0;	返回到 *O* 点
N720	M05;	主轴停止
N730	M30;	程序结束，返回开始

表 9-18　数控实训工件的子程序

程序号：O0045		
程序段号	程序内容	说明
N10	G91 G01 Z-2 F40;	进刀
N20	G90 G41 G01 X-10 Y-9.5 D04;	引入半径补偿
N30	G03 X0 Y-19.5 R10;	圆弧切入
N40	J19.5;	铣削一个整圆
N50	X10 Y-9.5 R10;	圆弧切出
N60	G40 G01 X0 Y0;	取消半径补偿
N70	M99;	子程序结束，返回到主程序

任务评价

① 镗孔是用镗刀对工件上已有尺寸较大的孔进行加工，以达到相应的位置精度、尺寸精度和表面粗糙度，如图 9-22（a）所示，特别适合于加工机座、箱体和支架等外形复杂的大型零件上孔径较大和尺寸精度高、有位置精度要求的孔系。

② 在数控加工中有时也采用铣刀铣孔的方法进行孔的加工，如图 9-22 所示。铣孔主要用于尺寸较大的孔。对于高精度的机床，铣孔可以代替铰孔和镗孔。

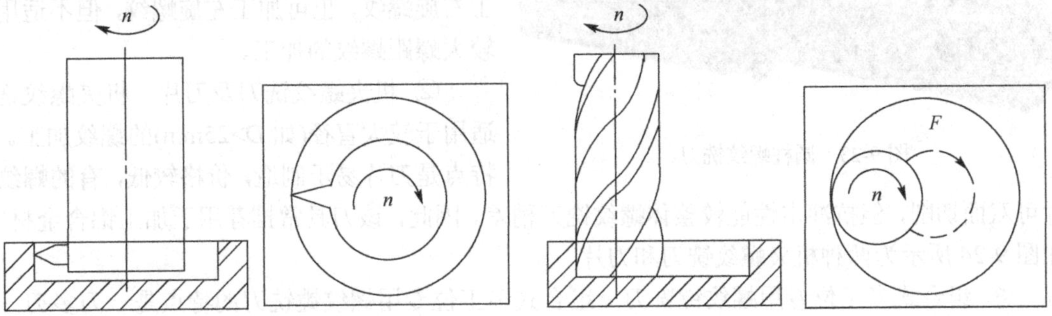

（a）镗孔　　（b）铣孔

图 9-22　孔加工

拓展与提高

1. G16 、G15——极坐标指令

指令格式如下。

```
G G16;                     启动极坐标指令
G90/G91 G×× X_ Y_;         极坐标指令
G15;                       取消极坐标指令
```

指令说明如下。

G：极坐标指令的平面选择（G17、G18、G19）。

G90：指定工件坐标系的零点作为极坐标的原点，从该点测量半径。

G91：指定当前位置作为极坐标系的原点，从该点测量半径。

X__Y__指定极坐标选择平面的轴地址及其值，X__为极坐标半径，Y__为极坐标角度。

具体使用详见系统编程说明。

2. 螺纹铣削加工

传统的螺纹加工方法主要采用螺纹车刀车螺纹或采用丝锥、板牙手工攻螺纹及套扣。随着数控加工技术的发展，应使用更先进的螺纹加工方式——螺纹铣削加工。螺纹铣削加工与传统螺纹加工方式相比，在加工精度、加工效率方面具有极大优势，且加工时不受螺纹结构和螺纹旋向的限制，一把螺纹铣刀可加工多种不同旋向的内、外螺纹。

重要提示

螺纹铣刀的耐用度是丝锥的十多倍甚至数十倍，而且在数控铣削螺纹过程中，对螺纹直径尺寸的调整极为方便。例如，加工 M40×2、M45×2、M48×2 三种相同螺距的螺纹孔，一般情况下必须使用 3 个不同的丝锥夹套、丝锥才能实现加工，而使用螺纹铣刀只用一把刀即可全部加工。

（1）螺纹铣刀主要类型

① 圆柱螺纹铣刀　圆柱螺纹铣刀的外形很像是圆柱立铣刀与螺纹丝锥的结合体，如图 9-23 所示，但它的螺纹切削刃与丝锥不同，刀具上无螺旋升程，加工中的螺旋升程靠机床运动实现。由于这种特殊结构，使该刀具既可加工右旋螺纹，也可加工左旋螺纹，但不适用于较大螺距螺纹的加工。

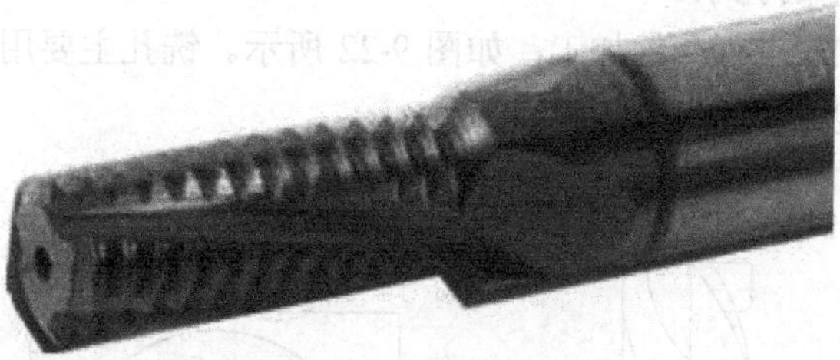

图 9-23　圆柱螺纹铣刀

② 机夹螺纹铣刀及刀片　机夹螺纹铣刀适用于较大直径(如 D>25mm)的螺纹加工。其特点是刀片易于制造，价格较低，有的螺纹刀片可双面切削，但抗冲击性能较整体螺纹铣刀稍差。因此，该刀具常推荐用于加工铝合金材料。如图 9-24 所示为两种机夹螺纹铣刀和刀片。

③ 组合式多工位专用螺纹镗铣刀　组合式多工位专用螺纹镗铣刀的特点是一刀多刃，一次完成多工位加工，可节省换刀等辅助时间，显著提高生产率。

（2）螺纹铣削指令

采用螺旋插补功能 G02/G03 X__Y__Z__I__J__F__；Z 为螺距。

（3）内螺纹铣削流程（见图 9-25）

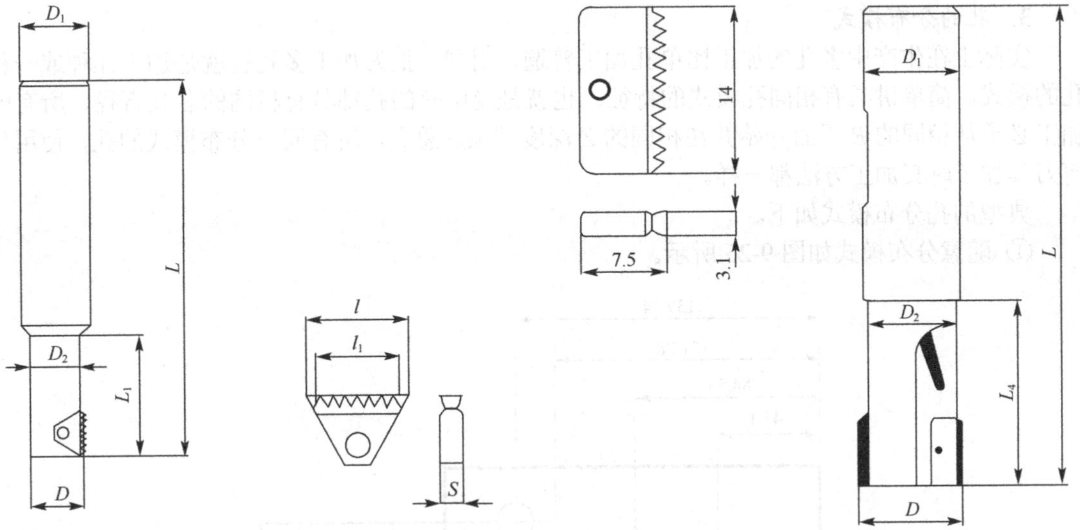

（a）机夹单刃螺纹铣刀及三角双面刀片　　（b）机夹双刃螺纹铣刀矩形双面刀片

图 9-24　机夹螺纹铣刀

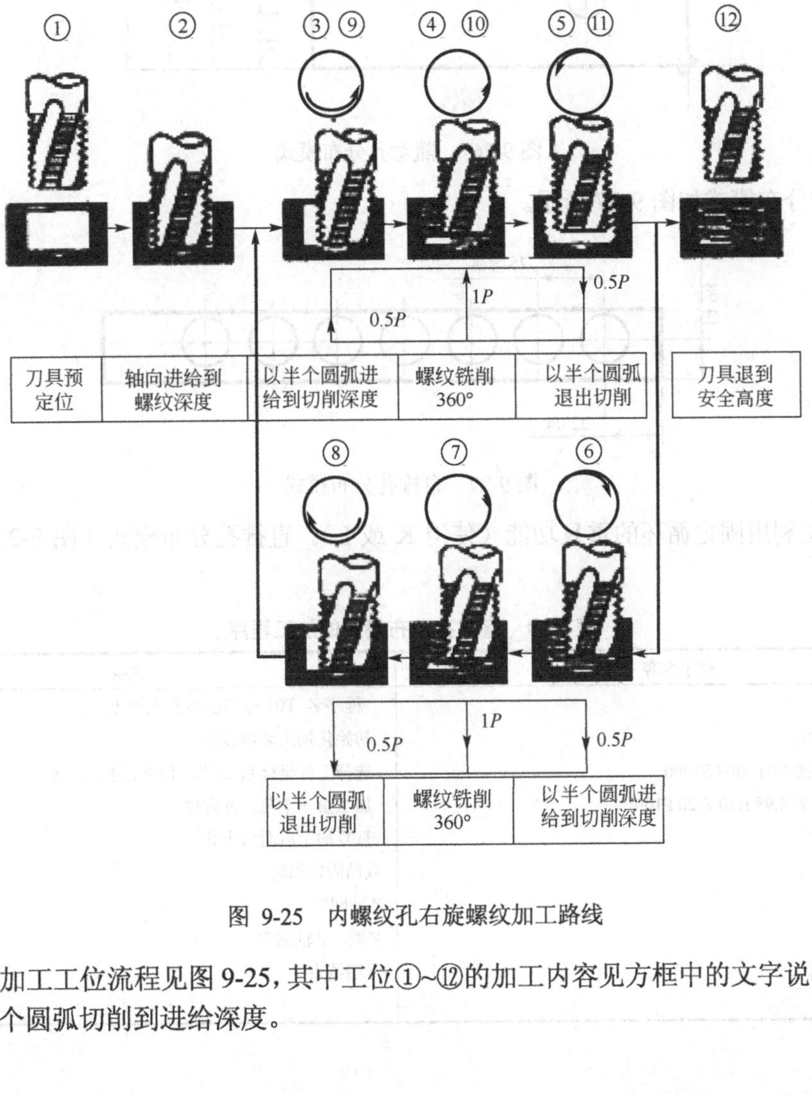

图 9-25　内螺纹孔右旋螺纹加工路线

内螺纹加工工位流程见图 9-25，其中工位①~⑫的加工内容见方框中的文字说明。图中 0.5P 解释为以半个圆弧切削到进给深度。

3. 孔的分布模式

实际上在生产中多孔的加工比单孔加工普遍，用同一把刀加工多孔也就是加工几种或一种孔的模式。简单讲具有相同孔模式的特征：也就是说所有的孔都具有相同的名义直径，所有的加工必须从相同的 *R* 平面开始并在相同的 *Z* 深度结束。总之，所有同一分布模式的孔，使用任何刀具加工时其加工方法都一样。

典型的孔分布模式如下。

① 随意分布模式如图 9-26 所示。

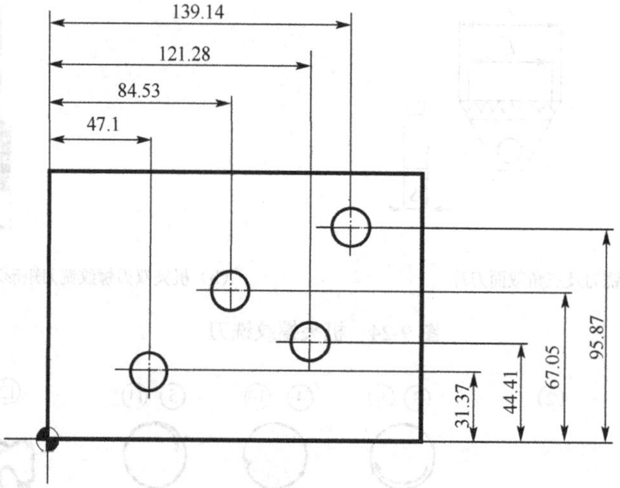

图 9-26　随意孔分布模式

② 直排分布模式如图 9-27 所示。

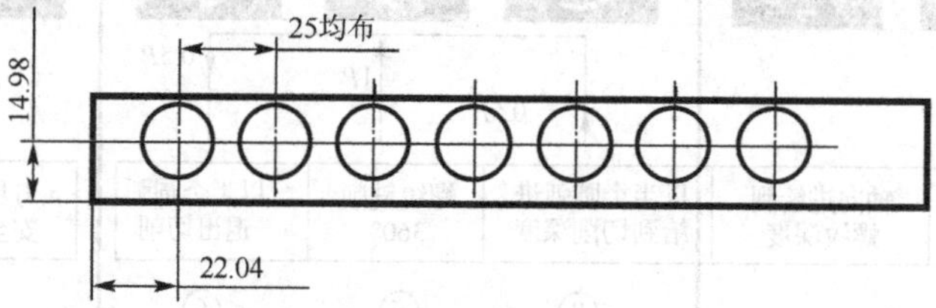

图 9-27　直排孔分布模式

编程方法利用固定循环的重复功能（使用 K 或 L）。直排孔分布模式（图 9-27）的加工程序见表 9-19。

表 9-19　直排孔分布模式的加工程序

程序内容	说明
O9008;	程序名 T01 号刀已装到主轴上
G90 G17 G40 G80 ;	初始化加工环境设定
G54 G43 G00 Z100 H01 M03 S1000;	选择工件坐标系 G54，主轴上移，正转
G99 G81 X22.04 Y14.98 R10 Z-20 F100;	加工第一个孔，并定位
G91 X25 K6;	重复加工后面六个孔
G80 ;	取消固定循环
G28 Z0 M05;	*Z* 轴回零
G28 X0 Y0;	*X* 轴、*Y* 轴回零
M30;	程序结束
%	

③ 成斜形孔分布模式如图 9-28 所示。

④ 圆弧形孔分布模式如图 9-29 所示。

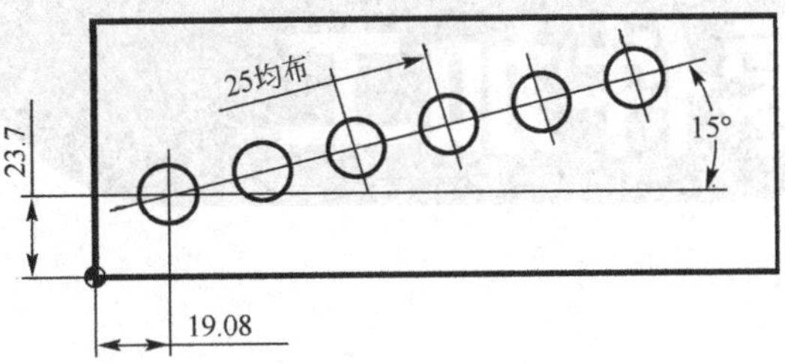

图 9-28　成斜形孔分布模式

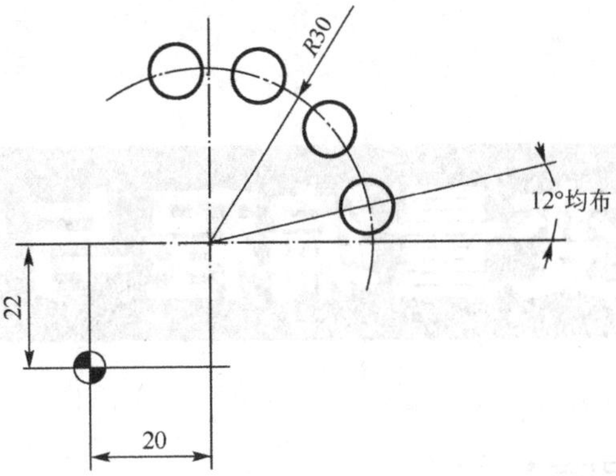

图 9-29　圆弧形孔分布模式

思考与练习

1. 完成如图 9-28 和图 9-29 所示孔加工程序的编制。
2. 完成如图 9-30 所示盘类零件上螺纹的加工，材料 HT200。
3. 完成图 9-31 的宏程序编写，并加工图示零件，材料为铸铁。

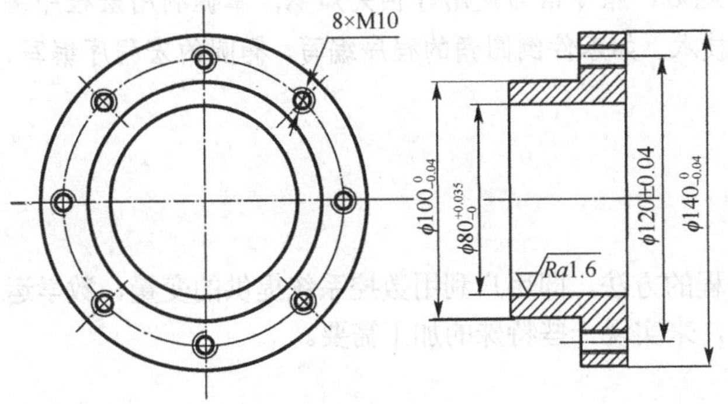

图 9-30　端盖零件图

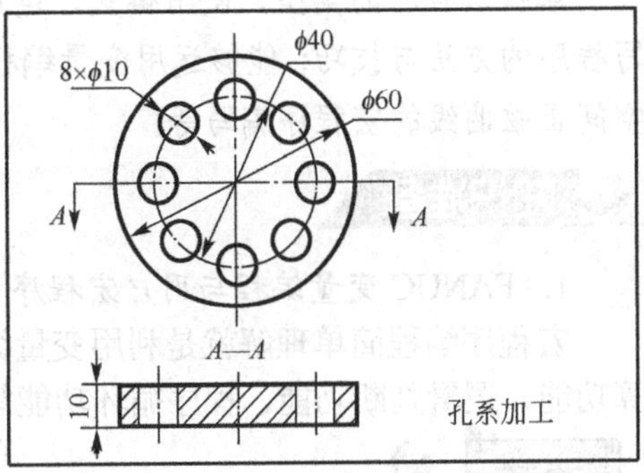

图 9-31　使用宏程序加工孔系

情境 10

变量编程与零件加工

【引言】

变量编程在数控程序编制及加工中起着重要作用，不仅可以用于手工编程时G代码无法加工的结构，而且会大大节省编制程序数量和程序的时间，使程序简洁、易懂，便于修改。本单元主要讲解变量编程的相关知识与编程思想。通过具体任务来介绍宏程序的类型、运算规则、指令语句的用法等知识，让读者理解宏程序的编程方法，最后以任务模块的形式来掌握宏程序的应用技巧，及解决实际中的具体加工问题。

【目标】

掌握宏程序的类型、使用格式、运算规则、指令语句使用等相关知识；掌握利用宏程序编写程序的方法与技巧；能够运用变量编程技术。如零件倒圆角的程序编写、椭圆的宏程序编写、空间正弦曲线的宏程序编写等。

知识准备

1. FANUC 变量编程与用户宏程序

宏程序编程简单理解就是利用变量编程的方法，即用户利用数控系统提供的变量、数学运算功能、逻辑判断功能、程序循环功能等，来实现一些特殊的加工需要。

注意

宏就是用公式来加工零件,实际上宏在程序中主要起到的是运算作用。

(1) 变量

① 变量表示　普通程序直接用数值指定G代码和移动距离。例如，G01 X40.0。而使用宏程序时，数值可以直接指定或用变量指定。当用变量时，一个变量由符号#和变量字符组成，如#1、#100、#1000等。

② 变量类型　变量从功能上主要归为两种，即系统变量（系统占用部分），用于系统内部运算时各种数据的存储；用户变量，包括局部变量和公共变量，用户可以单独使用，系统作为处理资料的一部分。FANUC 0i 系统的变量类型见表 10-1。

表 10-1　FANUC 0i 变量类型

变量号	变量类型	功　能
#0	“空”	为空变量，该变量不能赋值

续表

变量号		变量类型	功　能
用户变量	#1~#33	局部变量	局部变量只能在宏程序中存储数据。当断电时局部变量被初始化为“空”，调用宏程序时，自变量对局部变量赋值
	#100~#149 #500~#531	公共变量	公共变量在不同的宏程序中意义相同（即公共变量对于主程序和从这些主程序调用的每个宏程序来说是公用的）。当断电时，变量#100~#149 被初始化为空，变量#500~#531 的数据不会丢失
#1000~		系统变量	系统变量用于读和写 CNC 运行时的各种数据，如刀具的当前位置和补偿值等

③ 变量的引用　在程序中使用变量值时，应指定变量号的地址。

引用方式：地址字后面指定变量号或表达式。

格式：＜地址字＞#I、＜地址字＞-#I、＜地址字＞[＜表达式＞=]。

重要提示

①当用表达式指定变量时，必须把表达式放在括号中。如 G1 X[#24+#18*COS[#1]] F#3。而程序中的圆括号“（）”用于注释。

②改变引用变量值的符号，要把负号（－）放在#的前面，例如，“G01 X－#30”。

③FANUC 系统规定不能用变量代表的地址符有：程序号 O，顺序号 N，任选程序段跳转号/。

③变量号所对应的变量，对每个地址来说，都有具体数值范围。例：#30=100 时，则 M#30 是不允许的。

④ 变量赋值　变量赋值是指将一个数据赋予一个变量。例如，“#1=0”表示#1 的值是零。

赋值的规律如下。

a．赋值号“=”两边内容不能互换，左边只能是变量，右边可以是表达式、数值、变量。

b．可以多次给一个变量赋值，新变量值将取代原变量值（即最后赋的值生效）。

c．一个赋值语句只能给一个变量赋值；赋值语句具有运算功能，它的一般形式为：“变量=表达式”，如#1=#1+#2+2。

d．赋值表达式的运算顺序与数学运算顺序相同。

变量赋值有直接赋值和引数赋值两种方式。

a．直接赋值。变量可以在操作面板上用 MDI 方式直接赋值，也可在程序中以等式方式直接赋值。

b．引数赋值。宏程序以子程序方式出现，所用的变量可在有宏调用时赋值。

例如，G65 P1000 X100.0 Y50.0 Z30.0 F200.0;本条语句的 X、Y、Z 不代表坐标字，F 也不代表进给字，而是对应于宏程序中的变量号，变量的具体数值由引数后的数值决定。引数宏程序体中的变量对应关系有两种，见表 10-2 及表 10-3。此两种方法可以混用，其中 G、L、N、O、P 不能作为引数替变量赋值。而表 10-2 中的地址 I、J、K 必须按顺序使用，其他地址顺序无特殊要求。

表 10-2　变量赋值方法 I

地址（自变）	变量号	地址（自变）	变量号	地址（自变）	变量号
A	#1	K3	#12	J7	#23
B	#2	I4	#13	K7	#24

续表

地址（自变）	变量号	地址（自变）	变量号	地址（自变）	变量号
C	#3	J4	#14	I8	#25
I1	#4	K4	#15	J8	#26
J1	#5	I5	#16	K8	#27
K1	#6	J5	#17	I9	#28
I2	#7	K5	#18	J9	#29
J2	#8	I6	#19	K9	#30
K2	#9	J6	#20	I10	#31
I3	#10	K6	#21	J10	#32
J3	#11	I7	22	K10	#33

表 10-3　变量赋值方法Ⅱ

地址（自变）	变量号	地址（自变）	变量号	地址（自变）	变量号
A	#1	I	#4	T	#20
B	#2	J	#5	U	#21
C	#3	K	#6	V	#22
D	#7	M	#13	W	#23
E	#8	Q	#17	X	#24
F	#9	R	#18	Y	#25
H	#11	S	#19	Z	#26

例如：用变量赋值方法Ⅱ对“G65 P0020 A40.0 X50.0 F200.0;”赋值。

经赋值后#1=40.0，#24=50.0，#9=200.0。

（2）变量的运算

FANUC 0i 系统具有两种用户宏程序，即用户宏程序功能 A 和用户宏程序功能 B。用户宏程序功能 A 可以说是 FANUC 系统的标准配置功能，任何配置的 FANUC 系统都具备此功能，但是由于用户宏程序功能 A 使用“G65Hm”格式的宏指令来表达各种数学运算和逻辑关系，极不直观，且可读性差，因而在实际工作中很少有人使用，因此，我们将以宏程序功能 B 为重点进行介绍。B 类宏程序的运算类似于数学运算，用各种数学符号来表示。常用运算指令见表 10-4。

表 10-4　变量算术运算功能表

类型	功能	格式	举例
算术运算	加法	#i=#j+#k	#1=#2+#3
	减法	#i=#j-#k	#1=#2-#3
	乘法	#i=#j*#k	#1=#2*#3
	除法	#I=#j*#k	#1=#2/#3
三角函数运算	正弦	#i=SIN[#j]	#1=SIN[#2]
	余弦	#i=COS[#j]	#1=COS[#2]
	正切	#i=TAN[#j]	#1=TAN[#2]

变量运算的表达式形式为：

#i=< 表达式 >

其中的< 表达式 >可以是常数，也可以是变量、函数或运算符的组合。

在由关系运算符和变量（或表达式）组成表达式中使用的关系运算符见表 10-5。

表 10-5 变量关系运算符

序号	关系	运算符
1	等于	EQ
2	不等于	NE
3	大于等于	GE
4	大于	GT
5	小于等于	LE
6	小于	LT

（3）控制指令

控制指令起到控制程序流向的作用，包括转移和循环指令两种方式。

① 无条件转移（GOTO）

格式：GOTO*n*。

其中，*n* 为顺序号（1~9999）

例如，执行如下程序：

```
N3 GOTO6;
语句组
N6 G00X100;
```

当执行 N3 语句时，跳过其中的语句组，转去执行程序段号为 N6 的程序段。

② 条件转移（IF）

格式：IF[关系表达式]GOTO*n*。

表示如果指定的条件表达式满足时，则转移（跳转）到标有顺序号 N 的程序段。如果不满足指定的条件表达式，则顺序执行下个程序段。

例如，

```
N7 G00X100Y5;
语句组
IF [#1LE30] GOTO7;
N10 G00X50Y-10;
```

如果#1>30，顺序执行标号为 N10 的程序段，否则从 N7 程序段开始向下执行。

③ 循环（WHILE）

格式：WHILE[关系表达式]DO *m*;

语句组;

END *m*;

当条件表达式成立时执行从 DO 到 END 之间的程序，否则转去执行 END 后面的程序段。

例如，

```
#1=5;
WHILE[#1LE30]DO 1;
N10 #1=#1+5;
N20 G00X#1Y#1;
END 1;
```

当#1≤30 时，执行循环程序，当#1>30 时结束循环执行 END1 后面的程序。

重要提示

① DO 后面的号是指定程序执行范围的标号，标号值为 1、2、3。如果使用了 1、2、3 以外的值，会触发 P/S 报警 NO.126。

② Do*m* 和 END*m* 必须成对使用，而且 Do*m* 一定要在 END*m* 指令之前，用识别号 *m* 来识别。

2. FANUC 用户宏指令（B 类宏程序）

（1）非模态调用指令 G65

模态调用（单纯调用）指一次性调用宏主体，即宏程序只在一个程序段内有效。

调用指令格式： G65 P__ L__（自变量赋值）；

G65 为非模态调用指令。

P 后数字为被调用的宏程序名。

L 后数字为宏程序重复调用次数，调用次数为 1 时，可省略不写；宏程序与子程序相同的一点是，一个宏程序可被另一个宏程序调用，最多嵌套 4 层。

（自变量赋值）为宏程序中使用的变量赋值。自变量赋值方法见表 10-1 或表 10-2。表 10-2 中可以使用 A、B、C（一次），也可以使用 I、J、K(最多 10 次)。表 10-3 中可以使用除了 G、L、N、O、P 之外字母并且只能使用一次，地址 G、L、N、O、P 不能当做自变量使用。

（2）宏程序的调用与返回

例如，执行如下程序段：

```
N10 G65 P3000 L2 B4 A5 D6 J7 K8
```

当执行到 N10 语句时，主程序通过 G65 指令调用宏程序 O3000。

宏程序格式如下：

```
O3000;              (宏程序名)
......
[ 变量]             (宏程序主体)
[运算指令]
[ 控制指令]
......
M99;                (宏程序结束，返回调用处)
```

重要提示

用户宏程序调用（G65）与子程序调用（M98）的差别：

① G65 可以进行自变量赋值，即指定自变量（数据传送到宏程序），M98 则不能。

② 当 M98 程序段包含另一个 NC 指令（G01X100.0 M98 P0090），则执行命令之后调用子程序，而 G65 则只能无条件调用一个宏。

任务 1 相邻面加工 R 角类零件程序编制

任务描述

如图 10-1 所示，完成ϕ40mm 圆柱顶面倒角的加工。毛坯为ϕ40mm 圆棒料。

要求：分别采用球头铣刀和立铣刀加工，试完成程序编制。

任务分析

本任务是在圆柱顶面倒圆角。由于零件是圆柱，所以可以采用三爪卡盘直接装夹。同时，本任务中ϕ40mm 圆柱面已加工到尺寸，装夹时要使用铜皮，以免夹伤外圆面。

由于 3mm 量较小，而且要得到精加工表面，加工时可使用 *R*4 的球头刀加工，保证加工表面的粗糙度。但是，本次任务是用*R*4的球头铣刀和ϕ8mm立铣刀分别加工。

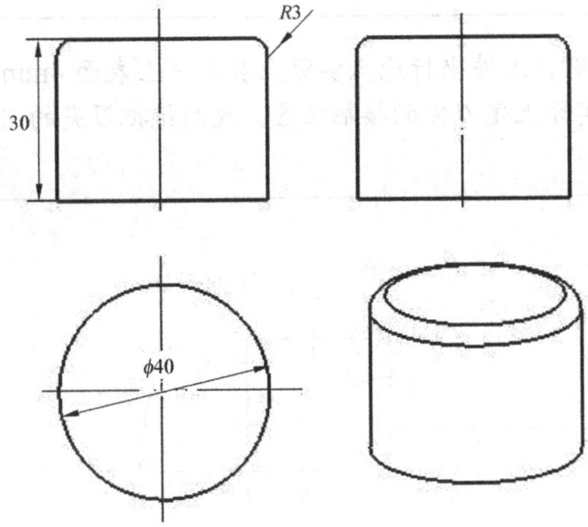

图10-1 圆柱倒圆角

任务实施

1. *R*3圆角的加工方法

如果批量加工，可以使用专用倒角刀加工，如图10-2所示。

2. 采用球头铣刀和立铣刀加工的编程轨迹区别

如图10-3所示，球头刀和立铣刀的刀位点不同，在实际切削中，刀具中心轨迹不同，因此编程轨迹也不相同。球头铣刀的编程轨迹为球头刀的球心轨迹，如图10-4所示，立铣刀在编程时如加刀补，编程轨迹就是要加工圆弧的实际轮廓轨迹。

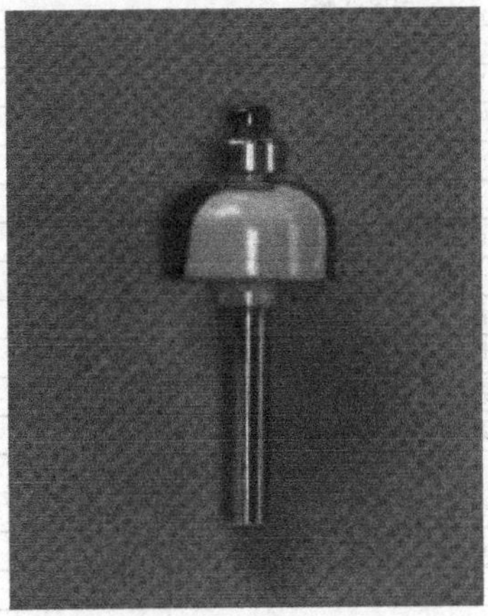

图10-2 倒角刀

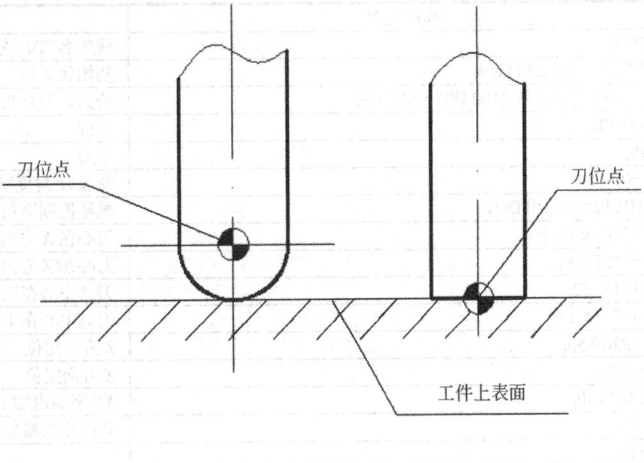

图10-3 刀位点位置

3. 加工圆角采用宏程序的编程思想

本任务实际上让刀具始终在*ZX*平面内完成直线插补，每个切削点坐标都落在*R*3圆弧上，在*XY*平面内完成圆弧插补，而且坐标变化是有规律的，实际上属于2.5轴联动。

思路：*ZX*平面内定位，*XY*平面内走二维轮廓。

① 利用直径 *R*4 球头刀加工，构造数学模型如图 10-4 所示。

重要提示

*R*4 球头刀在 *Z* 方向对刀时，工件坐标原点实际上在工件上表面 4mm 的位置，如图 10-4 所示，图中 *Z* 方向原点位置实际上是刀尖的接触位置。我们就把刀尖的 *Z* 向机械坐标值输入到 G54 中。

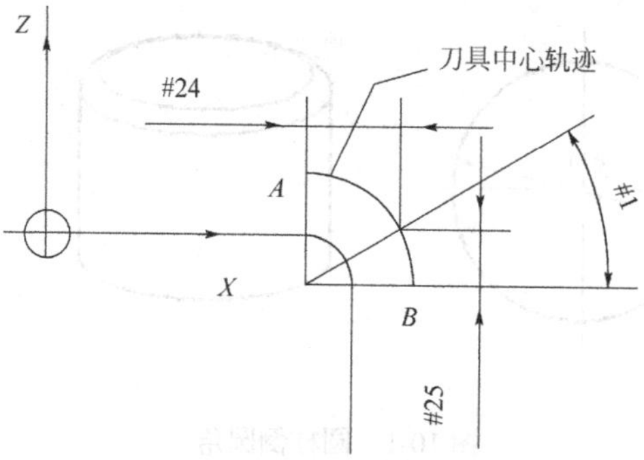

图 10-4 倒角数学模型

#1 变量为任意时刻刀具所在位置与水平线的夹角，如图 10-4 所示。

```
#24=7*COS[#1];        编程轨迹线上点的 X 坐标
#25=7*SIN[#1];        编程轨迹线上点的 Z 坐标
```

② 进给路线都采用从下向上加工，铣削方式采用顺铣。

4. 编写用 *R*4 球头刀加工 *R*3 圆角的宏程序

其程序见表 10-6。

表 10-6 用 *R*4 球头刀加工 *R*3 圆角宏程序

程序内容	程序注释
O0080;	程序名 T01 号球头铣刀已安装到主轴上
G17 G40 G90 G80 G69;	初始化语句
G54 G90 G00 G43 Z100 H01 S800 M03;	抬刀，刀具长度正补偿，主轴正转
X-23 Y0;	定位
Z10;	下刀
#1=0;	变量#1 角度赋初值
WHILE[#1LE90] DO1;	循环控制语句
#2=7*COS[#1];	刀心在 *X* 方向坐标增量
#3=7*SIN[#1];	刀心在 *Z* 方向坐标增量
#24=17+#2;	刀具中心在工件坐标系中 *X* 坐标值变量
#26=7－#3;	刀具中心在工件坐标系中 *Z* 坐标值变量
Z－#26 F50;	*Z* 方向定位
X－#24;	*X* 方向定位
G2 I#24 J0;	*XY* 平面内加工 ϕ40mm 圆弧
#1=#1＋1;	角度步长增量为 1
END1;	
G0 G49 Z50;	
G91G28 Z0;	
G28X0Y0;	
M30;	程序结束

5. 编写用 ϕ8mm 立铣刀加工 *R*3 圆角的宏程序

其程序见表 10-7。

表 10-7　用ϕ8mm 立铣刀加工 *R*3 圆角的宏程序

程序内容	程序注释
O0081;	程序名 T01 号球头铣刀已安装到主轴上
G17 G40 G90 G80 G69;	初始化语句
G54 G90 G00 G43 Z100 H01 S800 M03;	抬刀，刀具长度正补偿，主轴正转
X-50 Y-50;	定位
Z10;	下刀
#1=0;	控制步长的角度变量赋初值
WHILE[#1LE90] DO1;	循环控制语句控制开始
#2=3*COS[#1];	刀尖在 *X* 方向坐标增量
#3=3*SIN[#1];	刀尖在 *Z* 方向坐标增量
#24=17+#2;	刀尖在工件坐标系中 *X* 坐标值变量
#26=3－#3;	刀尖在工件坐标系中 *Z* 坐标值变量
G1 Z－#26 F50;	*Z* 方向定位,下刀
G41 X-#24 Y-40D01;	建立刀具左补偿
Y0;	切削开始
G2 I#24 J0 F150;	
G1 Y40;	
G0 Z10;	
G40 X-50 Y-50;	
#1=#1＋1;	角度步长增量为 1
END1;	循环控制语句结束
G49 G0 Z50;	抬刀
G91 G28 Z0;	
G28 Y0;	
M30;	程序结束

任务评价

① 宏程序的编程思路关键是构建出的数学模型，同时还要求学生掌握常用曲线的函数方程。

② 本次任务通过选用刀具的不同，致使编程路径及编程方法有所不同，另外通过具体加工操作，来分析通过采用不同刀具切削，对圆角表面质量和加工效率的影响。

任务 2　椭圆凹腔曲面加工

任务描述

如图 10-5 所示，完成图中椭圆凹坑的加工，毛坯尺寸为：88mm×56mm×25mm，材料 45 钢。

任务分析

加工椭圆坑是宏程序训练时常出现的实例，比较典型，主要训练学生掌握编制宏加工二次曲线的方法，如椭圆、双曲线、抛物线等。编程时由于凹坑的余量较多，注意要分粗、精加工两个工序来进行。粗加工时要 *Z* 向下刀，选用键槽刀，精加工时使用球头刀加工。

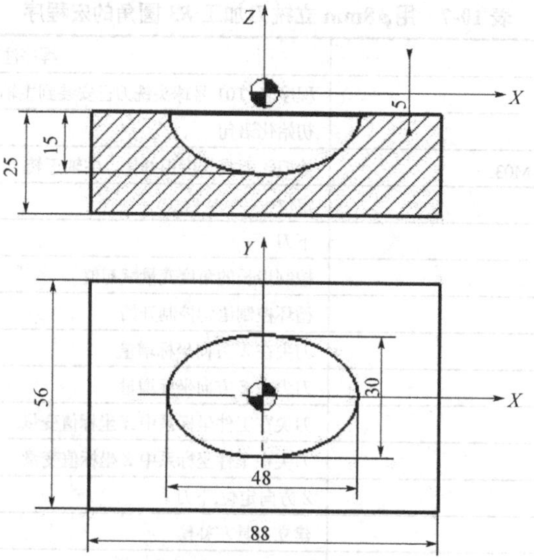

图 10-5 椭圆凹坑加工零件图

此椭圆凹坑是空间曲面，所以在编程时需使刀具在两个方向上运动切削。刀具在 *X*、*Z* 轴方向由零件表面逐渐沿椭圆轮廓下降到凹坑底部，同时，刀具 *Z* 轴每下降一步，需要在 *X Y* 平面内插补一个椭圆。而每个椭圆的长半轴是当前刀具所在位置的 *X* 值，而短半轴长则是根据椭圆球的性质，在任意一个横截面上的椭圆长短半轴长的比例都一样，就此例而言是 24÷15=1.6。如果椭圆凹槽内部尺寸比较大，*XY* 平面上可分多个刀次加工。

任务实施

1．工艺分析

① 装夹方式　零件侧壁和高度都已加工，直接用平口钳和等高平行垫铁装夹。

② 加工顺序　由于毛坯已精加工到尺寸，只需加工凹坑。凹坑 15mm 深，采用粗、精加工两个阶段进行。粗加工采用键槽铣刀，由于刀具底部是平头，所以键槽刀深度尺寸不能加工到 15mm 处，如果留 1.5 mm 的余量，*Z* 向最大下刀深度如图 10-6 所示。

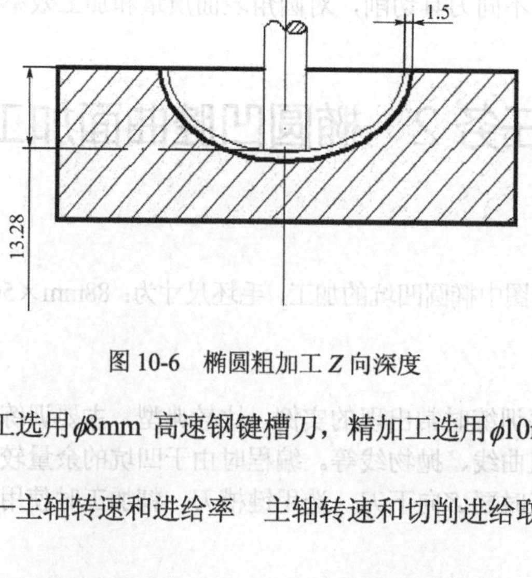

图 10-6 椭圆粗加工 *Z* 向深度

③ 刀具选择　粗加工选用 ϕ8mm 高速钢键槽刀，精加工选用 ϕ10mm 硬质合金球头刀完成加工。

④ 切削参数确定——主轴转速和进给率　主轴转速和切削进给取决于 CNC 机床的实际工

作情况，并依据工件及刀具材料查阅技术手册。

粗加工时，主轴转速为 800r/min，进给速度 100mm/min，背吃刀量 0.5mm。

精加工时，主轴转速为 3000r/min，进给速度 400mm/min，背吃刀量 0.4mm。

⑤ 进给路线　粗、精加工进给路线可以采用相同路线如图 10-7 所示。

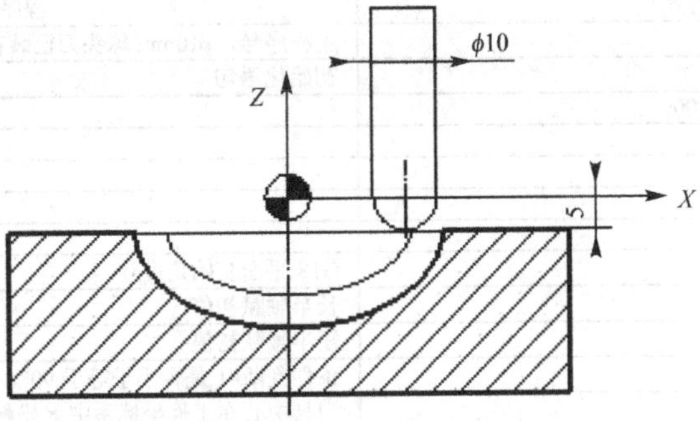

图 10-7　球头刀加工椭圆凹坑

2. 编写粗、精加工程序

（1）粗加工

用ϕ8mm 键槽刀粗铣球坑，如图 10-6 所示，程序见表 10-8。

表 10-8　ϕ8mm 键槽刀粗铣椭圆凹坑

程序内容	程序注释
O0001;	主程序号ϕ8mm 键槽刀已安装在主轴上
N0010　G17 G40 G90 G80 G69;	初始化语句
N0020　G54G90G00 G43 Z100 H01 M03 S800;	抬刀，刀具长度正补偿，主轴正转
N0030　X18.5 Y0	刀具定位，留 1.5mm 余量
N0050　Z10;	
N0060　G01Z0F60;	
N0070　#1=0;	G18 平面初始角度 0°
N0080　#3=22.5;	长半轴赋初值
N0090　#4=13;	短半轴赋初值
N0100　WHILE[#1LE90]DO1;	条件判断#1 是否小于等于 90°，满足则循环
N0110　#5=#3*COS[#1];	刀尖在工件坐标系中 X 坐标值变量
N0120　#6=#4*SIN[#1];	刀尖在工件坐标系中 Z 坐标值变量
N125　#7=#5−4;	刀具中心在工件坐标系中 X 坐标值变量
N0130　G01X[#7] F50;	在 G18 平面直线插补
N135　Z−[#6];	Z 向下刀
N0140　G65P0002X[#7]Y[#7/1.6];	调用宏程序 O0002
N0150　#1=#1+3;	控制变量#1 增加一个角度步长
N0160　END1;	主程序循环结束
N0170　G00G49 Z150;	
N0180　M05;	主轴停止
N0190　G28G91Y0;	Y 轴返回参考点
N0200　M30;	程序结束
子程序：	
0002;	子程序号
N0010　#2=0;	G17 平面初始角度 0°
N0020　WHILE[#2LE360]DO2;	条件判断#2 是否小于等于 360°，满足则循环
N0030　#8=#24*COS[#2];	计算 X 轴坐标值
N0040　#9=#25*SIN[#2];	计算 Y 轴坐标值
N0050　G01X[#8]Y[#9]F100;	在 G17 平面直线插补
N0060　#2=#2+3;	变量#2 增加一个角度步长
N0070　END2;	循环结束
N0080　M99;	子程序结束

（2）精加工

用ϕ10mm 球头刀精铣球坑，程序见表 10-9。通过手动卸刀的方式取下第一把刀具ϕ8mm 键槽刀，然后手动换刀装上ϕ10mm 球头刀。

表 10-9　用ϕ10mm 球头刀精铣椭圆球去曲面

程序内容	程序注释
O0003;	主程序号，ϕ10mm 球头刀已装在主轴上
N0010　G17 G40 G90 G80 G69;	初始化语句
N0020　G54G90G00Z50 M03S3000;	
N0030　X0Y0;	
N0040　X19;	
N0050　Z10;	
N0060　G01Z0F50;	
N0070　#1=0;	G18 平面初始角度 0°
N0080　#3=19;	长半轴赋初值
N0090　#4=10;	短半轴赋初值
N0100　WHILE[#1LE90]DO1;	条件判断#1 是否小于等于 90°，满足则循环
N0110　#5=#3*COS[#1];	刀具中心在工件坐标系中 *X* 坐标值变量
N0120　#6=#4*SIN[#1];	刀具中心在工件坐标系中 *Z* 坐标值变量
N0130　G01X[#5] F50;	在 G18 平面直线插补
N125　　Z−[#6];	*Z* 向下刀
N0140　G65P0004X[#5]Y[#5/1.6];	调用 O0004 子程序
N0150　#1=#1+1;	变量#1 增加一个角度步长
N0160　END1;	主程序循环结束
N0170　G00Z150;	
N0180　M05;	主轴停止
N0190　G28G91Y0;	*Y* 轴返回坐标原点
N0200　M30;	程序结束
子程序：	
O0004;	子程序号
N0010　#2=0;	G17 平面初始角度 0°
N0020　WHILE[#2LE360]DO2;	条件判断#2 是否小于或等于 360°，满足循环
N0030　#8=#24*COS[#2] ;	计算 *X* 轴坐标值
N0040　#9=#25*SIN[#2];	计算 *Y* 轴坐标值
N0050　G01X[#8]Y[#9]F300;	在 G17 平面直线插补
N0060　#2=#2+1;	变量#2 增加一个角度步长
N0070　END2;	子程序循环结束
N0080　M99;	子程序结束返回主程序

任务评价

① 本程序适合宏程序基本知识掌握较熟练的学生学习，作为提高阶段的内容。其参数设置和选用的控制指令不唯一，可要求学生视掌握情况编制一种或两种不同方法的程序。

② 球头刀的刀位点在球心处，对刀时学员应明确工件坐标原点的具体位置。

③ 椭圆凹坑的加工采用粗、精两个阶段完成。粗加工采用的是分层铣削。

④ 在生产中如加工椭圆凹曲面型腔，建议采用 CAD/CAM 编程。

任务 3　空间波浪曲面的加工

任务描述

如图 10-8 所示，完成空间曲面的程序编制及加工，正弦曲线振幅为 5mm，绕坐标原点旋转 45°。圆柱已加工到尺寸，只需加工出正弦曲线即可。

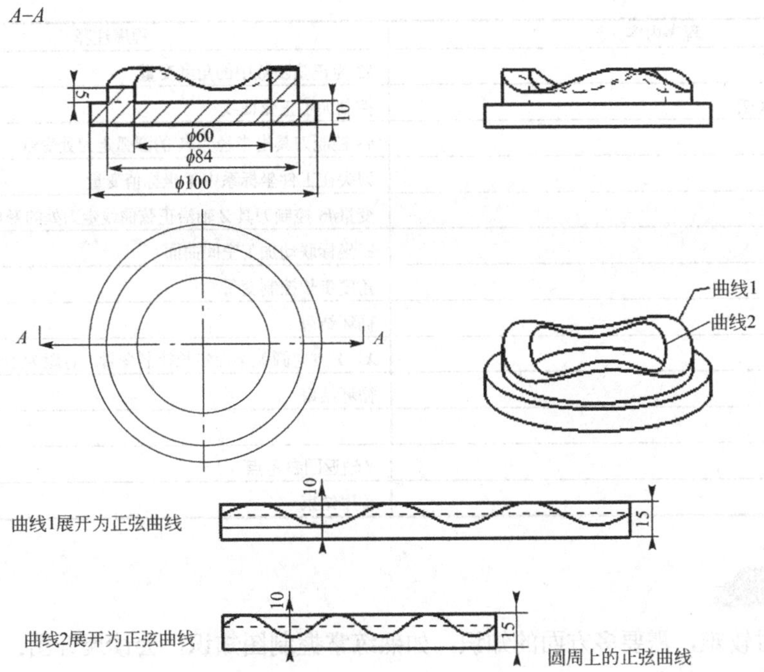

图 10-8 圆柱端面上的正弦曲线

任务分析

圆柱已加工到尺寸，采用ϕ10mm 球头刀利用三坐标联动，加工出空间的波浪曲面即可。

任务实施

1. 数学模型分析

要加工图示正弦曲线轮廓，需在 *X*、*Y* 平面内刀具沿半径为变量#1 的圆弧走刀，*Z* 平面沿给定的正弦曲线走刀。

对于此曲面，展开便为标准正弦曲线。其函数方程应为：

$$y=5\sin(3x) \tag{10-1}$$

编程时可考虑刀具在加工时的轨迹为：在 *XY* 平面可沿刀具所在位置的 *X* 坐标值为半径的圆走刀，而 *Z* 方向则沿给定的正弦曲线走刀，三个方向合成即可加工此空间曲面。

2. 加工程序

圆柱端面上的正弦曲线加工程序见表 10-10。

表 10-10 圆柱端面上的正弦曲线加工程序

程序内容	程序注释
O0001;	程序名 T01 号刀具已安装到主轴上
G17 G40 G90 G80 G69;	初始化语句
G54G90G0G43Z100 H01 M03S800;	抬刀，刀具长度正补偿，主轴正转
X0Y0;	
#1=30;	变量#1 为刀具所在圆的半径，初值为 30
WHILE[#1LE42]DO1;	判断#1>42 则跳出循环，#1≤42 执行循环体内的程序

续表

程序内容	程序注释
#2=0;	#2 为正弦函数中的角度变量
WHILE[#2LE360]DO2;	控制加工正弦曲线
#3=#1*SIN[#2+45];	#3 控制刀具沿半径为#1 的圆弧走刀处变量
#4=#1*COS[#2+45];	刀尖在工件坐标系中 Y 坐标值变量
#5=5*SIN[#2*3];	变量#5 控制刀具 Z 轴沿正弦曲线走刀处的变量
G1X#3Y#4Z#5;	三坐标联动加工空间曲面
#2=#2+1;	角度步长控制变量
END2;	循环结束
#1=#1+1;	X、Y 方向圆弧半径步长控制变量，行距为 1mm
END1;	循环结束
G0G49Z50;	
G91G28Y0;	Y 轴返回参考点
M30;	程序结束

任务评价

此任务相对较难，需要多方面的知识，如熟练掌握制图知识，会读展开图；有函数基础，能从函数图像得出函数表达式；需要熟练掌握机床坐标系，在建立数学模型时需要把两者进行统一。也可以利用本任务学习 CAM 编程。

拓展与提高

1. 变量编程在加工中心上的应用

变量编程在加工中心上主要应用于以下三个方面。

① 零件族　绝大多数机械零件都是批量生产，在保证质量的前提下要求最大限度地提高加工效率以降低生产成本，一个零件哪怕仅仅节省 1s，成百上千的同样零件合计起来节省的时间就非常可观了。另外，批量零件在加工的几何尺寸精度和形状位置精度方面都要求保证高度的一致性，而程序的优化是加工工艺优化的主要手段，这就要求操作者能够非常方便地调整程序中各项加工参数（如刀具尺寸、刀具补偿值、步距、计算精度、进给速度等）。

程序员通过修改已有程序来编写新程序时，使用参数化编程技术会更加方便。结构相似的销孔的加工、槽和螺纹的铣削加工、槽的车削加工、同一中心线上多个台阶孔的钻削加工等是参数化编程应用最广泛的加工方式。

② 复杂形状零件的加工　大部分通用机械结构零件的形状主要是各种凸台、凹槽、圆孔、斜平面、回转面组成，不规则的复杂曲面较少，构成其的几何元素通常为直线、圆弧、各种二次曲线，以及一些渐开线等数学公式曲线，所有这些元素可以用三角函数表达式及参数方程予以表达，因此参数化编程在此有广泛的使用空间，可以发挥强大的作用。

还有一些很特殊的机械造型，即使采用 CAD/CAM 软件也不一定能轻易地解决，例如变螺距螺纹的加工、用螺旋插补进行锥度螺纹加工，而变量编程可以解决。

③ 机床辅助设备的控制与操作　数控加工中心常配备一些辅助设备，例如自动测头及刀具管理系统等，可用参数化程序对这些硬件辅助设备进行软件控制。

2. 变量编程和 CAD/CAM 编程的对比

尽管使用各种 CAD/CAM 软件来编制数控加工程序已经成为一种潮流，但手工编程仍是加工的基础，包括使用宏程序与编程技巧。其最大特点就是将有规律的形状或尺寸用最短的程序段显示出来，具有良好的易读性和易修改性，编写出的程序非常简洁，逻辑严密，通用性极强。而且机床在执行此类程序时，较执行 CAD/CAM 软件生成的程序更加快捷，反应更迅速。

随着技术的发展，自动编程会逐渐取代手工编程，但宏程序的运用仍是属于高效加工技术。例如对于规则曲面的编程来说，使用 CAD/CAM 软件编程一般都比较庞大，而且加工参数不易修改，只要任何一个加工参数发生变化，再智能的软件也要根据加工后的参数计算刀具轨迹，尽管软件计算刀具轨迹的速度非常快，但始终是个比较麻烦的过程。宏程序则注重把机床功能参数与编程语言结合，而且灵活的参数设置只需要根据零件几何信息和不同的数学模型即可完成相应的模块加工程序设计，应用时只需把零件信息、加工参数等输入到相应模块的调用语句中，就能使编程人员从烦琐的、大量重复性的编程工作中解脱出来。另外由于宏程序基本上包含了所有的加工信息，而且非常简明、直观，通过简单的储存和调用，就可以很方便地知道当时的加工状态，给周期性生产特别是不定期的间歇式生产带来极大的便利。

思考与练习

1. 用宏程序编写如图 10-9 所示椭圆锥台加工程序。

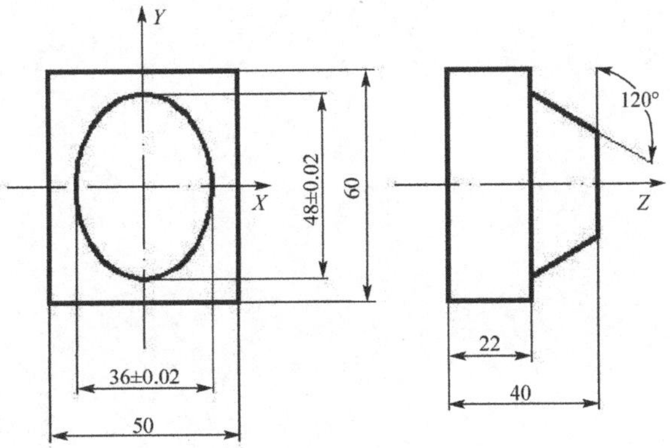

图 10-9　椭圆锥台

工艺提示

加工椭圆时，以角度α为自变量，则在 XY 平面内，椭圆上各点坐标分别是（18cosα，24sinsα），坐标值随角度的变化而变化。对于椭圆锥度加工，当刀具在 Z 方向上抬高 δ时，长轴及短轴半径将减少 δtan30°，因此高度方向上用抬高 δ作为自变量。

加工时，为避免精加工余量过大，先加工出长半轴为 24mm、短半轴为 18 mm 的椭圆柱，最后再加工椭圆锥。

2. 编程加工如图 10-10 所示零件。

毛坯：100mm×100mm×15mm，材料：45 钢。

要求：利用宏程序编写图中抛物线轮廓。

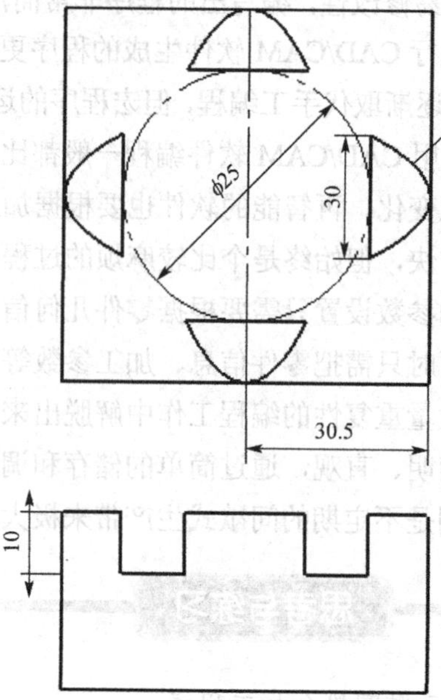

图 10-10　抛物线零件加工

情境 11

计算机辅助编程

【引言】

程序的效率是影响数控机床加工质量和使用效率的重要因素。对于复杂的零件，尤其是曲面和异形工件，其数控加工刀位点的人工计算十分困难，其需要使用 CAD/CAM 软件来进行交互式图形自动编程。大力推广计算机编程,加强计算机切削模拟,提高程序的可靠性,减少或取消在数控机床上调试程序时间，是提高数控机床工作效率的一个重要方法。

目前，国内市场上使用的 CAD/CAM 软件种类较多，均具备了交互图形编程的功能，但软件的功能和操作便捷程度有所区别，集成度高的大型编程软件有 UG（Unigraphics）、MasterCAM、CATIA 等。本单元主要介绍国产的 CAXA 制造工程师软件，其易学易用，通过任务 1 介绍 CAD/CAM 编程的流程与步骤；通过任务 2 介绍运用计算机和宏指令混合编程，及程序的后置及传输过程等。

【目标】

本单元需要掌握 CAXA 制造工程师的基本编程方法；掌握传输程序的方法。能够利用 CAD/CAM 软件进行复杂零件的造型与生成刀具轨迹。

知识准备

1. CAXA 制造工程师造型、加工方法

（1）CAXA 制造工程师 2011

CAXA 制造工程师 2011 是在 Windows 环境下运行 CAD/CAM 一体化的数控加工编程软件，如图 11-1 所示。软件集成了数据接口、几何造型、加工轨迹生成、加工过程仿真检验、数控加工代码生成、加工工艺单生成等一整套面向复杂零件和模具的数控编程功能。

（2）CAXA 制造工程师 2011 主要功能

① 特征实体造型　主要有拉伸、旋转、导动、放样、倒角、圆角、打孔、筋板、拔模、分模等特征造型方式，可以将二维的草图轮廓快速生成三维实体模型。

② 自由曲面造型　提供多种 NURBS 曲面造型手段：可通过列表数据、数学模型、字体、数据文件及各种测量数据生成样条曲线；通过扫描、放样、旋转、导动、等距、边界网格等多种形式生成复杂曲面；并提供裁剪、延伸、缝合、拼接、过渡等曲线曲面裁剪手段。

③ 两轴到五轴的数控加工　两轴到三轴加工为基本配置。多样化的加工方式可以安排从粗加工、半精加工到精加工的加工工艺路线，高效生成刀具轨迹。四轴到五轴加工方式：曲线加工、四轴平切面、五轴等参数线、五轴侧铣、五轴定向、五轴 G01 钻孔、五轴转四轴轨迹等多种加工方法，针对叶轮、叶片类零件提供叶轮粗加工和叶轮精加工实现整体加工叶轮和叶片。

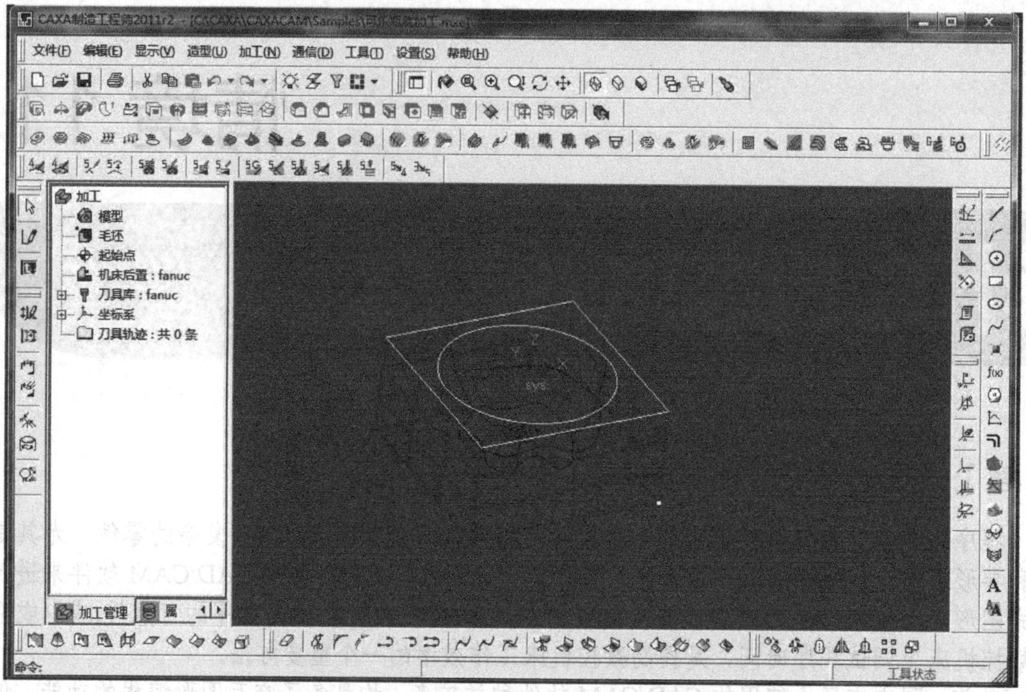

图 11-1 CAXA 制造工程师 2011 工作界面

④ 宏加工 提供倒圆角加工，可生成加工圆角的轨迹和带有宏指令的加工代码，可以充分利用宏程序功能，使得倒圆角的加工程序变得异常简单灵活。

⑤ 编程助手 方便的代码编辑功能，简单易学，非常适合手工编程使用。同时支持自动导入代码和手工编写的代码，其中包括宏程序代码的轨迹仿真，能够有效验证代码的正确性。支持多种系统代码的相互后置转换，实现加工程序在不同数控系统上的程序共享。还具有通信传输的功能，通过 RS232 接口可以实现数控系统与编程软件间的代码互传。

⑥ 知识加工 运用知识加工，经验丰富的编程者可以将加工的步骤、刀具、工艺条件进行记录、保存和重用，大幅提高编程效率和编程的自动化程度；数控编程的初学者可以快速学会编程，共享经验丰富编程者的经验和技巧。随着企业加工工艺知识的积累和规范化，形成企业标准化的加工流程。

⑦ 生成加工工序单 自动按加工的先后顺序生成加工工艺单，方便编程者和机床操作者之间的交流，减少加工中错误的产生。

⑧ 加工工艺控制 提供丰富的工艺控制参数，可方便地控制加工过程，使编程人员的经验得到充分的体现。丰富的刀具轨迹编辑功能可以控制切削方向以及轨迹形状的任意细节，大大提高了机床的进给速度。

⑨ 加工轨迹仿真 提供了轨迹仿真手段以检验数控代码的正确性。可以通过实体真实感仿真模拟加工过程，显示加工余量；自动检查刀具切削刃、刀柄等在加工过程中是否存在干涉现象。

⑩ 通用后置处理 后置处理器无需生成中间文件就可直接输出 G 代码指令，系统不仅可以提供常见的数控系统后置格式，用户还可以自定义专用数控系统的后置处理格式。

（3）CAXA 制造工程师 2011 造型与加工的注意事项

① 造型方面 有特征实体造型，可以用增料方式，通过拉伸、旋转、导动、放样或加厚曲面来实现，也可以通过减料方式，从实体中减掉实体或用曲面裁减来实现；有 NURBS 自由

曲面造型，可通过列表数据、数学模型、字体文件及各种测量数据生成样条曲线，也可以通过扫描、放样、拉伸、导动、等距、边界、网格等多种形式生成复杂曲面，并可对曲面进行编辑；有曲面实体复合造型，使曲面融合进实体，形成统一的曲面实体复合造型模式，利用这一模式，可实现曲面裁剪实体、曲面生成实体、曲面约束实体等混合操作。

重要提示

在用 CAM 编程时，要注意加工造型与设计造型的差异。

在用 CAM 编程时，由于加工的造型和设计造型的目的不同，决定了加工造型和设计造型存在一定的差异。

a. 设计造型的目的是将产品的形状和配合关系表达清楚，它要求的几何表达方式比较统一且必须是完整的，一般是三维实体图形或纯二维工程图纸。

b. 加工造型的目的是为了给加工轨迹提供几何依据。虽然加工造型的基础是设计造型，但是它的造型表现形式不一定使用统一的几何表达方式，它可以是二维线框、三维曲面、三维实体或它们的混合体。

重要提示

造型的表现方式不同，直接影响零件加工的效率因素、精度因素、工艺因素。

② 加工方法　CAXA 制造工程师涵盖了从两轴到五轴的加工功能，将 CAD 模型与 CAM 加工技术集成，可直接对曲面、实体模型进行一致的加工操作，支持轨迹参数化和批处理功能，支持高速加工。

值得注意的是，所谓软件的粗加工功能和精加工功能，仅仅指生成的轨迹情况，并非完全针对零件的某道工序，比如，用区域粗加工，完全可以生成某个零件平面区域的精加工轨迹。

在软件学习的过程中，首先要掌握常用的加工方法。如等高线粗加工方式是很常用的一种加工方法，几乎可以加工全部的部位，在加工中可以分层进行粗加工，它只针对三维模型生成刀具轨迹。平面区域粗加工主要应用于平面轮廓零件的粗加工。该方法可以根据给定的轮廓和岛屿生成分层的加工轨迹，它不需要三维模型，直接使用二维曲面就可以生成刀具轨迹。平面轮廓精加工方式可以分层加工，也可以在 *XY* 面分多次进刀加工到尺寸，适用于加工平面类的内、外轮廓。扫描线精加工方式可以设置不同的走刀路线，满足不同的加工需要，在加工时刀具沿给定轮廓方向走刀，可设置行间连接方式。参考线精加工方式适合加工曲面类结构，可以设置干涉面和限制曲面。

2. CAXA 自动编程的重要控制参数和工艺选项

（1）加工轨迹

加工轨迹的生成是 CAM 软件的主要工作内容，它是影响数控加工效率和质量的重要因素。一个零件往往可以生成多种加工轨迹，工艺员应该能够找出工艺性最优的一种。加工轨迹的生成是由加工参数设置决定的，每种轨迹功能实际上反映一种工艺策略，理解并实践轨迹工艺参数表中的选项及参数设定将有助于今后在实际工作中熟练应用软件来进行辅助编程与加工。

按加工轴数的不同，通常可将刀具轨迹的形式分成如图 11-2 所示 3 种刀具轨迹的形式。

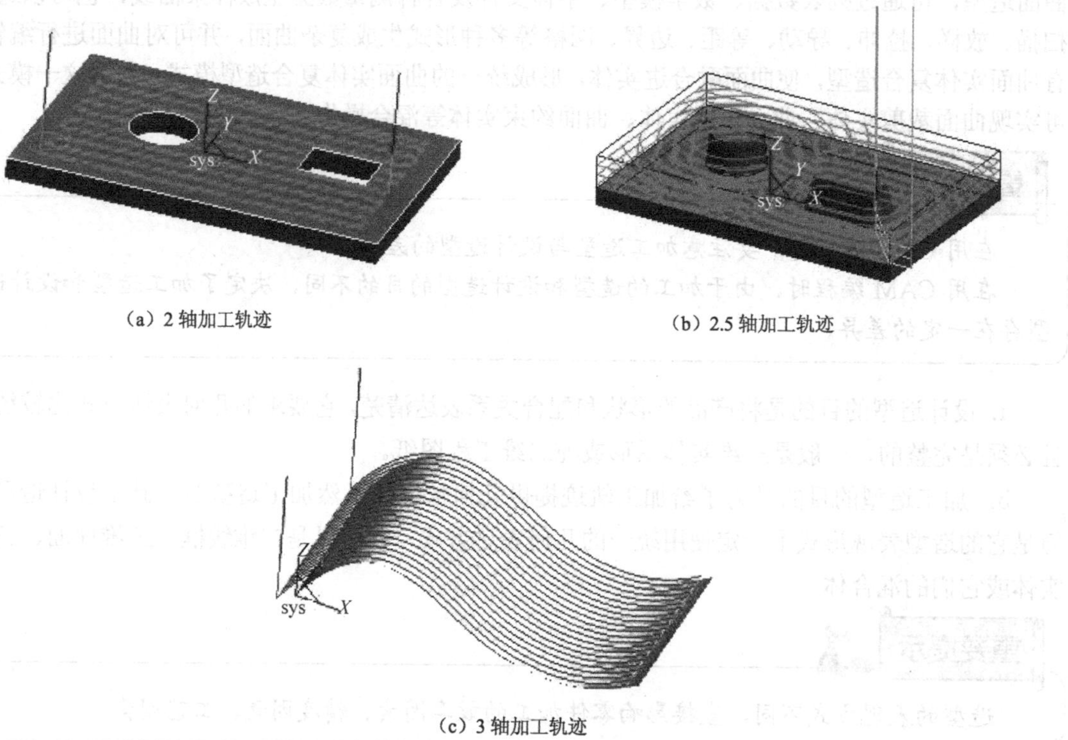

（a）2 轴加工轨迹　（b）2.5 轴加工轨迹

（c）3 轴加工轨迹

图 11-2　刀具轨迹的形式

如图 11-2（a）、（b）所示轨迹的分布呈平面状态，该种轨迹形式适于 2D 和 3D 造型，这是最简易且高效的一种加工方式。粗加工轨迹及平面的精加工轨迹均采用此方式，如区域式精加工、轮廓线粗精加工、等高线加工、扫描线粗加工、摆线式粗加工、插铣式粗加工和导动式加工等。

如图 11-3（c）所示轨迹属于三轴曲面加工，该种轨迹生成必须以曲面或实体表面为模型。但为了提高加工效率，该种轨迹主要用于曲面的精加工。常见的加工方法有：参数线精加工，扫描线精加工，浅平面精加工，导动线精加工，限制线精加工，三维偏置精加工，深腔侧壁精加工，曲面槽加工和清根加工等。

（2）加工轮廓

加工轮廓是一系列首尾相接曲线的集合，如图 11-3 所示。

在进行数控编程。交互指定待加工图形时，常常需要用户指定图形的轮廓，用来界定被加工的区域或被加工的图形本身。如果轮廓是用来界定被加工区域的，则要求指定的轮廓是闭合的；如果加工的是轮廓本身，则轮廓也可以不闭合。当轮廓被用来界定加工范围时，系统会将轮廓投影到刀轴垂直的坐标平面，所以组成轮廓的曲线也可以是空间曲线，但要求指定的轮廓不应有自交点。

（3）加工区域和岛

加工区域是指由一个闭合轮廓围成的内部空间，其内部可以有“岛”。岛也是由闭合轮廓界定的。区域指外轮廓和岛之间的部分，由外轮廓和岛共同指定待加工的区域。外轮廓用来界定加工区域的外部边界，岛用来屏蔽其内部不需要加工或需保护的部分，如图 11-4 所示。

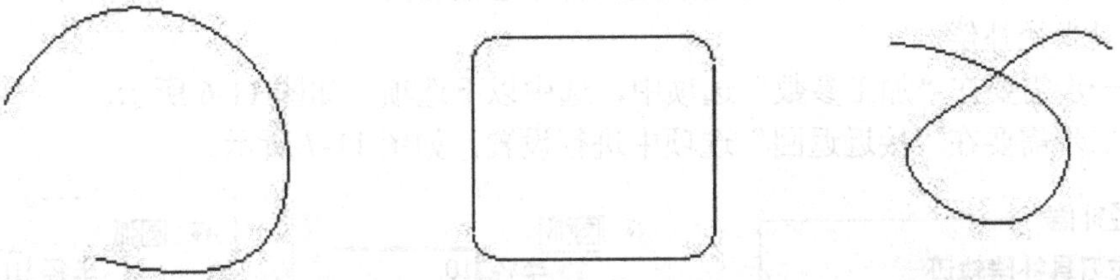

（a）开轮廓　　（b）闭轮廓　　（c）有自交点的轮廓

图 11-3　轮廓示例

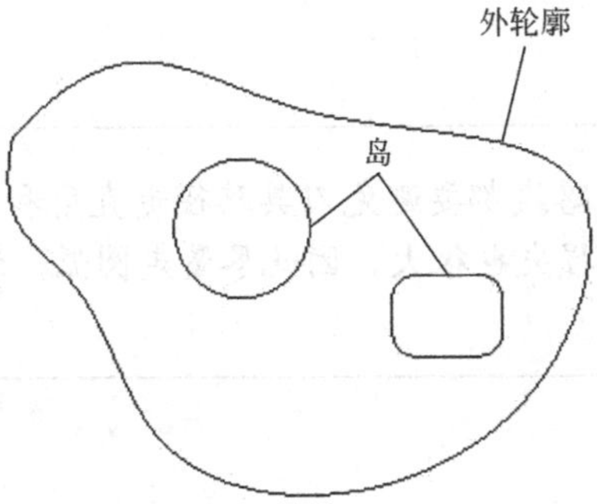

图 11-4　加工区域与岛

（4）刀具轨迹和刀位点

刀具轨迹是系统按给定工艺要求生成的，对给定加工图形进行切削时刀具行进的路线如图 11-5 所示。系统以图形方式显示轨迹。刀具轨迹由一系列有序的刀位点和连接这些刀位点的直线（直线插补）或圆弧（圆弧插补）组成。系统的刀具轨迹是按刀尖位置来计算和显示的。

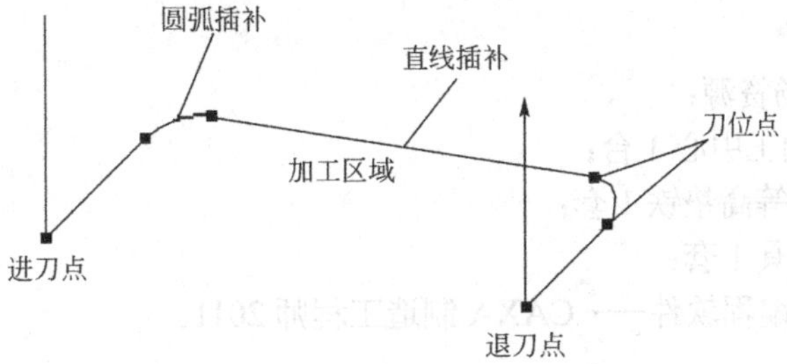

图 11-5　刀具轨迹与刀位点

（5）轮廓补偿、拔模与刀具补偿

① 轮廓补偿有如下三种方式。

a．ON　刀心线与轮廓重合。

b．TO　刀心线向轮廓外偏置一个刀具半径。

c．PAST　刀心线向轮廓内偏置一个刀具半径。

② 拔模基准是用来确定轮廓是工件的顶层轮廓或是底层轮廓。

a．底层为基准　加工中所选的轮廓是工件底层的轮廓。

b．顶层为基准　加工中所选的轮廓是工件顶层的轮廓。

③ 刀具半径补偿。

a．第一步需要在“加工参数”选项中，选中以下选项，如图 11-6 所示。

b．第二步需要在“接近返回”选项中进行设置，如图 11-7 所示。

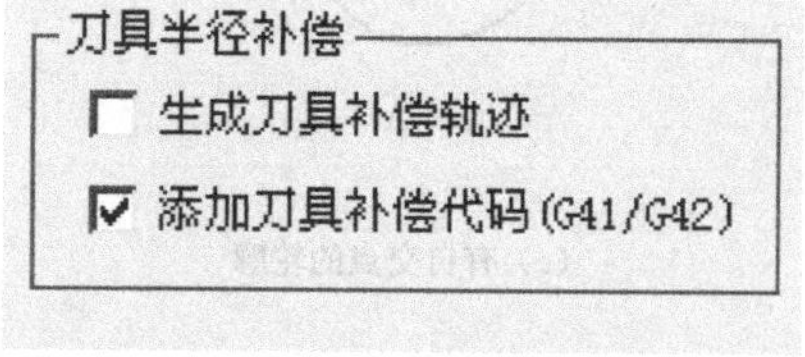

图 11-6　刀具半径补偿

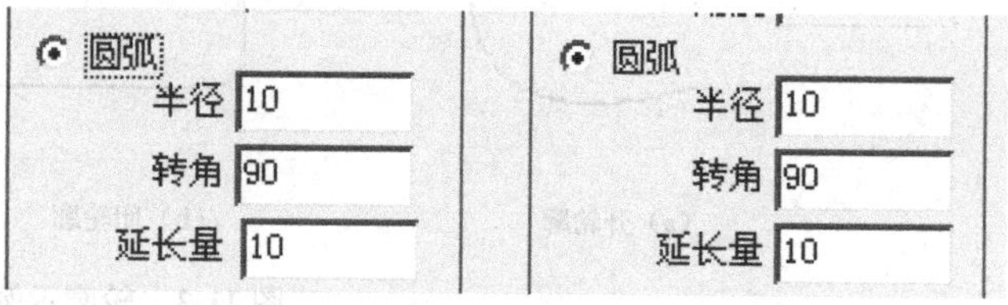

图 11-7　接近返回方式

重要提示

所有加工过程生成的刀具路线都要避免刀具路径走直角和尖角轨迹，突然拐角和急刹容易引起过切和弹刀，对机床的损失也很大，因此尽量走圆弧，这也是高速加工中的刀具路径都是自动转圆角的原因。

任务 1　转盘编程与加工

任务描述

完成如图 11-8 所示零件的加工，图 11-9、图 11-10 为部件实物模型。该零件材料为 45 钢，毛坯尺寸 ϕ100mm×25mm，外形已加工好。

任务分析

该任务所需现场资源：

① 数控铣床/加工中心 1 台；

② 平口虎钳及等高垫铁 1 套；

③ 数控加工刀具 1 套；

④ CAD/CAM 编程软件——CAXA 制造工程师 2011。

图 11-9　转盘顶面实体图

图 11-10　转盘底面实体图

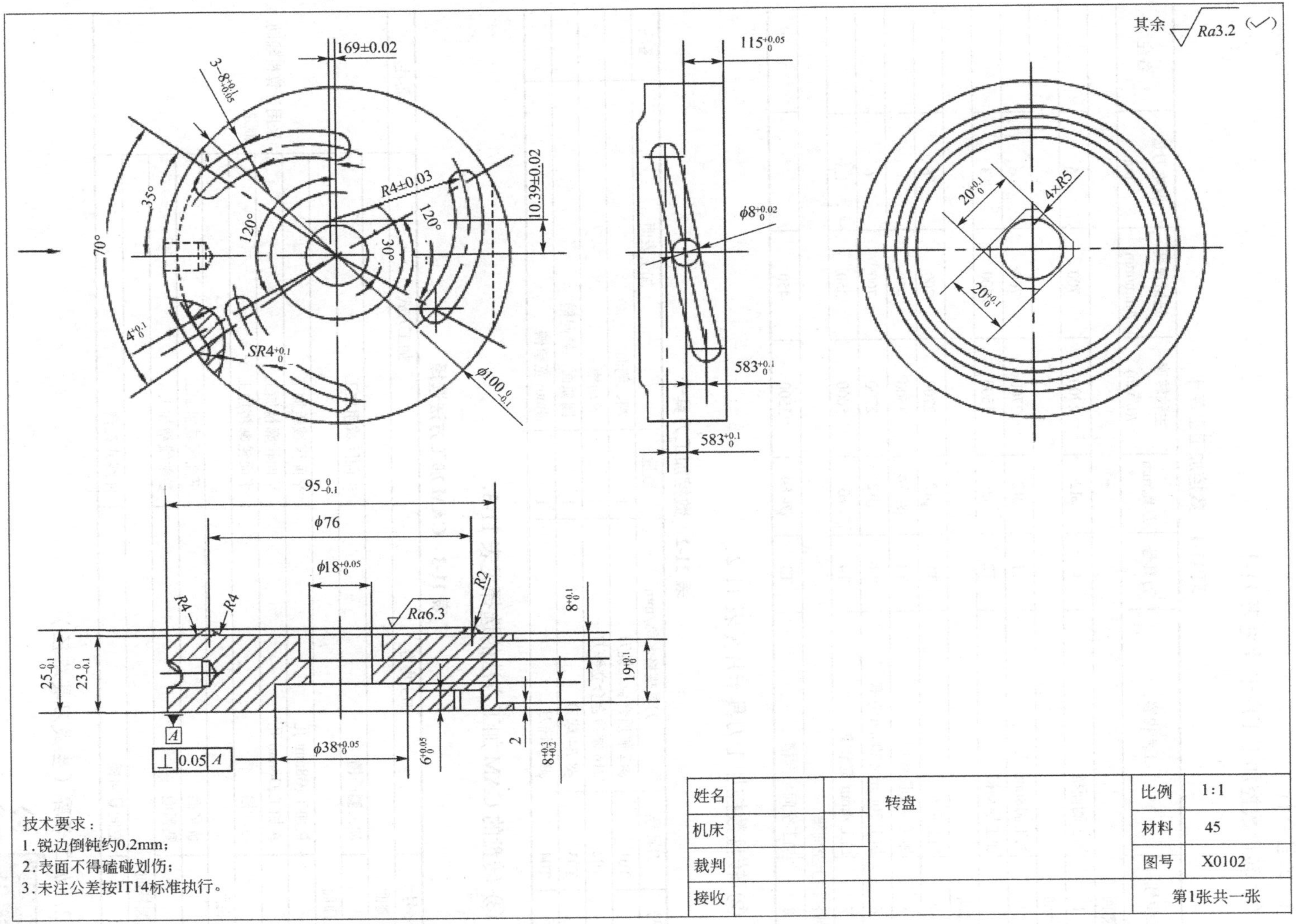

其余 Ra3.2 (√)
169±0.02
$3-8^{+0.1}_{+0.05}$
R4±0.03
10.39±0.02
35°
120°
120°
30°
70°
$4^{+0.1}_{0}$
$SR4^{+0.1}_{0}$
$\phi 100^{0}_{-0.1}$
$115^{+0.05}_{0}$
$\phi 8^{+0.02}_{0}$
$583^{+0.1}_{0}$
$583^{+0.1}_{0}$
$20^{+0.1}_{0}$
4×R5
$20^{+0.1}_{0}$
$95^{0}_{-0.1}$
$\phi 76$
$\phi 18^{+0.05}_{0}$
R4
R4
Ra6.3
R2
$8^{+0.1}_{0}$
$19^{+0.1}_{0}$
$25^{0}_{-0.1}$
$23^{0}_{-0.1}$
A
⊥ 0.05 A
$\phi 38^{+0.05}_{0}$
$6^{+0.05}_{0}$
2
$8^{+0.3}_{+0.2}$
技术要求：
1.锐边倒钝约0.2mm；
2.表面不得磕碰划伤；
3.未注公差按IT14标准执行。
姓名
机床
裁判
接收
转盘
比例 1:1
材料 45
图号 X0102
第1张共一张

图 11-8 转盘零件图

任务实施

1. 工艺分析

① 转盘数控加工工序卡片见表11-1。

表 11-1 数控加工工序卡

工步号	工步内容	刀具号	刀具/mm	主轴转速/(r/min)	进给速度/(mm/min)	背吃刀量/mm	备注
加工侧面							
1	加工侧面槽	T1	ϕ12	2700	700	6	
加工顶面							
2	加工ϕ38mm孔	T1	ϕ12	2700	700	6	
3	加工导动槽	T2	ϕ6	3500	400	3	
加工底面							
4	加工平面	T1	ϕ12	2700	700	6	
5	加工导动圆弧面	T3	ϕ8-R4	3500	450		
6	加工20mm×20mm方槽	T1	ϕ12	2700	700	6	
7	加工4mm宽窄槽	T4	ϕ3	5000	350	1.5	
加工圆柱面上空间槽							
8	加工空间导向槽	T3	ϕ8-R4	3500	450		

② 转盘数控加工刀具卡片见表11-2。

表 11-2 数控加工刀具卡

序号	刀具号	刀具规格名称/mm	数量	加工表面	备注
1	T01	ϕ12硬质合金立铣刀	1	端、侧面	
2	T02	ϕ16硬质合金立铣刀	1	导动槽	
3	T03	ϕ8-R4球刀	1	圆弧面、导向槽	
4	T04	ϕ3立铣刀	1	4mm宽窄槽	

③ 转盘的CAM加工方法的选择见表11-3。

表 11-3 CAM 加工方法选择

序号	加工内容	加工方式	备注
加工侧面			采用计算机辅助制造
1	加工侧面槽	平面区域粗加工	
加工顶面			
2	粗加工ϕ38mm孔	平面区域粗加工	
3	精加工ϕ38mm孔	平面轮廓精加工	
4	导动槽	平面轮廓精加工	
加工底面			
5	铣平面	平面区域粗加工	
6	圆弧面	参数线精加工	
加工圆柱面			
7	空间导向槽	曲线式铣槽	

2. 加工步骤（生成刀具路径）

提示

选取加工方式如平面区域粗加工、平面轮廓精加工等可根据实际轮廓直接绘出线框即可。这里为表达清楚，线框与实体均画出。

（1）加工转盘侧面

使用刀具 T1，采用【平面区域粗加工】方式，铣侧面。

加工参数如图 11-11 所示。【接近返回】参数如图 11-12 所示。生成加工轨迹如图 11-13 所示。

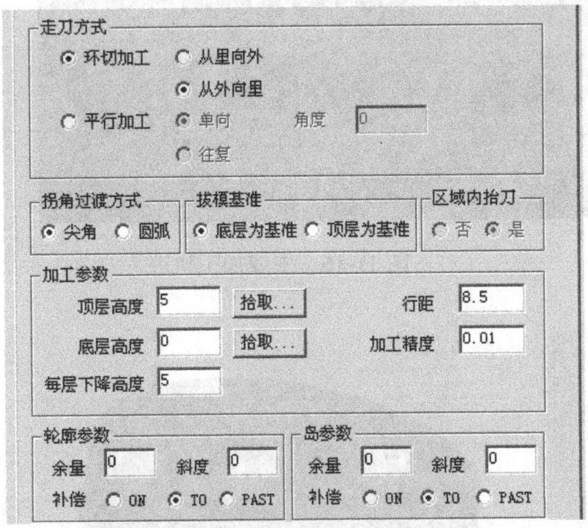

图 11-11　【平面区域粗加工】参数

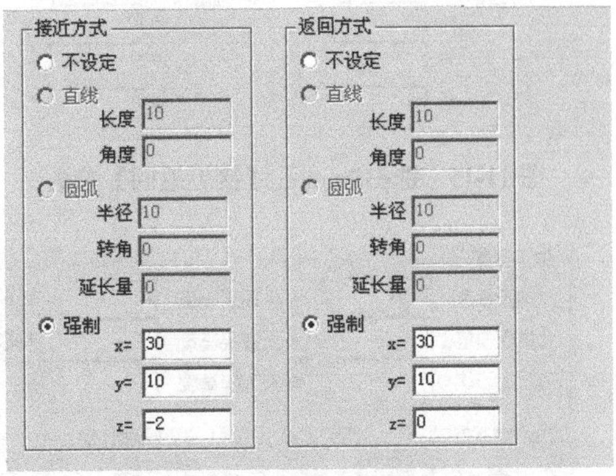

图 11-12　【接近返回】参数

（2）加工转盘顶面

步骤 1：铣导动槽一面，以上一工序所加工侧面定位在虎钳固定钳口，活动钳口一侧根据需要垫铜皮。采用【平面区域粗加工】方式粗加工ϕ38mm 孔。【加工参数】如图 11-14 所示。【接近返回】参数如图 11-15 所示。生成加工轨迹如图 11-16 所示。

图 11-13　生成加工轨迹

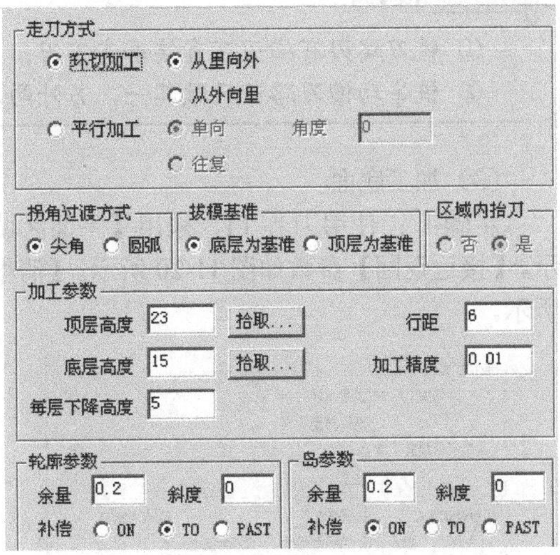

图 11-14　铣ϕ38mm 孔【加工参数】

步骤 2：使用刀具 T1，采用【平面轮廓精加工】方式精加工ϕ38mm 孔。过程略。

步骤 3：使用刀具 T2，采用【平面轮廓精加工】方式铣导动槽。加工参数如图 11-17 所示。生成加工轨迹如图 11-18 所示。

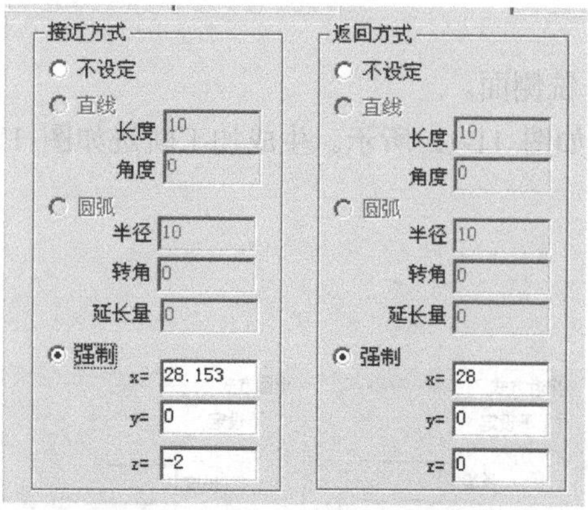

图 11-15 铣ϕ38mm 孔【接近返回】参数

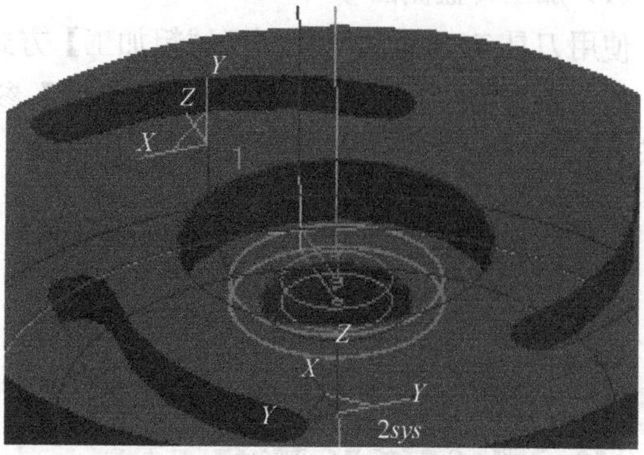

图 11-16 生成加工轨迹

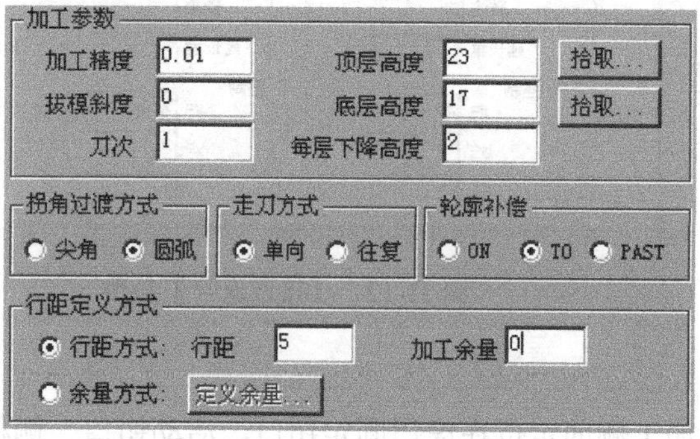

图 11-17 【平面轮廓精加工】参数

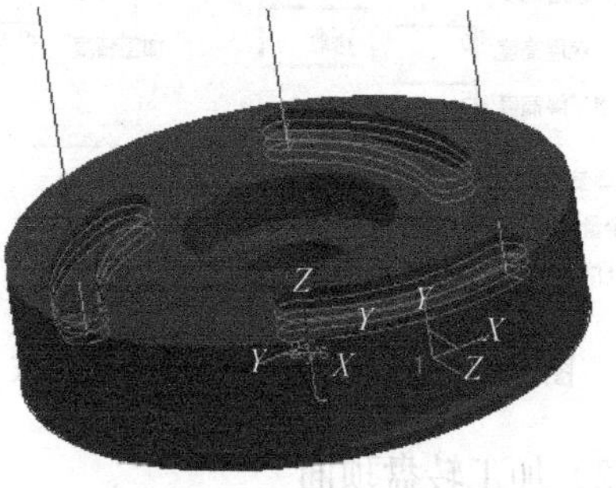

图 11-18 生成加工轨迹

提示

① 铣刀端刃有横刃可直接垂直下刀。

② 铣导动槽刀路可只做其一，另外两刀路采用平面旋转得到。

（3）加工底面

步骤 1：使用刀具 T1，采用【平面区域粗加工】方式精铣平面。加工参数如图 11-19 所示。【接近返回】参数如图 11-20 所示。【清根参数】如图 11-21 所示。生成加工轨迹如图 11-22 所示。

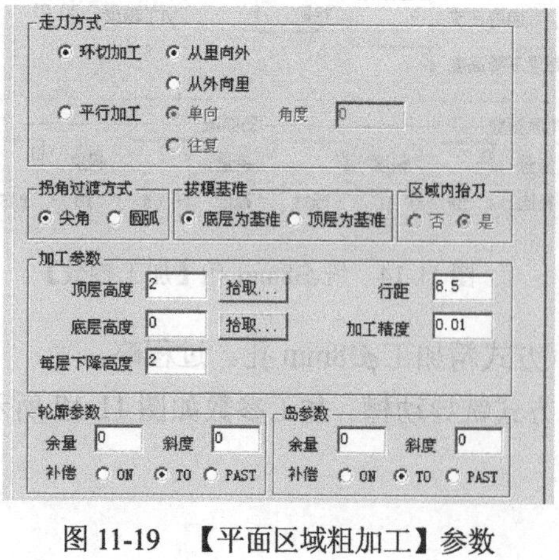

图 11-19 【平面区域粗加工】参数

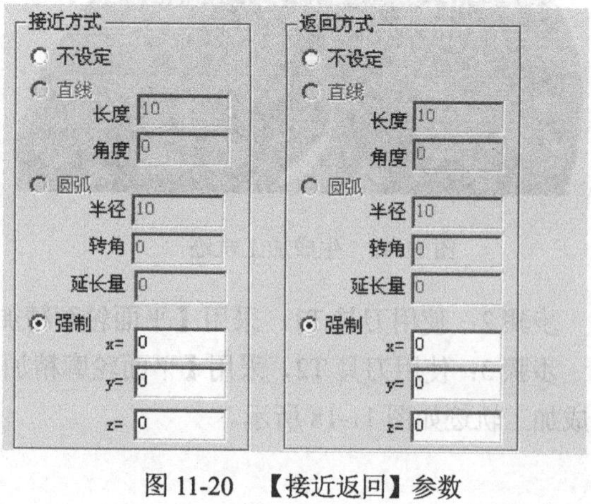

图 11-20 【接近返回】参数

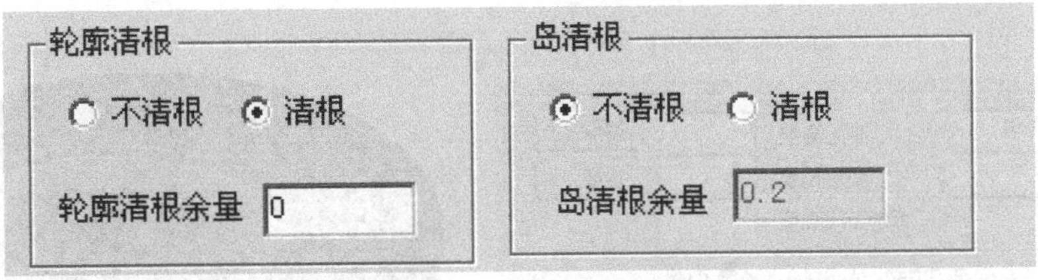

图 11-21　【清根参数】

步骤 2：使用刀具 T3，采用【参数线精加工】方式铣导动圆弧面。加工参数如图 11-23 所示。生成加工轨迹如图 11-24 所示。

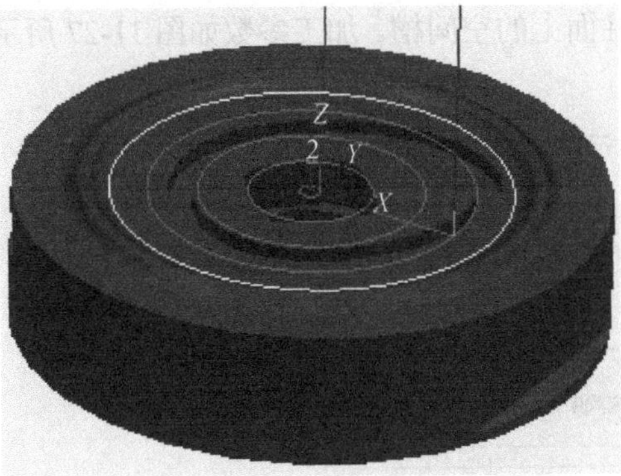

图 11-22　生成加工轨迹

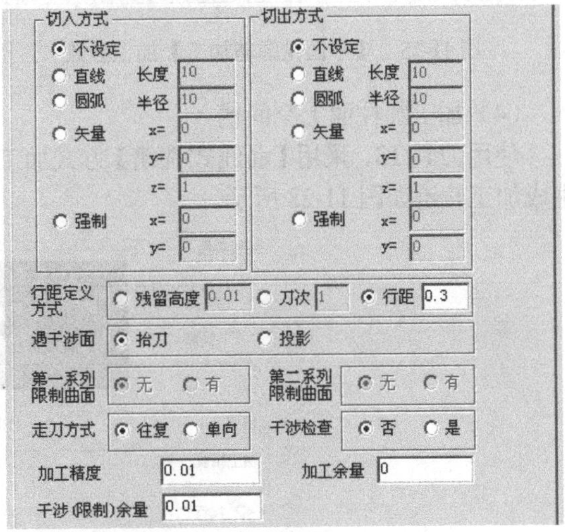

图 11-23　【参数线精加工】参数

图 11-24　生成加工轨迹

步骤 3：加工中间 20mm×20mm 方槽，过程略。

步骤 4：使用刀具 T4，采用【平面轮廓精加工】方式粗、精加工 4mm 宽窄槽。加工参数如图 11-25 所示。生成加工轨迹如图 11-26 所示。

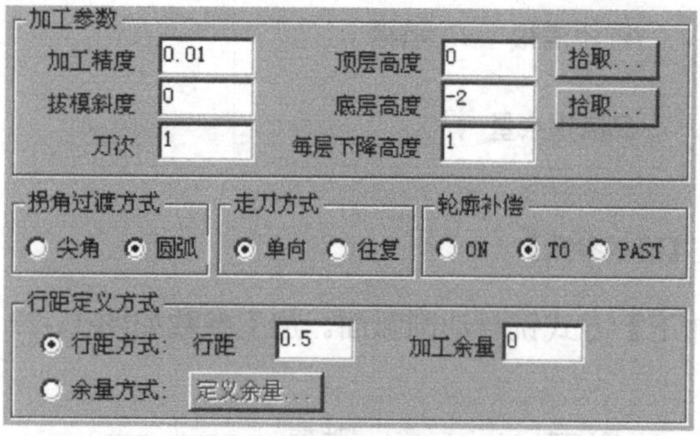

图 11-25 【平面轮廓精加工】加工参数

图 11-26 生成加工轨迹

（4）加工圆柱面上空间槽

使用刀具 T3，采用【曲线式铣槽】方式加工圆柱面上的空间槽。加工参数如图 11-27 所示。生成加工轨迹如图 11-28 所示。

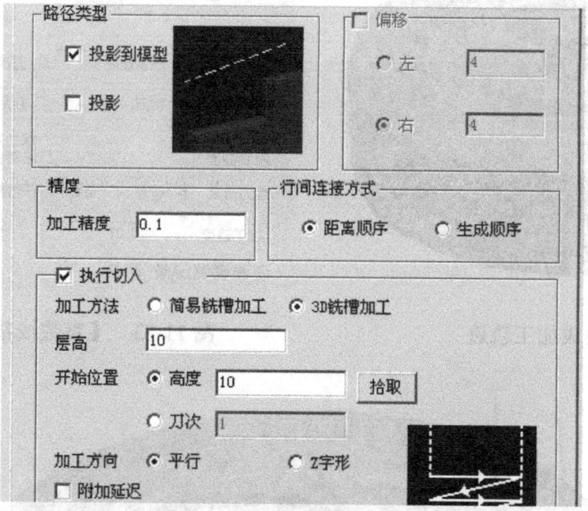

图 11-27 铣外圆上的空间导向槽参数

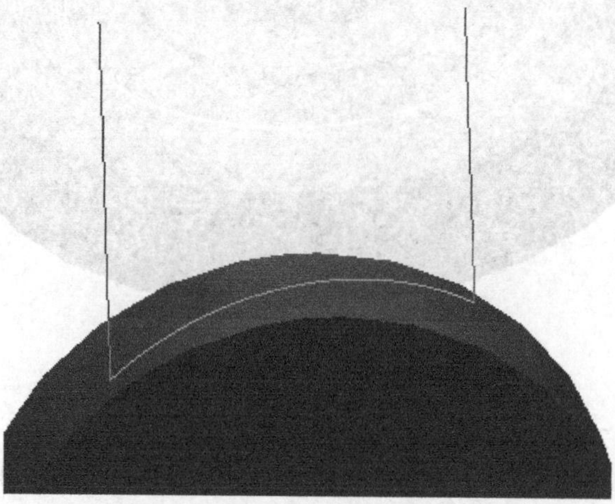

图 11-28 铣外圆上的空间导向槽刀路

提示

① 只需做出外圆上的圆弧导向线。
② 需做出所投影的实体或曲面，后置时需拾取线和面。

3. 后置处理

① 后置处理的功能。 刀位文件是一个不针对任何具体数控系统的中性文件，它以工步为线索，汇集了数控加工所需的全部信息，但刀位文件不能用来控制机床。后置处理功能是将刀位文件转换为数控机床的加工指令，即 NC 文件。

② 后置处理器。目前不同类型的数控系统所需的后置处理器不同，输出的 NC 程序也有差异。因此，要针对不同数控系统选用不同的后置处理文件，如图 11-29 所示。

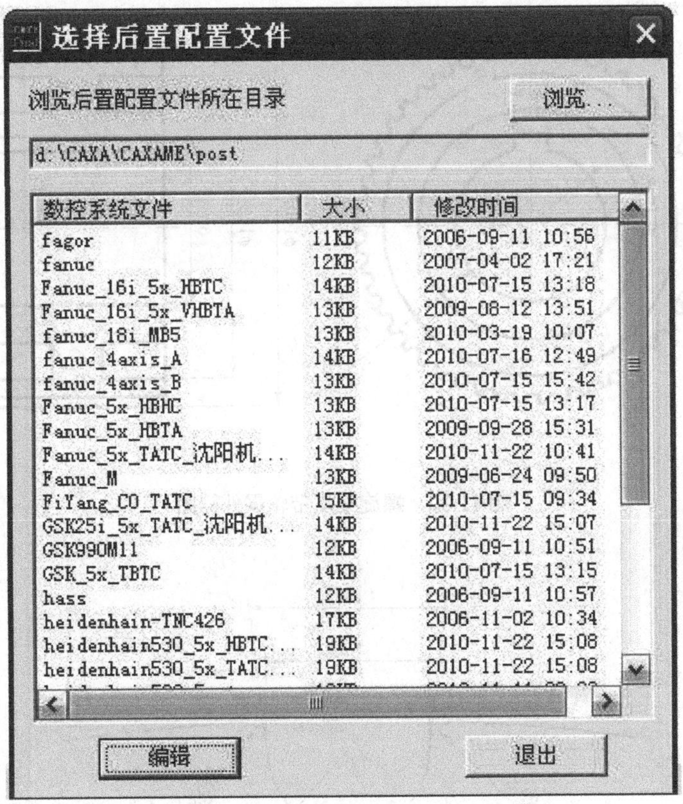

图 11-29　不同数控系统的后置配置文件

4. 后续步骤

后续步骤包括：程序传输、程序校验、零件加工、零件检验。

任务评价

该任务综合运用了多种造型方法和加工方法，适合 CAXA 制造工程师软件较熟练者或做提高之用。

① 在具体加工过程中，可以使用多种加工方法，至于哪种最优，要综合评价。

② 如在加工中心操作，加工前每把刀都安装到刀库上，长度方向补偿已设置好，并经过后置处理修改后，那么可以把多个工步生成一个程序。也可以每个工步生成一个程序，具体视

加工情况来定。

任务 2　螺旋桨皮带轮编程与加工

任务描述

如图 11-30 所示，在直径为ϕ140mm 的圆柱面上加工 55 个齿形，齿形放大图如图 11-31 所示。

材料：铝。

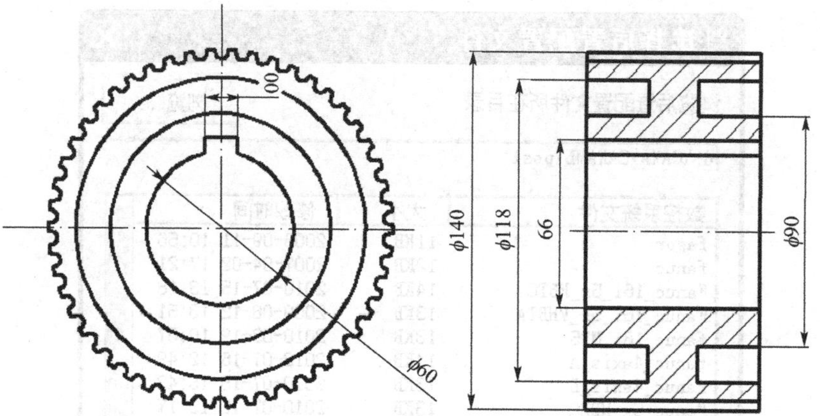

图 11-30　螺旋桨皮带轮零件简图

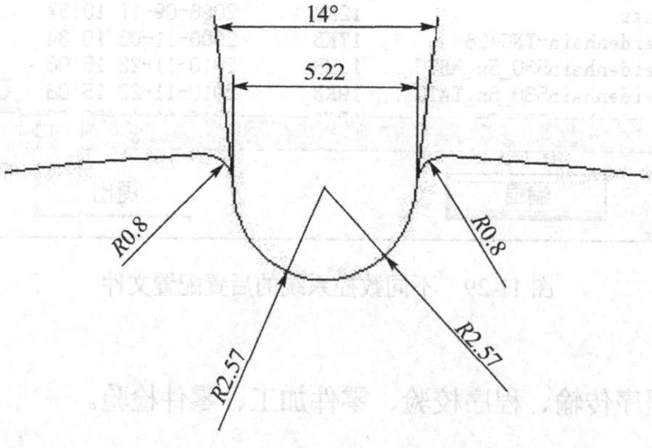

图 11-31　螺旋桨皮带轮齿形图

任务分析

该零件毛坯外形已加工好，只需要在圆柱面上加工出 55 个非标准齿廓，这就需要在具有 4 轴的加工中心上加工。一般我们在具有 *A* 轴旋转的立式加工中心上进行，也可以在 3 轴立式加工中心具有回转工作台的机床上进行加工。

如图 11-31 所示，齿廓形状由 4 段圆弧组成，手工编程不方便，我们可以采用计算机辅助编程生成刀具路径，但是每个齿生成的程序数量很大，再加上如果 55 个齿都用计算机编程，那么生成的程序过于庞大、烦琐，甚至 CNC 系统存储程序的空间放不下，无法完成程序传输。根据零件自身结构特点，我们采用 CAD/CAM 和手工混合编程的思路解决问题。

任务实施

1. 工艺分析

① 机床：带 *A* 轴的立式加工中心 FANUC 系统。

② 装夹方式：在 *A* 轴的立式加工中心上，制作工装夹具的示意图如图 11-32 所示。

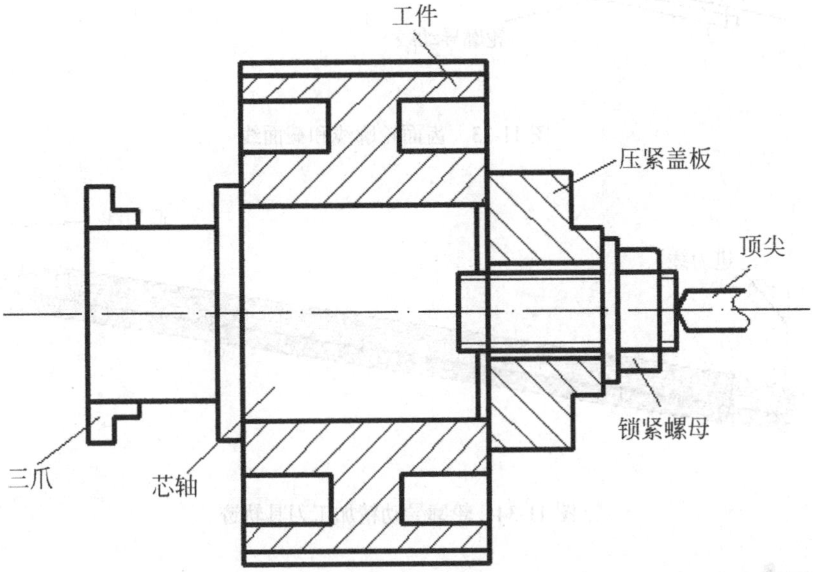

图 11-32 工装示意图

③ 找正并建立工件坐标系。

重要提示

工件坐标原点 *X* 方向设在工件左端面上，*Z* 向和 *Y* 向原点设在工件中心线上。设圆周上任意一点为 *A* 轴零点。另外，要注意 *Z* 向对刀方法。工件装夹后，要用百分表分别压在圆柱零件两端，旋转零件并调整圆柱中心线，直至两端圆跳动为零；再在 *X* 向往复拉动百分表，调整 *X* 向平行度，直至表针不动。

④ 刀具选择。选用 *R*2 的球头刀，确定加工参数见表 11-4。

表 11-4 *R*2 球头刀加工参数

刀具号	名称	材质	转速/(r/min)	进给量/mm	刀长补偿号
T01	*R*2 球头刀	硬质合金	4000	400	H01

（5）加工步骤。将零件一夹一顶，整个加工过程为 X 轴和 A 轴运动，Y 轴不动，即每加工好一个齿形，工件旋转 7.2°。

2. 程序编制

① 编程方法：利用计算机编程生成齿廓曲面加工程序，如使用 CAXA2008 制造工程师软件的轮廓导动精加工，生成齿廓曲面加工程序。绘制齿廓的轮廓曲面如图 11-33 所示。实际上只需绘制轮廓导动线和截面线即可。生成曲面加工路径如图 11-34 所示。利用手工编写宏程序完成 55 个齿的分度。

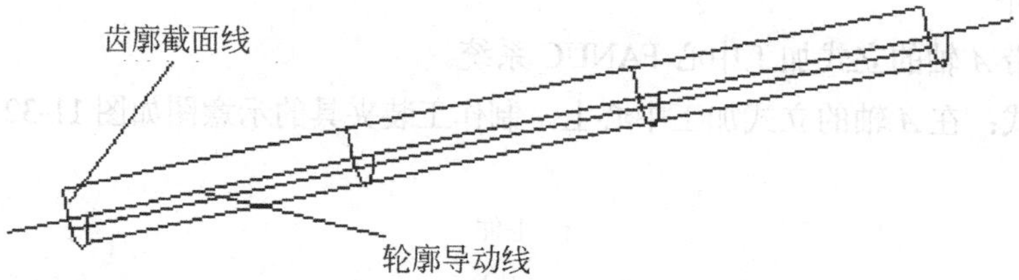

图 11-33 齿面轮廓线和截面线

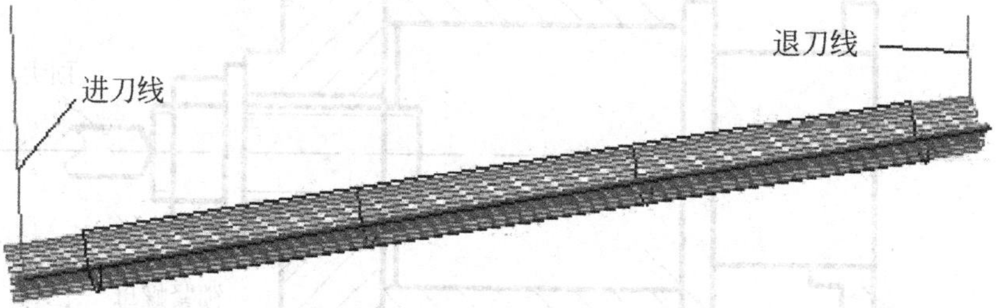

图 11-34 轮廓导动精加工刀具轨迹

重要提示

为了避免刀具和工件干涉，最好进刀点落在工件外，抬刀也在工件外可以获得好的表面质量，如图 11-35 所示。

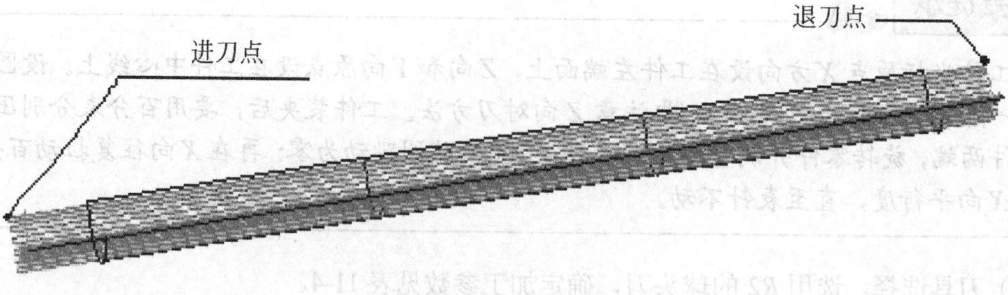

图 11-35 进退刀位置

② 加工程序见表 11-5。

表 11-5 齿廓曲面加工程序

程序内容	说明
O0010;	程序号 刀具 T01 已装在主轴上
N10G90G17G54G40;	初始化设置
G00G43Z100.000H01M03S400;	抬刀，长度补偿
#1=0;	手工加入，角度变量赋值
WHILE[#1LE359.99]DO1;	手工加入，定义循环语句
G01 A #1F500;	手工加入，*A* 轴旋转
N14X-6.789Y-3.357Z100.000;	定位
N16G01Z69.913F2000;	下刀
N18X75.000F200;	开始切削
N20Y-2.876;	*Y* 向移动
N22Z69.864F2000;	*Z* 向移动
N24X-6.789F200;	往复走刀
…	…
N138X75.000;	最后一刀加工结束
N140Z100.000F4000;	抬刀
#1=#1+7.2;	手工加入，控制 *A* 轴角度旋转
END1	手工加入，循环结束
N142M05;	主轴停止
N144G91G28Z0;	*Z* 轴回零
N146G91G28Y0;	*Y* 轴回零
N148M30;	程序结束
%	

3. 传输程序

在机床和计算机通信时，需要通信软件。通信软件可以使计算机与机床连接起来，把生成的数控代码传输到机床上，也可以从机床上下载代码到本地硬盘上。

计算机和数控机床在进行通信时，利用电缆连接计算机和机床数控系统的 RS232C 接口，这是直接使用电信号进行串行通信的方式。

（1）方法一

利用 CAXA2008 制造工程师本身自己的通信接口完成程序的传输，如图 11-36 所示。

图 11-36 通信传输

由电脑向机床传输步骤。

步骤 1：设置数控机床和计算机通信接口软件的通信协议。

注意：电脑向机床接收数据是无条件的，只要波特率设置一样就可以，但是电脑向机床传送是有条件的，见表 11-6。

表 11-6 通信协议

选项	FANUC	SIEMENS	华中	GSK 广数
波特率	9600	19200	115200	9600
奇偶校验	偶	无	无	偶
数据位	7	8	8	7
停止位数	2	1	1	2
数据口	COM1	COM1	COM1	COM1
握手方式	XON/XOFF	RST/CTS	RST/CTS	XON/XOFF
后置文件	*.CUT	*.TXT	*.CNC	*.CNC

① 数控机床需要在“MDI”方式下，并按下参数键，找到“I/O”，并修改参数可改写后设置。

② 计算机 CAXA2008 制造工程师在“通信”菜单如图 11-37 所示，点击“设置”打开，如图 11-38 所示，进行 FANUC 系统通信协议设置。

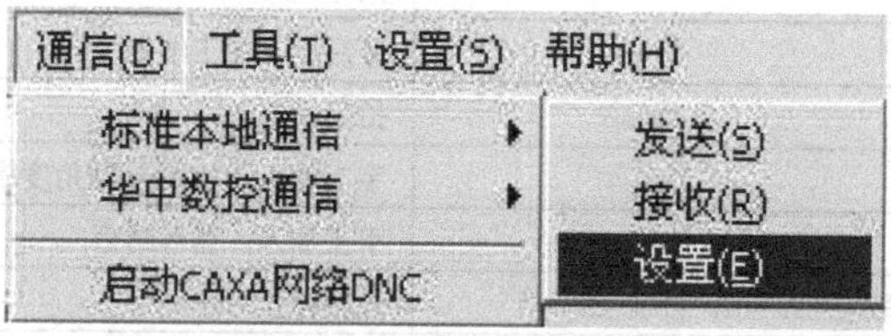

图 11-37 设置选项

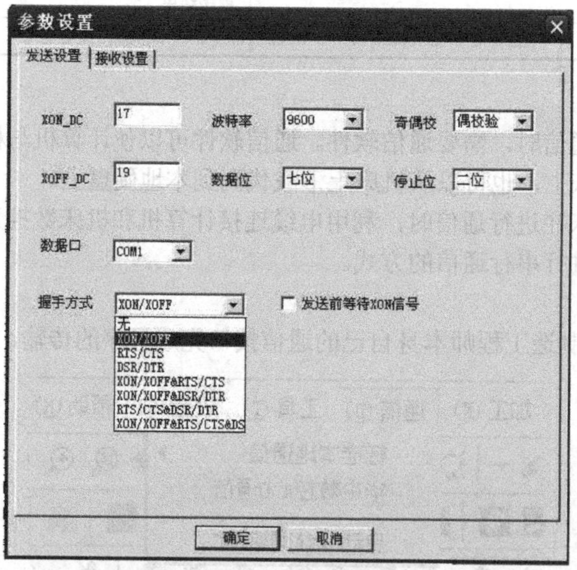

图 11-38 FANUC 系统通信协议

具体选项注释如下。

a. XON-DC：软件握手方式下，接收的一方在代码传输的过程中，用该字符控制发送方开始发送的动作信号。

b. XOFF-DC：软件握手方式下，接收的一方在代码传输的过程中，用该字符控制发送方暂时停止发送的动作信号。

c. 接收前发送 XON 信号：系统在从发送状态转换到接收状态之后发送的 DC 码信号。

d. 发送前等待 XON 信号：软件握手方式下，接收一方在代码传输起始时，控制发送方开始发送的动作信号。勾选后，计算机发送数据时，先将数据发送到智能终端，等机床给出 XON 信号后，智能终端才开始向机床发送数据。

e. 波特率：数据传送速率，表示每秒钟传送二进制代码的倍数，它的单位是位/s。常用的波特率为 4800、9600、19200、38400。

f. 数据位：串口通信中单位时间内的电平高低代表一位，多个位代表一个字符，这个位数的约定即数据位长度。一般位长度的约定根据系统的不同有：5 位、6 位、7 位、8 位几种。

g. 数据口：智能终端当前正常工作的端口中，默认为 1。

h. 奇偶校验：是指在代码传送过程中用来检验是否出现错误的一种方法。

i. 停止位数：传输过程中每个字符数据传输结束的标示。

j. 握手方式：接收和发送双方用来建立握手的传输协议。

步骤 2：将通信电缆（9～25 芯）的一端连接计算机的串口，一端连接机床的 RS232 接口。

步骤 3：重新开机后，将机床操作方式改为“编辑”(EDIT)方式，按“PRGRM”程序键，翻到程序画面，然后键入要传输的程序号（不要和 CNC 系统中现有的程序重名）如“O1010”，按下“执行”软键。这时画面的右下角出现程序头标记“SKY”在闪烁。

步骤 4：操作计算机开始发送程序，在 CAXA2008 制造工程师界面下，如图 11-39 所示，打开如图 11-40 所示窗口，找到需要传送的程序，点击“确定”，开始传输程序。在传输代码的过程中，电脑屏幕前方会出现一个传输进度条，如图 11-41 所示。

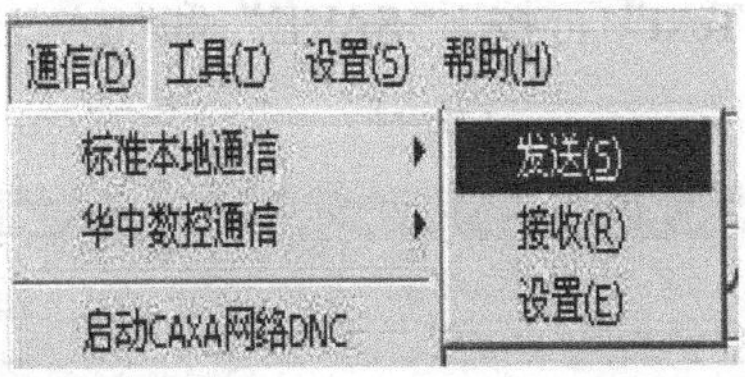

图 11-39　发送选项

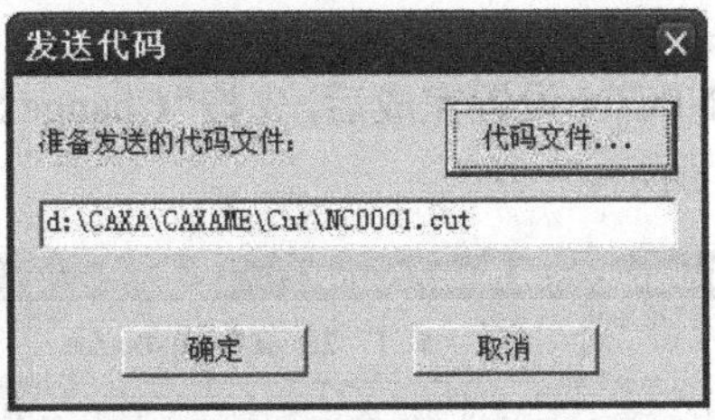

图 11-40　发送代码窗口

图 11-41　传输窗口

当机床接受完程序后，CRT 程序画面转为刚刚接收到的程序“O1010”画面，这时程序接收完毕。

（2）方法二

利用其他的通信软件如 WINPCIN（如图 11-42 所示）进行程序传输。

PCIN 和 WINPCIN 为西门子公司出品的通信软件，PCIN 是 MSDOS 下的软件，适用于较早的 NC 操作系统，如 FANUC 0 系列和 FANUC 6 系列，而 WINPCIN 是 WIN 版本软件，适用于大多数数控系统。

DNC4.0 数据传输软件是中国台湾的 NEWCAM，其为 WINDOWS 操作界面，适用于 FANUC-16i 系统、FANUC-18M 系统、SIEMENS-840D 系统。

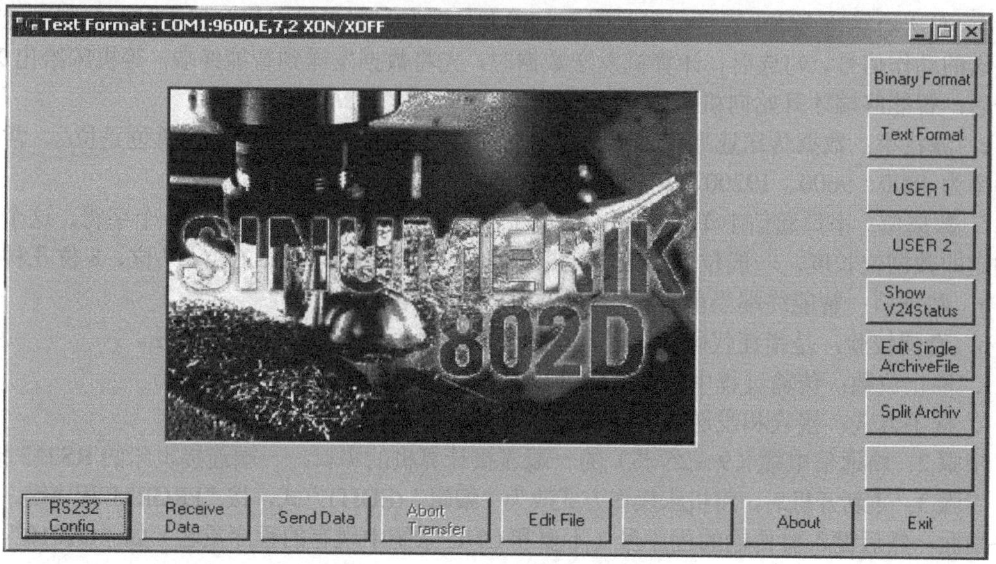

图 11-42　WINPCIN 软件界面

步骤：

① 通信协议设置如下。

a．数控机床设置同上。

b. WINPCIN 设置完成后，先按“Change Softkey Text” 再按下“SAVE” 和“SAVE Activate”，如图 11-43 所示。

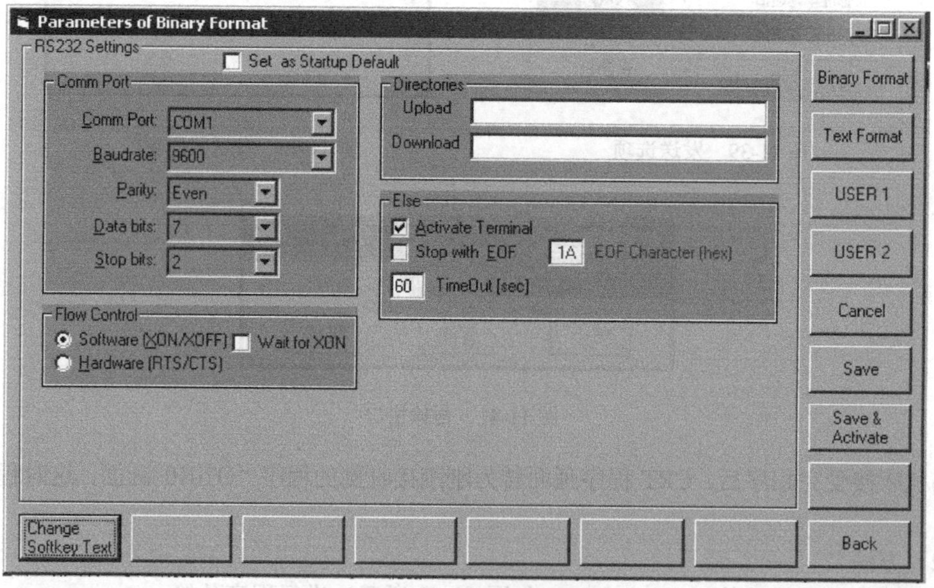

图 11-43　WINPCIN 参数设置

② 操作机床 CNC 系统面板。

a．方式开关选到“EDIT”状态。

b．按“操作”软键，进入操作界面，再按右扩展键，按下“READ”键。

c．起文件名，如 O0011。

d．按下“执行”软键。

③ 操作计算机，打开 WINPCIN 软件。

a．按下“SEND DATA”，打开如图 11-44 所示界面。

b．选择文件 2.CUT ，然后点“打开”完成传输。

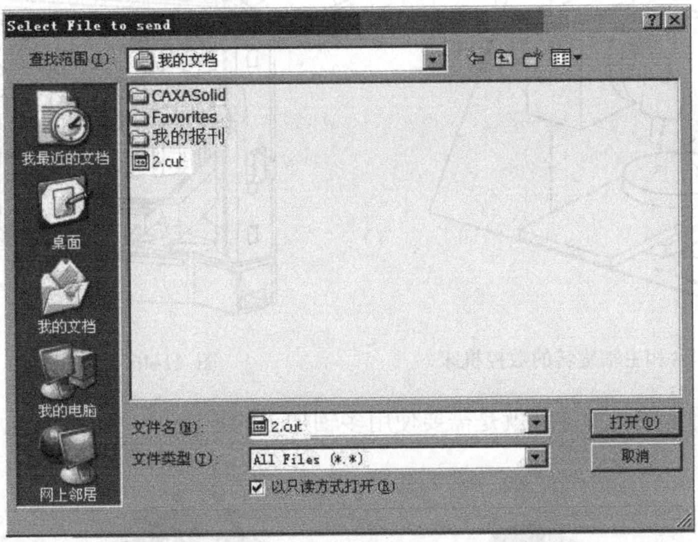

图 11-44　传输文件窗口

任务评价

本任务主要介绍了数控机床与计算机的通信方式，讲了两种常用方法。关键是要掌握通信协议与参数的设置。只有通过大量的实践，才能做到熟练。

重要提示

在线加工也是一种自动运行方式，当零件的加工程序很长，机床的存储容量不够时，常常采用 DNC 方式。简单理解就是“边传输程序边加工零件”。

拓展与提高

1. 多轴加工技术

所谓多轴加工就是多坐标加工。它与普通的二坐标平面轮廓加工和点位加工，三坐标曲面加工的本质区别就是增加了旋转运动，或者说多轴的姿态角度不再是固定不变，而是根据加工需要随时产生变化。一般而言，当数控加工增加了旋转运动以后，刀心坐标位置计算或是刀尖点的坐标计算就会变得相对复杂。多轴加工的情况可以分为以下几种。

① 3 个直线轴同 1～2 个旋转轴的联动加工。这种加工被称为四轴联动或五轴联动加工，如图 11-45 所示。

② 1～2 个直线轴和 1～2 个旋转轴的联动加工。

③ 3 个直线轴同 3 个旋转轴的联动加工，用作这种加工的机床被称为并联虚轴机床，如图 11-46 所示。

④ 刀轴呈现一定的姿态角不变，三个直线作联动加工，这种加工被称为多轴定向加工。

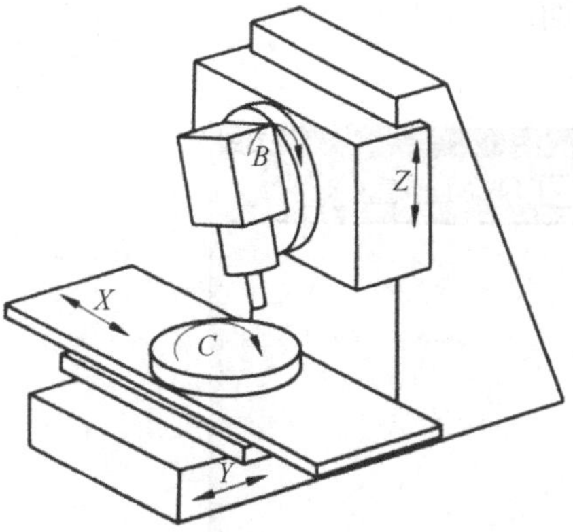

图 11-45 工作台和主轴旋转的数控机床

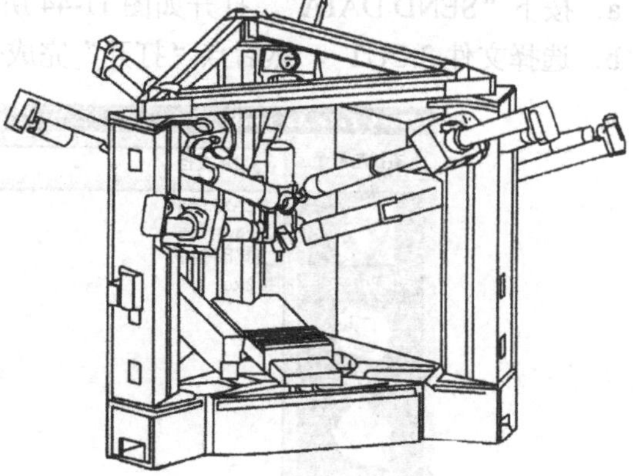

图 11-46 并联机床

如图 11-47 所示的几种零件就是需要使用多轴加工的零件。

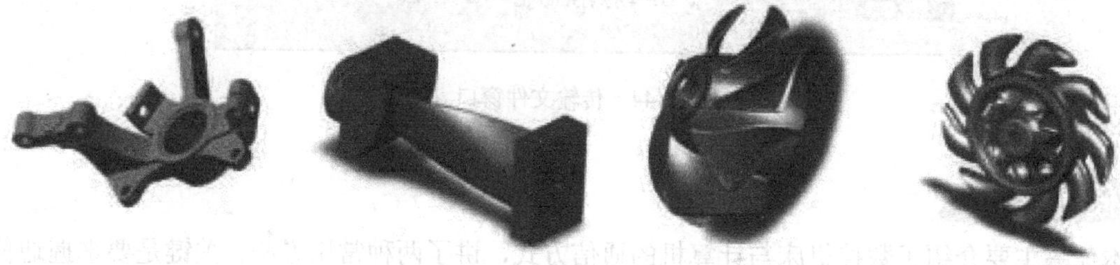

图 11-47 复杂结构形状零件

如图 11-48 所示为整体叶轮零件。这类零件的加工通常都是用五轴联动的方式加工出来的，因为仅仅用三轴联动的方式避免不了加工中产生的干涉问题。如图 11-49 为柱面槽或柱面凸轮类的零件，这类零件的加工有时需要一个直线轴和一个旋转轴的联动加工就可以了。

图 11-48 叶轮

图 11-49　圆柱凸轮槽

思考与练习

1. 已知图形如图 11-50 所示，请生成零件的造型。

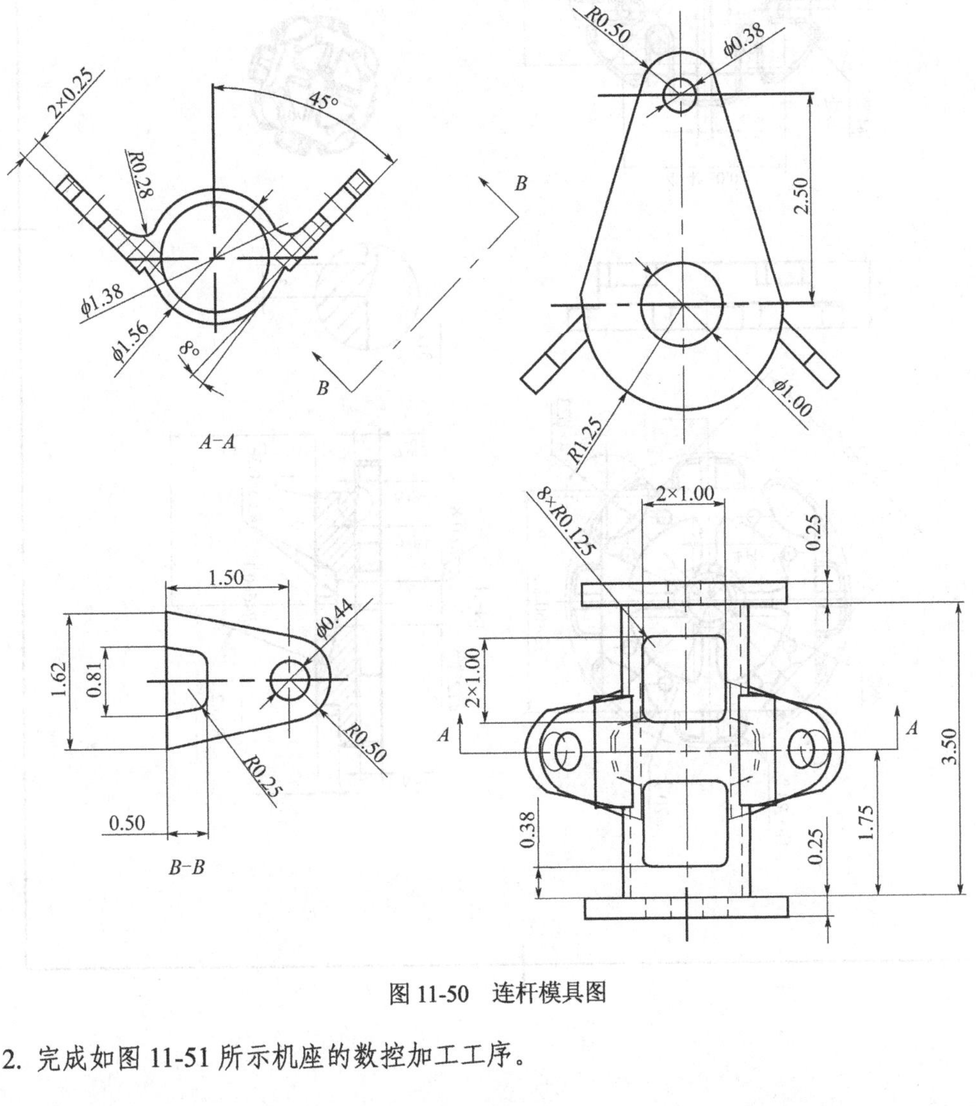

图 11-50　连杆模具图

2. 完成如图 11-51 所示机座的数控加工工序。

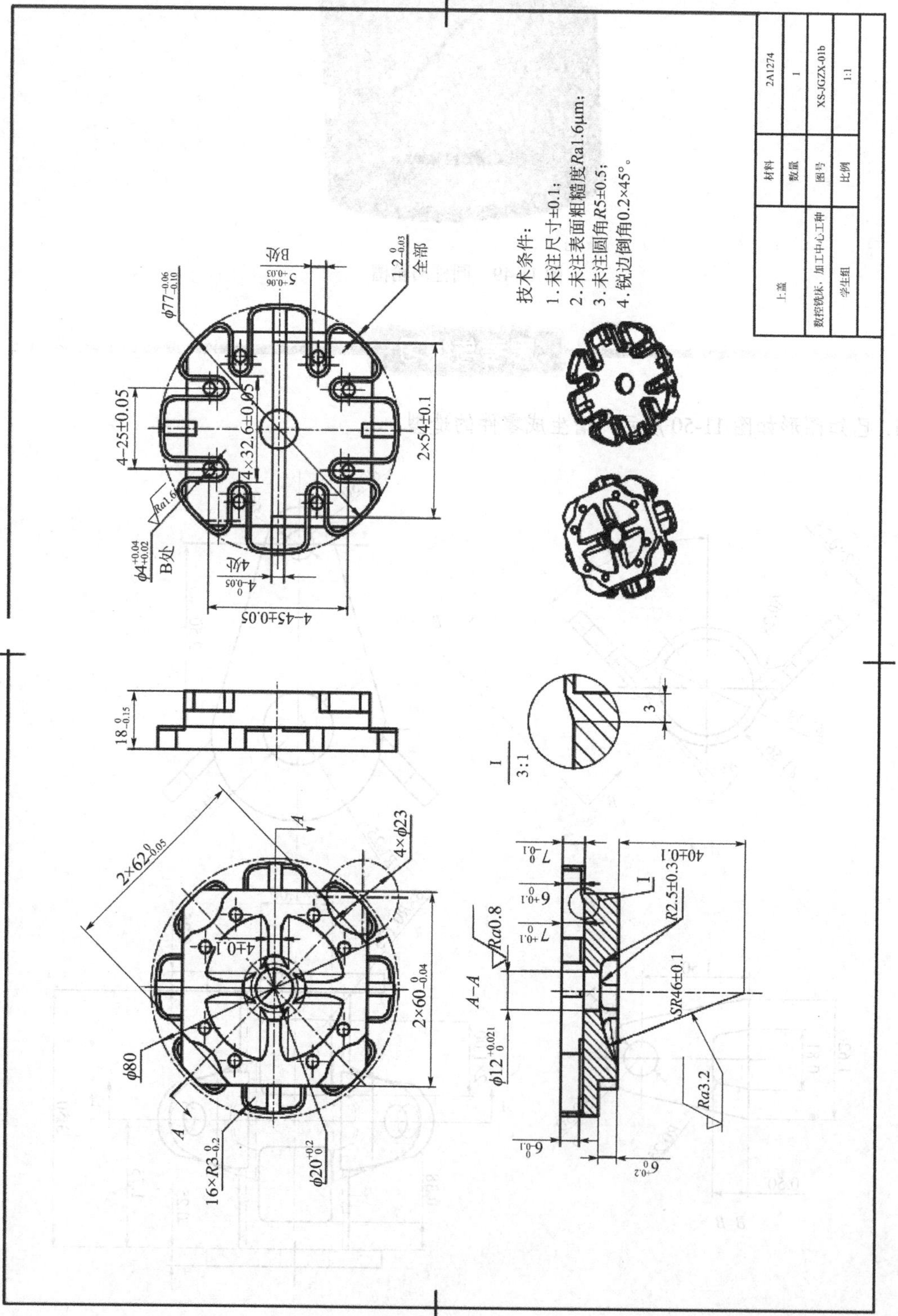
技术条件：
1.未注尺寸±0.1；
2.未注表面粗糙度Ra1.6μm；
3.未注圆角R5±0.5；
4.锐边倒角0.2×45°。
上盖
数控铣床、加工中心工种
学生组
材料
2A1274
数量
1
图号
XS-JGZX-01b
比例
1:1
A–A
I
3:1
全部
B处
4处
2×62
2×60
2×54±0.1
4×32.6±0.05
4–25±0.05
4–45±0.05
4±0.1
4×ϕ23
ϕ80
ϕ77
16×R3
ϕ20
ϕ12
SR46±0.1
R2.5±0.3
40±0.1
Ra0.8
Ra3.2
Ra1.6

图 11-51 机座模型

参 考 文 献

[1] 中国就业培训技术指导中心组织. 加工中心操作工. 第 2 版. 高级[M]. 北京：中国劳动社会保障出版社，2008.

[2] 彼得·斯密德著. 数控编程手册[M]. 北京：化学工业出版社，2005.

[3] 华茂发. 数控机床加工工艺[M]. 北京：机械工业出版社，2010.

[4] 宋放之. 数控机床多轴加工技术实用教程[M]. 北京：清华大学出版社，2010.

[5] 吕斌杰. 数控加工中心（FANUC、SIEMENS 系统）编程实例精粹[M]. 北京：化学工业出版社，2009.